2017年中国城市地下管线发展报告

刘克会　主编

中国城市规划协会地下管线专业委员会　组织编写

中国建材工业出版社

图书在版编目（CIP）数据

2017年中国城市地下管线发展报告 / 中国城市规划协会地下管线专业委员会组织编写；刘克会主编．—北京：中国建材工业出版社，2018.12（2021.12重印）

ISBN 978-7-5160-2494-2

Ⅰ.①2… Ⅱ.①中… ②刘… Ⅲ.①地下管道－研究报告－中国－2017 Ⅳ.①TU990.3

中国版本图书馆CIP数据核字（2018）第290585号

2017年中国城市地下管线发展报告

刘克会　主编

中国城市规划协会地下管线专业委员会　组织编写

出版发行：中国建材工业出版社

地　　址：北京市海淀区三里河路1号

邮　　编：100044

经　　销：全国各地新华书店

印　　刷：北京印刷集团有限责任公司

开　　本：787mm×1092mm　1/16

印　　张：15.75

字　　数：330千字

版　　次：2018年12月第1版

印　　次：2021年12月第2次

定　　价：198.00元

本社网址：**www.jccbs.com**，微信公众号：**zgjcgycbs**

《2017年中国城市地下管线发展报告》
编委会

主　任： 王海宁

副主任： 王晓东　江贻芳

编　委：（按拼音排序）

迟炳章　崔海龙　曹广栋　范海林　葛如冰　侯至群
黄鑫雄　刘克会　刘会忠　刘志国　刘彦辉　刘文伍
李学军　鲁邦勇　文　昌　汪　枫　吴其伟　王秋印
王水强　王　勇　叶永平　严建国　袁家余　张永命
张书亮　张志华

《2017年中国城市地下管线发展报告》
编写组

顾　问： 江贻芳

主　编： 刘克会

成　员：（按拼音排序）

陈　敏　曹广栋　邓　楠　杜　轩　葛如冰　侯至群
鲁邦勇　刘彦辉　李志刚　陶为翔　王大成　王艳霞
文　昌　解智强　徐　栋　姚　巍　翟奎修　翟振岗
张书亮

序　言

城市地下管线是城市基础设施的重要组成部分，保障了城市的正常运行，是城市重要的“生命线”工程。国家一直高度重视城市地下管线的建设管理工作。2014年国务院发布了《国务院办公厅关于加强城市地下管线建设管理的指导意见》，住房城乡建设部等部门也相继发出了《关于开展城市地下管线普查工作的通知》等文件，要求坚持规划引领，统筹建设，因地制宜等原则，加强地下管线建设管理工作，保障城市安全运行，提高城市综合承载能力和城镇化发展质量。2014—2015年李克强总理三次强调“面子里子论”，他指出地下基础设施是“里子”，是城市的良心，新型城镇化建设既重“面子”，也要重“里子”。提高地下管线的建设水平和管理水平，是提高城市安全水平和城镇发展质量的内在要求，也是促进新型城镇化健康发展的保障。

近年来，各省市不新探索和创新，城市地下管线建设管理工作取得了重要的成就，积累了宝贵的经验。我国城市地下管线管理制度逐渐完善，规划引领作用逐步显现，建设管理日益规范，管线信息化建设不断深入，综合管理体制各有特色，科技水平不断提升，政企学研共谋合作与发展。中国城市规划协会作为一个城市规划行业全国性社会团体，一直积极支持和推进行业报告相关工作的有序开展，致力于汇集行业数据，分析发展趋势，服务广大会员。而中国城市规划协会地下管线专业委员会作为我会分支机构，也有责任和义务服务支持城市地下管线行业发展，推动地下管线规划、建设、管理、维护和应急等全过程工作的不断进步。

为此，中国城市规划协会地下管线专业委员会组织编写了《2017年中国城市地下管线发展报告》。通过收集丰富的数据和信息，全面地介绍了我国城市地下管线发展现状，分析了行业面临的主要问题，剖析了管线管理内容，梳理了积累的各项保障技术，还总结展望了未来发展方向。《报告》有助于广大读者了解地下管线发展和应用的情况，也有利于促进各行业相互交流，深化合作，推动城市地下管线事业的健康有序发展。

正如习近平总书记指出的，“路是走出来的，事业是干出来的。美好的蓝图变为现实，需要扎扎实实的行动。”只要我们携手奋进，共同努力，我国城市地下管线事业则将再上一个新的台阶。

唐凯

2018 年 11 月

前　　言

城市地下管线是传输城市运行、百姓生产和生活所需能源和资源的载体，是实现城市经济、社会健康协调及可持续发展的重要物质基础。随着经济的发展、社会的进步、人民生活水平的提高，城市地下管线的建设规模越来越大、管线类型越来越多、服务范围越来越广，城市运行对其依赖程度越来越高。城市地下管线的合理规划建设及安全稳定运行，直接关系人民的福祉，受到政府和社会高度重视。

为摸清我国城市地下管线建设和管理现状、解决地下管线建设和管理中存在的问题、提升地下管线管理水平、保障城市运行安全，我们编写了《2017年中国城市地下管线发展报告》（以下简称“报告”）。报告分为态势篇、策略篇、行动篇、综合管廊专篇，以及展望篇共5篇12章。态势篇阐述了城市地下管线建设发展总体概况及基本情况；策略篇从管理工作出发，探讨了地下管线管理体系，划分了管理阶段，总结了各阶段的管理内容和创新举措；行动篇从管理支撑出发，梳理了相关法律法规、标准规范，分析了相关技术的应用现状、存在问题和提升建议；综合管廊专篇阐述了综合管廊的发展历程，总结了建设管理情况；展望篇探讨了地下管线发展的愿景和发展趋势。总体而言，本报告回顾过去、剖析当下、展望未来，系统阐述了我国城市地下管线的建设成就、管理现状和发展方向，为我国城市地下管线建设和管理工作的开展提供积极的借鉴和指导。

报告由中国城市规划协会地下管线专业委员会组织编写，全书统稿工作由北京市新技术应用研究所完成。

报告的编写工作得到了以下单位的大力支持与配合，在此表示感谢！

淄博市城建档案和地下管线管理处、昆明市城市地下空间规划管理办公室、广州市城市规划勘测设计研究院、青岛市勘察测绘研究院、上海市城乡建设和交通发展研究院、苏州市地下管线管理所、南京市城市地下管线数字化管理中心、南京市浦口区城市地下管线管理中心、南京师范大学上海市岩土工程检测中心、上海勘察设计研究院（集团）有限公司、正元地理信息有限责任公司、中冶京诚工程技术有限公司、北京市自来水集团有限责任公司、武汉中仪物联技术股份有限公司、广州城市信息研究所有限公司、广东绘宇智能勘测科技有限公司、南京市测绘勘察研究院股份有限公司、河北九华勘查测绘有限责任公司、南京建信测绘技术有限公司、广州天驰测绘技术有限公司、河北天元地理信息科技工程有限公司（排名不分先后）。

报告编写人员坚持实事求是的精神，广泛收集资料，深入实际调查，与业内专家学者进行了多轮沟通与研讨，但报告编写时间紧迫，难免有疏漏或差错之处，敬请业内同仁和广大读者批评指正。

编写组

2018.11.26

目　　录

第1篇　态势篇

第2篇　策略篇

第3篇 行动篇

第4篇　综合管廊专篇

第5篇　展望篇

附 录

第1篇

态　势　篇

第 1 章　概　　述

1.1　地下管线的地位与作用

改革开放以来，我国在经济、社会等方面都取得了显著的成就。随着我国城镇化水平的提升，城市规模不断扩大，城市现代化步伐不断加快，城市地下管线的数量越来越大，种类越来越多，敷设越来越复杂，覆盖服务范围越来越广，城市对地下管线的依赖程度越来越高。

地下管线建设是重要的民生工程。地下管线担负着城市的信息传递、能源输送、排涝减灾、废物排弃的功能，是城市赖以生存和发展的物质基础，是城市基础设施的重要组成部分，是发挥城市功能、确保社会经济和城市健康、协调和可持续发展的重要基础和保障。城市地下管线的建设管理水平如何，不仅关系到城市良好形象的树立，也关乎城市经济社会的协调发展和居民美好生活愿望的实现。

地下管线是促进新型城镇化发展的重要保障。新型城镇化的核心是“人”的城镇化，是要解决我国现代化进程中产业布局、人员居住、城镇环境等重大而迫切的问题。随着经济社会双转型和高水平城镇化的推进，城市地下管线的发展滞后于经济社会的发展，城市基础设施压力不断增大，城市地下管线的承载力也面临巨大的挑战。新型城镇化建设既要重“面子”，也要重“里子”，重视城市地下管线建设，提高地下管线管理水平，既是新型城镇化建设的内在要求，也是促进新型城镇化健康、有序发展的重要保障。

地下管线是海绵城市建设的重要组成。国务院办公厅《关于推进海绵城市建设的指导意见》（国办发〔2015〕75 号）和《关于印发海绵城市建设绩效评价与考核办法（试行）的通知》等海绵城市建设文件，以及《关于做好城市排水防涝设施建设工作的通知》等文件中，明确了今后地下管线设计、建设、管网改造的具体要求。以排水管线为代表的地下管线成为海绵城市建设的重要组成部分，其建设管理将直接推动海绵城市建设。

综合管廊建设是推动经济发展的新动力。综合管廊已成为基础设施建设中的重要内容。综合管廊建设一次性投资巨大，我国将在加大财政投入的同时，通过特许经营、投资补贴、贷款贴息等方式，鼓励社会资本参与管廊建设和运营管理。综合管廊投入运行后的入廊费和日常维护费将确保项目合理稳定回报。综合管廊建设有利于增加公共产品有效投资、拉动社会资本投入、打造经济发展新动力。

目前，我国城镇化发展从偏数量、规模的增加，向注重质量、内涵提升转变，城市建设也从重地上轻地下，向地上地下并重转变，实施精细化管理。加强城市地下管线建设管理，统筹地下管线规划建设、管理维护、应急防灾等全过程，已经成为履行政府职能的重要内容。

1.2　地下管线发展规模

1.2.1　地下管线总体规模

近年来，我国城市地下管线的建设规模不断扩大。据《2016 年中国城市建设统计年鉴》，截至 2016 年年底，城市供水、排水、燃气、供热四类市政地下管线长度已超过 266 万 km，是 2000 年管线总长的 4 倍。

上述四类管线中，燃气管道[①]长 69 万 km，供水管道长 97 万 km，排水管道长 75 万 km，供热管道[②]长 26 万 km。与 2000 年的数据相比，四类管线长度分别是 1990 年管线长度的 7.20 倍、2.98 倍、4.12 倍和 5.30 倍。2000 年以来四类地下管线长度详见图 1-1。

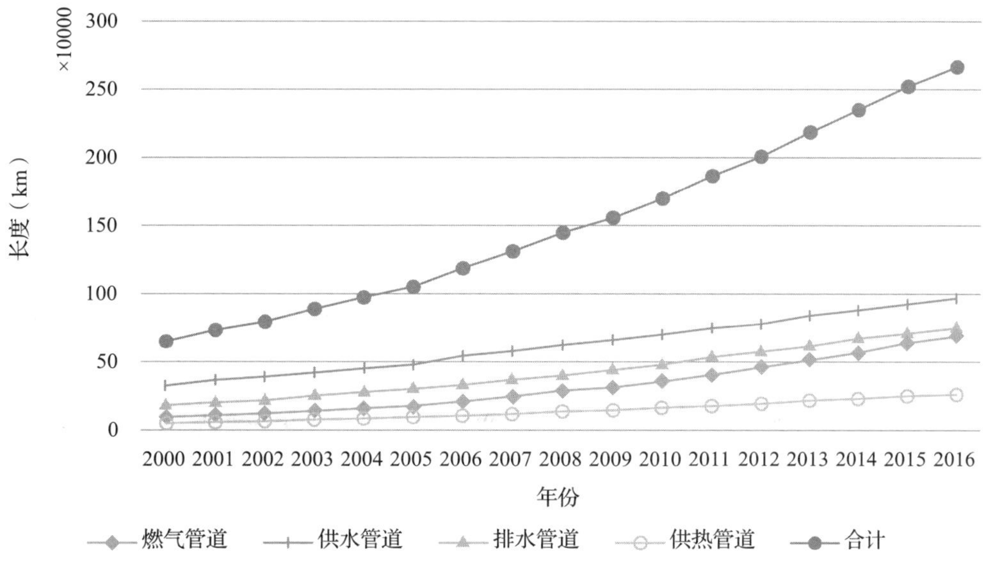

图 1-1　2000 年以来四类地下管线长度

① 含人工煤气、天然气和液化石油气三类管线。

② 含蒸汽和热水两类管线。

四类地下管线总长度在近 16 年间增长率波动不大，年平均增长率为 13.17%，如图 1-2 所示。

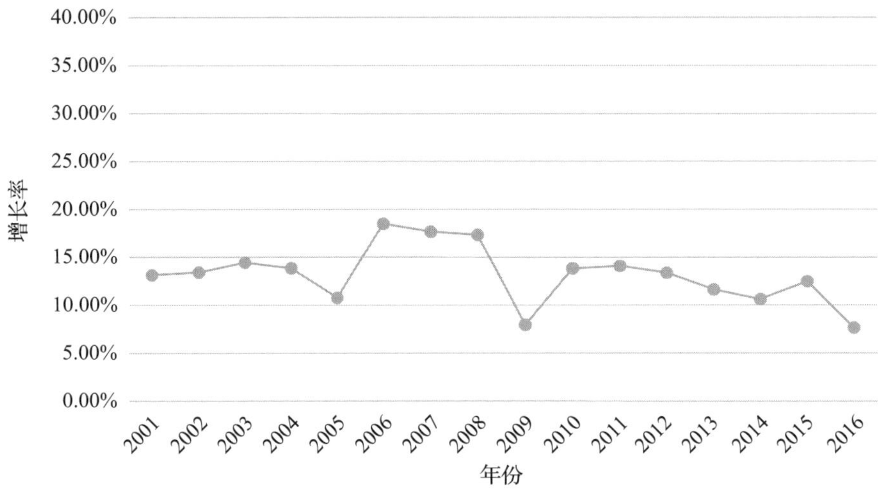

图 1-2　2000 年以来四类地下管线长度增长率

从行政区划来看，地下管线总长度排前三位的省是江苏（24.26 万 km）、山东（22.58 万 km）、广东（20.15 万 km），分别占全国地下管线总长度的 9.49%，8.84% 和 7.89%。详见表 1-1 和图 1-3。

表 1-1　2016 年我国各省地下管线长度分布情况

省市名称	管线总长度（万 km）	管线长度				所占比例
		供水	排水	燃气	热力	
北京	8.24	2.79	1.69	2.40	1.36	3.22%
天津	8.00	1.82	2.10	1.87	2.22	3.13%
河北	10.80	3.32	2.97	2.47	2.04	4.23%
山西	6.50	1.96	1.49	1.38	1.67	2.54%
内蒙古	6.84	1.95	2.05	0.95	1.90	2.68%
辽宁	12.74	4.35	2.02	2.23	4.13	4.98%
吉林	5.56	1.40	1.00	0.97	2.19	2.18%
黑龙江	6.59	2.02	1.39	0.90	2.29	2.58%
上海	8.60	3.66	1.95	2.98	-	3.36%
江苏	24.26	9.48	8.09	6.69	-	9.49%
浙江	15.97	7.47	4.96	3.54	-	6.25%
安徽	10.36	4.08	4.06	2.16	0.07	4.05%
福建	5.32	2.47	1.95	0.90	-	2.08%
江西	6.35	2.79	2.39	1.18	-	2.49%
山东	22.58	6.19	7.12	4.80	4.46	8.84%
河南	9.61	3.34	3.50	2.14	0.63	3.76%
湖北	9.56	3.88	2.82	2.82	0.04	3.74%

续表

省市名称	管线总长度（万 km）	管线长度				所占比例
		供水	排水	燃气	热力	
湖南	7.61	3.82	2.45	1.34	-	2.98%
广东	20.15	11.11	5.97	3.07	-	7.89%
广西	4.83	2.48	1.81	0.54	-	1.89%
海南	1.30	0.55	0.49	0.27	-	0.51%
重庆	5.81	1.87	1.75	2.18	-	2.27%
四川	13.40	5.08	3.58	4.73	0.01	5.24%
贵州	3.24	1.71	0.98	0.56	0.004	1.27%
云南	5.14	2.17	2.07	0.90	-	2.01%
西藏	0.61	0.23	0.21	0.17	0.01	0.24%
陕西	4.51	1.36	1.38	1.42	0.35	1.76%
甘肃	2.76	0.95	0.90	0.29	0.62	1.08%
青海	0.96	0.43	0.30	0.13	0.10	0.37%
宁夏	1.75	0.40	0.30	0.51	0.54	0.68%
新疆	5.57	1.66	1.11	1.35	1.45	2.18%

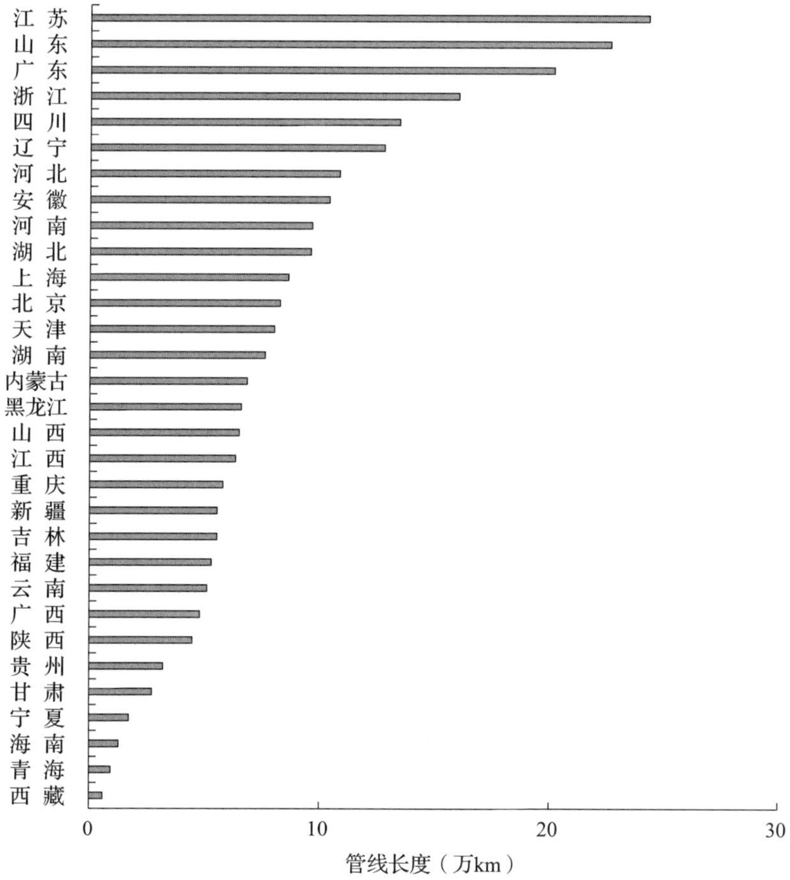

图 1-3　2016 年地下管线总长度各省分布情况

1.2.2 地下管线密度情况

2016 年，城市建成区范围内管线密度为每 1km² 有 36.10km，是 2000 年管线密度的 1.97 倍。其中，燃气、供水、排水和供热四类管线的管线密度分别为每 1km² 有 9.31km、13.12km、10.14km 和 3.53km，分别是 2000 年管线密度的 3.47 倍、1.44 倍、1.99 倍和 2.56 倍。2000 年以来上述四类地下管线密度详见表 1-2 和图 1-4。

表 1-2 2000 年以来四类地下管线密度及总密度

年份	地下管线密度（km/km²）				
	燃气	供水	排水	供热	总密度
2000	2.68	9.12	5.11	1.38	18.30
2001	3.13	10.64	5.87	1.69	21.33
2002	3.36	10.72	5.96	1.77	21.81
2003	3.56	10.67	6.39	1.95	22.57
2004	3.78	10.70	6.62	2.02	23.11
2005	3.94	10.65	6.71	2.12	23.42
2006	4.47	11.60	7.04	2.23	25.34
2007	4.96	11.64	7.41	2.36	26.37
2008	5.66	12.19	7.81	2.68	28.35
2009	5.82	12.28	8.20	2.71	29.01
2010	6.27	12.35	8.45	2.91	29.98
2011	6.65	12.25	8.79	2.91	30.60
2012	7.15	12.10	8.95	3.02	31.22
2013	7.62	12.48	9.11	3.24	32.45
2014	8.12	12.60	9.61	3.31	33.63
2015	8.85	12.82	9.81	3.48	34.95
2016	9.31	13.12	10.14	3.53	36.10

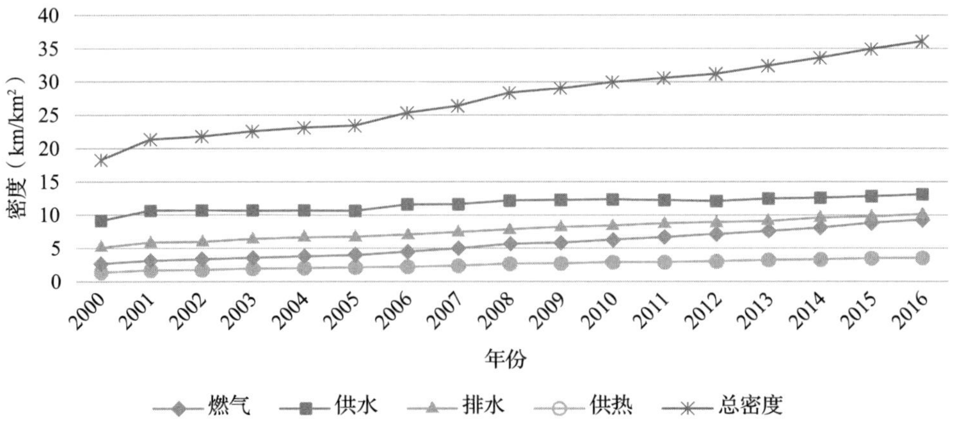

图 1-4 2000 年以来四类地下管线密度

在增长率方面，除2001年较高外，地下管线总密度在近16年间增长率较为稳定，年平均增长率为4.40%，详细情况如图1-5所示。

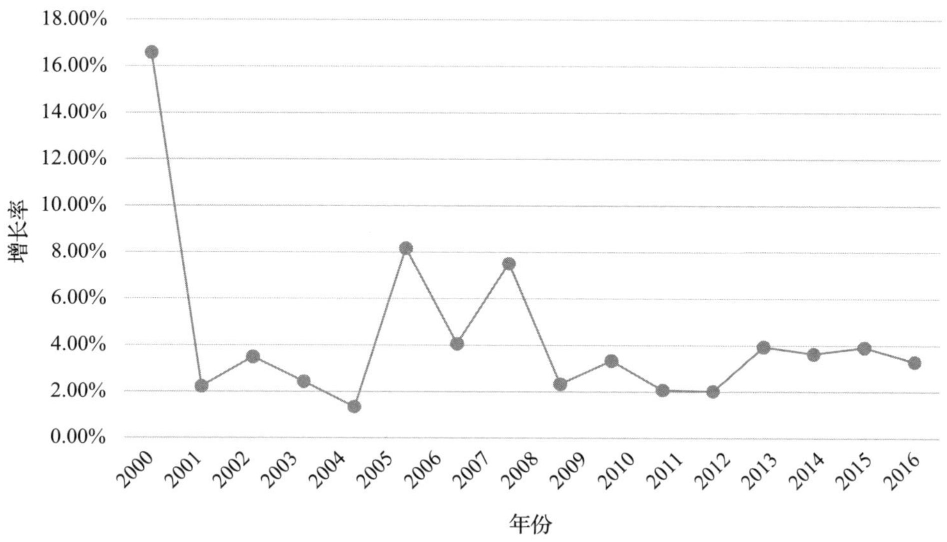

图1-5 2000年以来地下管线密度增长率

1.2.3 地下管线万人保有量情况

2016年，城市建成区范围内管线万人保有量为42.18km，是2000年万人口保有量的3.43倍。其中，燃气、供水、排水和供热四类管线的万人保有量分别为10.88km、15.33km、11.85km和4.12km，分别是2000年管线万人保有量的6.04倍、2.50倍、3.45倍和4.45倍。2000年以来上述四类地下管线万人保有量详见表1-3和图1-6。

表1-3 2000年以来四类地下管线万人保有量

年份	万人保有量（km）				
	燃气管道	供水管道	排水管道	供热管道	总量
2000年	1.80	6.13	3.43	0.93	12.29
2001年	2.41	8.19	4.52	1.30	16.42
2002年	2.78	8.87	4.93	1.46	18.04
2003年	3.26	9.77	5.85	1.79	20.67
2004年	3.64	10.31	6.37	1.94	22.27
2005年	3.85	10.41	6.56	2.07	22.89
2006年	4.26	11.06	6.71	2.13	24.16
2007年	4.97	11.66	7.43	2.36	26.42
2008年	5.78	12.45	7.98	2.74	28.95
2009年	6.12	12.91	8.62	2.85	30.50
2010年	6.66	13.12	8.97	3.09	31.84

续表

年份	万人保有量（km）				
	燃气管道	供水管道	排水管道	供热管道	总量
2011 年	7.34	13.53	9.70	3.21	33.78
2012 年	8.04	13.62	10.08	3.39	35.13
2013 年	8.76	14.35	10.47	3.73	37.31
2014 年	9.43	14.63	11.16	3.84	39.06
2015 年	10.36	15.01	11.48	4.07	40.92
2016 年	10.88	15.33	11.85	4.12	42.18

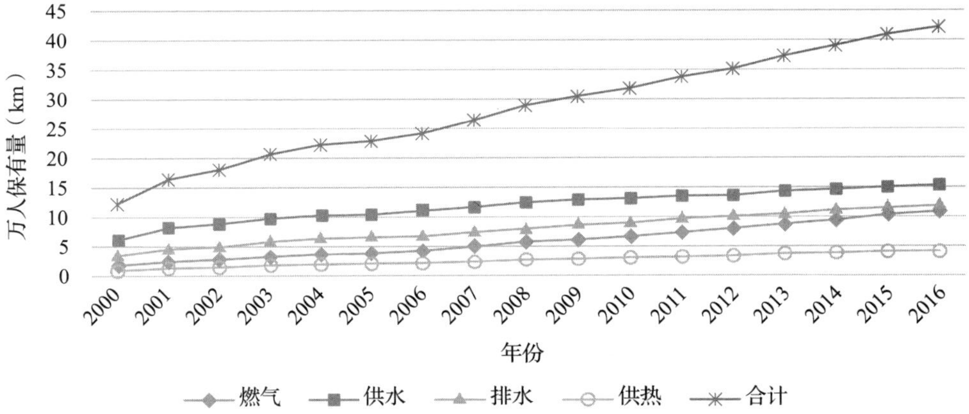

图 1-6　2000 年以来四类地下管线万人保有量

地下管线万人保有量增长率变化趋势与总密度增长率相似，在近 16 年间平均增长率 8.23%，详见图 1-7。

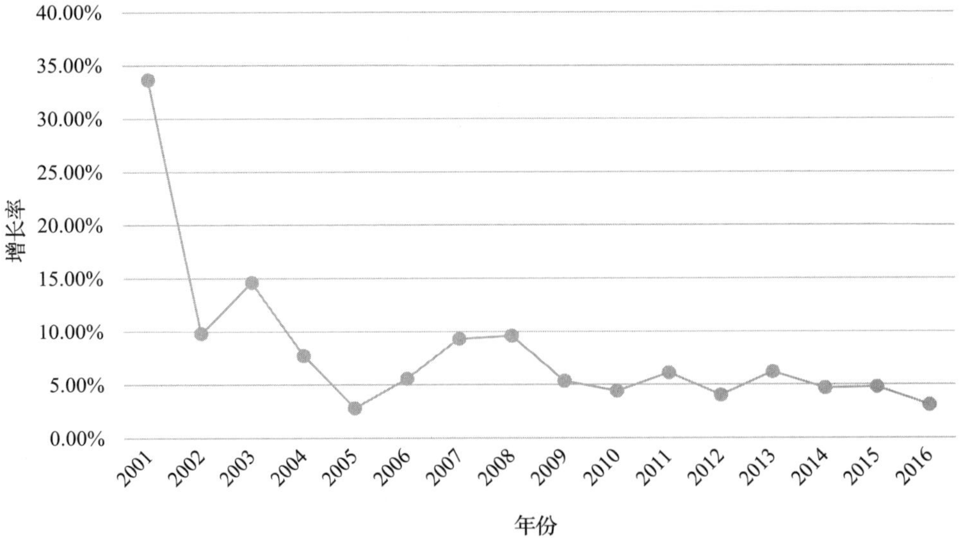

图 1-7　2000 年以来四类地下管线万人保有量增长率

1.3 地下管线的现状特点

（1）种类繁多，隐蔽性较强

随着城市规模的扩大，地下管线无论是规模还是密度均大幅增长。地下管线已发展出八大类几十种。此外，气力垃圾输送等新型管线不断出现，丰富了地下管线种类。地下管线敷设于地下，埋深从 0.5 米至几十米不等，普通人不利用专有设备很难发现地下管线的存在，只能依靠在地面上间隔很长距离的检查井或维修井来识别。地下管线的隐蔽性为其带来了定位难、施工管理难、隐患发现难、故障抢修难、综合协调难等系列问题。

（2）管理主体多元

城市地下管线的管理体系复杂，涉及国家和地方两个层次，管理主体涉及政府部门和相关企业。涉及地下管线管理的政府部门主要包括发改、财政、规划、城建、市政、城建档案等；除相关企业外，地下管线管理主体也会涉及社会团体以及成立的协调议事机构等。地下管线管理体系情况详见第 4 章。

（3）安全问题突出

部分管线超负荷运行。随着城镇化进程的加快，城市容积率不断提高，城市需求增加，管网配套不足，原有管线的供给能力难以满足城市发展的需求。部分管线存在超负荷运行的情况，这将给城市带来很大安全隐患。

部分管线管理不善。在用管线中有一部分运维主体不清晰，长期处于缺管失养状态。这些管线严重威胁着城市安全，随时可能出现管道泄漏、堵塞等情况。此外，废弃管线内部可能存有易燃易爆性物质、或者存有对自然环境有害的化学物质，如果不妥善处理，必然会危及环境和城市安全。

地下管线隐患突出。地下管线占压问题在我国各城市普遍存在。地下管线被占压后，一方面因重压会缩短使用寿命；另一方面，占压地下管线会带来更多的安全隐患，例如发生了天然气泄漏，因管线占压不能及时得到修复，将带来更大损失，甚至导致重大人员伤亡。

挖掘工程仍是导致管线事故主要原因之一。挖掘工程施工可直接破坏地下管线，从而引起停水、停气、停热、停电和通信中断等事故发生。究其原因主要有三类：一是无施工区域地下管线资料；二是虽有施工区域地下管线资料，但资料不准确或不完整；三是施工区域地下管线资料完整、准确，但由于思想意识认识不深或法律约束力不够，施工单位没有按照资料的指引进行施工。

（4）管线投入不均衡

一是城乡管线建设投入不均衡。我国城市地下管线规模和密度快速发展，但城乡结合部、郊区等管线投入不足。二是管线建管投入不均衡。重建设、轻养护是我国城市建设中长期存在的问题之一。由于管道腐蚀、损坏等原因，漏水和漏气现象普遍存在，严重影响城市运行安全。三是老旧管网改造投入不均衡。部分城市老旧管网更新改造工作滞后，管线安全运行压力加大。四是信息化管理投入不均衡。目前，各城市均完成了普查工作，建立了地下管线综合信息管理系统。但对于地下管线信息更新投入则各地差异较明显，部分城市更新资金投入不足，数据现势性难以保障。

1.4 地下管线发展面临的挑战

（1）法律保障亟待提升

城市地下管线相关的法律法规、标准规范是地下管线管理的依据。据统计，目前我国有二十余部法律、五十余部法规和规章中涉及了地下管线的管理内容。虽然目前我国涉及到城市地下管线的相关法律法规数量较多，但尚无一部专门、系统、综合的针对城市地下管线管理的法律。此外，部分法律法规发布时间已久，无法满足当前经济社会的实际需要。在地方立法方面，目前仅有 11 个省市完成了地下管线综合管理立法，地下管线法制化进程还需提速。

（2）管理机制仍待完善

管理衔接机制欠缺。由于历史和管理体制等方面的原因，城市地下管线基本上是由各管线建设单位自行建设，各自进行封闭式管理。由于缺乏统一的管理部门和综合协调机制，在实际的管理工作中，各职能部门各管一段，缺乏有机衔接，往往出现地下管线的管理“真空”，不能实现全过程的闭合管理。各行业管线管理部门各自为政，缺乏协调，往往造成重复建设、反复开挖。

监管机制有待完善。城市地下管线还存在着部分职能部门监管不到位的现象，主要体现在以下三方面：一是规划管理不完善，批后监管缺位；二是管线工程施工建设监管欠缺；三是部分管线运行维护监管不力。

（3）地下空间资源日渐紧张

近年来，城市地下空间资源的开发规模不断扩大、开发速度不断提高，如城市地铁、地下商业空间、地下停车场和防空设施建设、地下文物埋藏区的保护等，地下管线的空间环境越来越复杂，道路浅层地下空间资源有限，管线布置困难，给管线的规划和建设带来了较大挑战。由于多头管理的体制问题和长远规划欠缺，城市地下资源被无序地无偿使用，各种管线重叠交错地抢占着有限的城市地下空间，不利于今后地下管线的建设和发展。另外，因为城市风貌环境的改善需要，一些原来架空的电力、电信与广播电视等管线，要逐步转为地下敷设，这无疑也给地下空间布局带来了挑战。

（4）安全形势严峻

地下管线事故轻则造成停水、停气、断电以及通讯中断，重则引起危险气体泄露、燃气爆炸等灾难性事故，严重影响城市的正常运转和人民群众的生命财产安全。近年来，城市地下管线由于破裂、渗漏、结垢等原因而频繁出现爆管、地面塌陷和城市内涝等严重事故，不但给国家和人民财产造成了巨大损失，同时也造成了恶劣的社会影响，越来越受到社会各界的关注。

某一类地下管线发生事故很可能对邻近的其他设施产生影响，从而使事故后果扩大。随着城市规模的扩张和现代化服务功能的扩展，城市地下管线在数量上不断增加，在空间上更加集中，从而增加了安全管理的复杂性，使城市地下管线综合事故发生的可能性加大。各类管线在地下纵横交错，当某一管线发生严重事故时，极易以各种破坏形式作用于其他管线，使各种危险因素相互作用、叠加，甚至是相互助长，从而引发重大灾难。

青岛市 2013 年“11・22”中石化东黄输油管道泄漏爆炸特别重大事故是近年来最严重的地下管线事故。2013 年 11 月 22 日，山东青岛中石化东黄输油管道泄漏原油进入市政排水暗渠，在形成密闭空间的暗渠内，油气积聚遇火花发生爆炸。事故发生的直接原因是输油管道与排水暗渠交汇处管道腐蚀减薄、管道破裂、原油泄漏，流入排水暗渠及反冲到路面。原油泄漏后，现场处置人员采用液压破碎锤在暗渠盖板上打孔破碎，产生撞击火花，引发暗渠内油气爆炸。该事故造成 62 人死亡、136 人受伤，直接经济损失 7.5 亿元。

（5）新技术应用日益迫切

地下管线种类越来越多、管线信息要求越来越丰富、管线埋设方式越来越复杂、管线动态更新越来越频繁，管线本身的变化导致管理越来越难，城市地下管线综合管理必须采用新技术，走技术创新之路。信息化、智能化、网络化的技术支撑将在管线综合管理中起重要作用。GIS 等新技术在管线测量、施工、管理和动态维护等方面具有诸多优势，能够实现信息的即时交换、共建共享、动态更新，目前已被很多城市所采用，发展前景广阔。此外，地下管线普查，运行监测，管道检测、修复、评估及非开挖等新技术、新方法、新设备的应用有较快的发展，但普及性不够，发展不平衡，还不能适应实际需要。为进一步推动新技术的应用，对地下管线新技术、新方法、新设备应积极宣传、推广，鼓励国产仪器走向市场，并帮助其不断完善和提高，向国际先进水平迈进。

第 2 章　地下管线基本情况

2.1　管线分类

城市地下管线种类繁多，结构复杂，参照《城市地下管线探测技术规程》CJJ61-2017 和《管线要素分类代码与符号表达》CH/T1036-2015，城市地下管线可以分为给水管线、排水管线、燃气管线、热力管线、电力管线、通信管线、工业管线及其他管线。针对城市地下管线的结构特征、功能用途、敷设方式、压力等级、材质特征和输送或承载介质又可以将各类地下管线进行具体细分。

（1）给水管线

按功能用途可分为原水、输水、中水、配水、直饮水、循环水、消防水、绿化水、其他给水管线。

按输水方式分为重力输水管线、压力输水管线。

按管线材质分为混凝土给水管线、金属给水管线和塑料给水管线。

（2）排水管线

按功能用途可分为雨水、污水、雨污合流和其他排水管线。

按管线材质分为混凝土排水管线、金属排水管线和塑料排水管线。

（3）燃气管线

按输送介质可分为煤气、天然气、液化气和其他燃气管线。

按输气压力等级分为低压燃气管道（$P < 0.01$MPa）、中压燃气管道 B（0.01MPa $\leqslant P \leqslant$ 0.2MPa）、中压燃气管道 A（0.2MPa $< P \leqslant$ 0.4MPa）、次高压燃气管道 B（0.4MPa $< P \leqslant$ 0.8MPa）、次高压燃气管道 A（0.8MPa $< P \leqslant$ 1.6MPa）、高压燃气管道 B（1.6MPa $< P \leqslant$ 2.5MPa）、高压燃气管道 A（2.5MPa $< P \leqslant$ 4.0MPa）。

按敷设方式分为地下燃气管道、架空燃气管道。

（4）热力管线

按载热介质可分为热水、蒸汽、温泉和其他热力管线。

按所处位置分为供热一次管网和供热二次管网。

按敷设方式分为管沟敷设、架空敷设（分为高支架、中支架、低支架）和直埋敷设。

按供回分为供水管和回水管。

（5）电力管线

按用途可分为供电、路灯、交通信号、电车、广告和其他电力管线等。

按照电压等级分为高电压电力电缆（60～500kV）、中电压电力电缆（6～35kV）和低电压电力电缆（1kV）。

按电线芯数分为单芯电缆、二芯电缆、三芯电缆、四芯电缆、五芯电缆。

按绝缘材料分为油浸纸绝缘电力电缆、塑料绝缘电缆、橡胶绝缘电缆、阻燃聚氯乙烯绝缘电缆、耐火电力电缆。

按照布设方式分为架空敷设电缆和地下电缆。

（6）通信管线

按用途可分为电话、有线电视、信息网络、广播和其他通信管线。

按管线材质分为钢管、塑料管和水泥管。

按通信管线布设形式可分为单导线、对称线缆和同轴线缆。

（7）工业管线

按输送介质可分为氢气、氧气、乙炔、乙烯、油料、排渣、干气、苯、丙烯、精丙烯、粗丙烯、烷基苯等43类工业管线。

按介质压力等级分为低压管道（$P<2.5$MPa）、中压管道（4.0MPa $\leqslant P \leqslant$ 6.4MPa）、高压管道（10.0MPa $\leqslant P \leqslant$ 100MPa）、超高压管道（$P>100.0$MPa）。

按介质温度分为常温管道（−40℃$\leqslant P \leqslant$ 120℃）、低温管道（$P<$ −40℃）、中温管道（121℃$\leqslant P \leqslant$ 450℃）和高温管道（$P>$ 450℃）。

按介质性质分为汽水介质管道、腐蚀性介质管道、化学危险品介质管道、易凝固、易沉淀介质管道、含有粒状物料介质的管道。

按管道材质分为碳钢管道、合金钢管道、不锈钢管道、铝及铝合金管道、钢及钢合金管道。

（8）其他管线：主要有特殊管线。

2.2 管线系统构成

城市地下管线系统从基本构成来看，一般包括管道（或线缆）及其附属设施两部分。由于各类型地下管线结构特征、功能用途差异性较大，所以本报告按照城市地下管线分类逐一介绍各类型地下管线系统。

2.2.1 给水管线

给水管线是向不同类别的用户输水和配水的管线和附属设施，担负着供水的输送、分配、压力调节（加压、减压）和水量调节任务，是保障用户生产生活用水的重要基础设施。

1）系统组成

给水管线系统由输水管、配水管和附属设施构成。

（1）输水管

输水管是从水源地到水厂（原水输水）或当水厂距供水区较远时从水厂到配水管网（净水输水）的管。输水管通常没有分支或很少分支，管径较大，流量也较大。

（2）配水管

配水管是将水送到用户的管道，担负输送沿线流量的任务，通常由干管、接管、分配管和接户管等构成。干管是将水输送给各用水区域，同时也向沿途用户供水；连接管用于连接各干管，以均衡各干管的水量和水压；分配管是从干管取水分配到各街坊、各用水区域以及向消火栓供水；接户管是从分配管或直接从干管、连接管引水到用户去的管线。

（3）附属设施

附属设施主要包括阀门、消火栓、调压（流）装置、排气阀（通气阀）、泄（排）水阀井等。

2）常见材质

（1）球墨铸铁管

球墨铸铁管是指使用 18 号以上的铸造铁水经添加球化剂后，经过离心球墨铸铁机高速离心铸造成的管材。球墨铸铁管具有铁的本质、钢的性能，防腐性能优异、延展性能好，密封效果好，安装简易，主要用在中、低压管网（一般用于 6MPa 以下）。

（2）不锈钢管

不锈钢管是一种中空的长条圆形钢材。不锈钢管具有极强的抗磨损能力，其耐腐蚀性能力也较强，可以在高温下进行作业，不管温度如何，不锈钢管在供水过程中都不会释放出有毒物质。综合来看，这种材料的性能十分稳定，具有较大的利用价值。

（3）玻璃钢管

玻璃钢管主要以玻璃纤维及其制品为增强材料，以高分子成分的不饱和聚酯树脂、环氧树脂等为基本材料，以石英砂及碳酸钙等无机非金属颗粒材料为填料作为主要原料。玻璃钢管的耐水性和抗腐蚀性较强，性能相比金属管优良，安全性极强，在运输的过程中较为方便。另外，因其特有的耐磨以及抗冻性，施工人员在施工过程中不需要进行防锈、绝缘等工作，使用寿命也能有效的延长。

（4）聚乙烯管

聚乙烯管是指以聚乙烯树脂为主要原料、经挤出成型的给水管材。聚乙烯给水管具有较强的耐腐蚀性，可以有效保证水质稳定。此外，其弹性敷设能在施工过程中有效地降低施工难度，从而降低施工现场外在因素的影响。

2.2.2 排水管线

排水管线是指汇集和排放污水、废水和雨水的管线或管渠及其附属设施，排水管线担负城市雨水和污水的收集、输送、高程或压力调节和水量调节任务。

1）系统组成

排水管线包括排水管（渠）和附属设施。

（1）排水管道

排水管道主要由支管、干管、主干管构成。

（2）附属设施

附属设施主要包括检查井、雨水井、溢流井、跌水井、水封井、换气井、截流井等附属构筑物和流量检测设施等。

2）常见材质

（1）水泥管

水泥管是用水泥跟钢筋为材料制造的一种预制管道。水泥管具有较高的抗裂和抗渗能力，使用寿命较长，成本低，敷设安装方便。

（2）铸铁管

铸铁管是用铸铁浇铸成型的管。铸铁管采用橡胶圈密封、螺栓紧固，在内水压下具有良好的挠曲性、伸缩性。铸铁管存在耐蚀性差、寿命短以及接头处易渗漏等问题。

（3）PP 管

PP 管是一种无毒、卫生、耐高温且可回收利用的管型。PP 管具有不锈蚀、耐磨损、不结垢等特点，具有优良的隔声性能，可显著减少由液体流动引起的振动和噪声；能够防冻裂、防结露，热损失少；重量轻，安装操作方便，并且具有可焊性，使用寿命较长。

（4）PVC 管

PVC 管是由聚氯乙烯树脂与稳定剂、润滑剂等配合后用热压法挤压成型，是最早得到开发应用的塑料管材。PVC 管具有抗腐蚀能力强、易于粘结、价格低、质地坚硬、流体阻力小、具有良好的水密性等特点，安全方便。

2.2.3 燃气管线

燃气管线是指输送居民生活、商业和工业生产所用燃气的管线及附属设施。

1）系统组成

燃气管线由高压燃气管道、次高压燃气管道、中压燃气管道、低压燃气管道及其附属设施组成。

（1）高压燃气管道

高压燃气管道分为高压燃气管道 A 和高压燃气管道 B。高压燃气管道 A 是从燃气门站到高压 A 调压站之间的管道，管道压力介于 2.5MPa<P ≤ 4.0MPa；高压燃气管道 B 是从高压 A 调压站到高压 B 调压站之间的管道，管道压力介于 1.6MPa<P ≤ 2.5MPa。

（2）次高压燃气管道

次高压燃气管道分为次高压燃气管道 A 和次高压燃气管道 B。次高压燃气管道 A 是从高压 B 调压站到次高压 A 调压站之间的管道，管道压力介于 0.8MPa < P ≤ 1.6MPa；次高压燃气管道 B 是从次高压 A 调压站到次高压 B 调压站之间的管道，管道压力介于 0.4MPa < P ≤ 0.8MPa。

（3）中压燃气管道

中压燃气管道分为中压燃气管道 A 和中压燃气管道 B。中压燃气管道 A 是从次高压 A 调压站到中压 A 调压站之间的管道，管道压力介于 0.2MPa < P ≤ 0.4MPa；中压燃气管道 B 是从中压 A 调压站到中压 B 调压站之间的管道，管道压力介于 0.01MPa<P ≤ 0.2MPa。

（4）低压燃气管道

低压燃气管道是从中压 B 调压站到调压箱之间的管道，管道压力处于 P < 0.01MPa。

（5）附属设施

燃气管线主要附属设施包括阀门、补偿器、凝水缸、放散管等。

2）管线材质

（1）钢管

钢管是具有空心截面，其长度远大于直径或周长的钢材。钢管适用于各种压力级别的城镇天然气管道和制气厂的工艺管道。耐腐蚀性较差，必须采取可靠的防腐措施。常用的钢管主要有普通无缝钢管和焊接钢管。

（2）铸铁管

铸铁管是用铸铁浇铸成型的管，一般分为普通铸铁管、高级铸铁管和球墨铸铁管。铸铁管具有抗腐蚀性能强、价格便宜的优点。但质脆、笨重、承载应力小、接口气密性较差，通常用于中、低压天然气管道。

（3）PE燃气管

PE燃气管耐腐蚀性能好，拥有长久的使用寿命，具有较好的耐冲击性和电热熔接性，拥有可靠的连接性能和良好的施工性能，广泛应用于燃气企业。

2.2.4 供热管线

供热管线是指由热源向热用户输送和分配供热介质的管线（管道）及其附属设施。供热管线系统将热源生产的热能，通过蒸汽、热水两类热媒输送到室内用热设备，以满足生产、生活的需要。

1）系统组成

供热管线由输热管线、配热管线及附属设施组成。

（1）输热管线

输热管线是指连接热源与区域热力站的管线。

（2）配热管线

配热管线是以热力站为起点，把热媒输配到各个热用户的热力引入口处的管线。

（3）附属设施

供热管线系统主要附属设施有阀门、补偿器、检查室等。

2）常见材质

供热管线一般由输水管、保温层和保护外壳组成。供热管线主材一般是钢管，保温层一般使用聚氨酯硬质泡沫，防护外壳通常采用玻璃钢，另外需要涂一层防腐层。

供热管线材质的选择需要考虑多方面因素，比如环境条件，在地下或者暴露在地面上，周围是否有腐蚀性气体，或者所处位置的环境温度、湿度，以及实施的敷设方式，常见的材质主要有：

（1）聚氨酯保温管

聚氨酯保温管全称是高密度聚乙烯塑料外护聚氨酯泡沫预制直埋保温管，由输送介质的工作钢管、聚氨酯保温层、聚乙烯塑料外护管，通过设备依次向外结合而成。聚氨酯直埋保温管泡沫具有良好的机械性能和绝热性能，通常情况下可耐温120℃，通过改性或与其他隔热材料组合可耐温180℃。

（2）无缝钢管

无缝钢管由整块金属制成的，表面上没有接缝的钢管。无缝钢管重量轻，耐腐蚀、抗震、耐高温，有较好的抗冲击和抗疲劳性，不须定期维护，有效使用寿命可达

15 年以上，无缝钢管机械性能优良、易机加工。

2.2.5 电力管线

电力管线是从城市电厂到用户之间的电缆和附属设施，担负着城市电力输送的任务。

1）系统组成

电力管线由输电电缆、配电电缆和附属设施组成。

（1）输电电缆

输电电缆是将城市供电电源和变电所连接起来的缆线，主要担负着从电源或区域性大电网输电给城市的任务。

（2）配电电缆

配电电缆指通过配电设施就地分配或按电压逐级分配给各类用户的电力缆线，担负着给用户配电的任务。

（3）附属设施

附属设施主要包括杆塔、电线架、交换箱、电缆标、隔离开关、无功补偿器等。

2）常见材质

电力管线的基本结构由线芯（导体）、绝缘层、屏蔽层和保护层四部分组成。电缆线芯主要采用铜芯或铝芯；绝缘层一般为聚乙烯、聚氯乙烯、泡沫聚烯烃、泡沫/实心皮聚烯烃等；屏蔽层多采用涂塑铝带、铝钢双层金属带屏蔽；保护层多采用聚乙烯、聚氯乙烯护套。常见的电力管线套管主要有：

（1）MPP 管

MPP 管又叫做 MPP 电力电缆保护管。MPP 管用改性聚丙烯作为主要的原材料，有耐外压、抗高温的特点，适用 10kV 以上的高压输电线电缆的排管。MPP 管用改性聚丙烯作为主要的材料，不需要大量挖土、挖泥与破坏路面，适合使用在铁路、道路、河床下等特殊位置，管道敷设施工，可以在一些无法开挖作业的位置敷设管线，并具有良好的社会效益与经济效益。

（2）碳素波纹管

碳素波纹管是采用 HDPE（高密度聚乙烯）与碳素复合材料挤出成型和独特的旋转成型工艺技术生产的新型电力线缆保护管道。碳素波纹管重量较轻，造型较为独特，呈现螺纹状，柔曲性较好，运输方便。碳素波纹管容易老化，不能有效进行电缆防水，热阻系数较高，热量无法很好地进行散发，不利于提高电缆载流量。

（3）氯化聚氯乙烯管

氯化聚氯乙烯管是在引发剂的作用下，特定牌号的 PVC 与氯气产生取代反应，形成一种新型的高分子材料氯化聚氯乙烯管线。氯化聚氯乙烯管具有良好的耐热性和耐化学腐蚀性，并且阻燃性和防老化性十分好，具有较高的热变形温度。氯化聚氯乙烯管投入使用时间不久，在未来具有一定的发展空间。

（4）涂塑钢管

涂塑钢管是以钢管为基体，通过喷、滚、浸、吸工艺在钢管（底管）内表面熔接一层塑料防腐层或在内外表面熔接塑料防腐层的钢塑复合钢管。涂塑钢管具有优良的耐腐蚀性和比较小的摩擦阻力，但是造价较高，工程用量较小，运输存在困难。

（5）PE管

PE管使用的材料是聚乙烯塑料，是最为基础的一种塑料。PE材料因其具有耐高温、强度高、耐磨、抗腐蚀、无毒等特点，被广泛使用在许多领域中。和钢管比较，其施工工艺较为简单，并且具有一定的柔韧性，主要的优势是不需要做防腐处理，可以节省大量的施工工序。但是在施工中需要注意的是不能将其裸露在空气和阳光下，并且对化学物品十分敏感，这一点需要给予重视，应避免管道出现破损。

2.2.6 通信管线

通信管线指用来输送和传递信息数据的管线和附属设施。

1）系统组成

通信管线主要由主干电缆（光缆）、配线电缆（光缆）和附属设施组成。

（1）主干电缆（光缆）

主干电缆（光缆）是从电信机房出来的电缆到小区配线箱的这一段。

（2）配线电缆（光缆）

配线电缆（光缆）是从配线箱出去到用户的这一段，主要是起到传送通信信号以及分配通信信号的作用。

（3）附属设施

附属设施主要有交接箱等。

2）常见材质

通信管线主要有通信光缆和通信电缆。通信光缆是由若干根光纤构成的缆芯和护层组成，护层结构一般由聚乙烯塑料内护层加防潮铠装层加聚乙烯外护层构成。通信电缆由导线或导体构成的缆芯和保护层组成，保护层结构一般由塑料外保护套或铝塑综合护套构成。

通信管线套管常见材质与电力管线套管相同，详见“电力管线”一节内容。

2.3 管线敷设

2.3.1 敷设方式

地下管线的敷设方式有直埋敷设、保护管敷设、管沟敷设和综合管廊敷设等。

1）直埋敷设

直埋敷设是将管道直接埋设于土壤中的敷设方式，不需要砌筑地沟和支承结构，既可缩短施工周期，又可节省投资。

供水、排水、燃气、供热管线常采用直埋敷设方式。

2）保护管敷设

保护管敷设是为防止线缆受到损伤，在地下敷设具有一定机械强度的金属、塑料保护管，而线缆穿设于保护管内。

电力电缆、通信线缆常采用保护管敷设方式。

3）管沟敷设

管沟敷设是将地下管线敷设于混凝土、砖石砌筑的沟道内的敷设方式。供热管道、电力电缆常采用管沟敷设方式。

（1）管沟按其构造可分为普通管沟和预制钢筋混凝土管沟

普通管沟为钢筋混凝土或混凝土沟底基础、砖或毛石砌筑的沟壁，钢筋混凝土盖板。结构上要求尽量做到严密不漏水，通常在地沟内表面抹防水砂浆。

预制钢筋混凝土管沟断面上部形状为椭圆形。在素土夯实的沟槽基础上，现场浇筑钢筋混凝土地沟基础；打好基础后，便可进行管道安装和保温，然后吊装预制的拱形管壳。

（2）按其断面尺寸的大小可分为不通行沟、半通行沟和通行沟

不通行沟。不通行沟是指人员不能在地沟内通行，其断面尺寸以满足管道施工安装要求来决定。在不通行沟内，管道均安装在混凝土支墩上。在浇灌沟基础时，可将支墩一并筑出。

半通行沟。在半通行沟内，维修人员能弯腰行走，能进行一般的管道维修工作，沟净高不小于1.2m，人行通道净宽为0.5～0.7m，半通行沟直线长度超过60m时，应设置一个检修出入孔，孔口应高出周围地面。

通行沟。在通行沟内工作人员可以自由通行，可保证检修、更换管道和设备等作业。通行沟的净高不小于1.8m，人行通道净宽不小于0.7m，通行沟在转弯、交叉及

直线每隔100m处，应设置一个人孔，一般为1m×5m。

4）综合管廊敷设

综合管廊是建于地下用于集中敷设两类及以上地下管线的构筑物及其附属设施。根据综合管廊规模及廊内管线功能的不同，综合管廊可分为干线综合管廊、支线综合管廊、缆线综合管廊和干支混合综合管廊。干线综合管廊是用于容纳城市主干工程管线采用独立分舱方式建设的综合管廊。支线综合管廊是用于容纳城市配给工程管线采用单舱或双舱方式建设的综合管廊。缆线管廊是采用浅埋沟道方式建设，设有可开启盖板，但其内部空间不能满足人员正常通行要求，用于容纳电力电缆和通信线缆的管廊。干支混合管廊是用于容纳城市主干市政管线及城市配给市政管线的综合管廊。

入廊管线在综合管廊内的布设形式可以分为单舱和共舱两种。燃气管线一般采用单舱形式。入廊管线一般敷设于支墩、支架或吊架上。供水、排水、燃气、热力管线一般采用支墩、支架方式敷设，也有少数采用吊架方式；电力、通信管线一般采用支架、吊架方式。

2.3.2 敷设要求

1）管线覆土深度

严寒或寒冷地区给水、排水、再生水、直埋电力及湿燃气等管线应根据土壤冰冻深度确定管线覆土深度；非直埋电力、通信、热力及燃气等管线以及严寒或寒冷地区以外地区的管线应根据土壤性质和地面承受荷载的大小确定管线的覆土深度。

管线的最小覆土深度应符合《城市工程管线综合规划规范》GB 50289—2016中的有关规定。当受条件限制不能满足要求时，可采取安全措施减少其最小覆土深度。

2）与其他建（构）筑物之间的净距

管线之间及其与建（构）筑物之间的最小水平净距应符合《城市工程管线综合规划规范》GB 50289—2016中的有关规定。当受道路宽度、断面以及现状管线位置等因素限制难以满足要求时，应根据实际情况采取安全措施后减少其最小水平净距。大于1.6MPa的燃气管线与其他管线的水平净距应按现行国家标准《城镇燃气设计规范》GB 50028—2006执行。

管线交叉时的最小垂直净距，应符合《城市工程管线综合规划规范》GB 50289—2016中的有关规定。当受现状管线等因素限制难以满足要求时，应根据实际情况采取安全措施后减少其最小垂直净距。

第2篇

策　略　篇

第3章　地下管线管理体系架构

3.1　管理体系的重要性

城市地下管线管理体系是保证城市地下管线正常运行和安全稳定的管理机构、管理理念、管理制度，以及管理方法和手段等的总称，是由一系列管理要素构成的动态管理系统。从地下管线管理的体制、机制和法制的角度来讲，管理体制、机制、法制的完善程度在一定程度上体现了管理体系的水平。管理体系是相互联系的要素构成的整体。管理体制是管理主体和职能的配置，即各要素间的组织机构。组织机构是权力和职能的载体，若无管理机构，管理体系也就不存在。管理机制是各要素的功能及相互作用，城市地下管线系统的运行需要在要素间构建一套互相配合的工作模式，方可保证管理体系正常运转。法制是指法律和制度的总称，规范和制度的制定与完善有助于确保相关措施的有效执行。体制是机制的基础；机制是体制的具体运作方式并反作用于体制，法制对体制和机制起着规范化的作用，并约束体制和机制。管理体系是体制、机制、法制的综合体现。具体架构如图 3-1 所示。

城市地下管线管理体系对于地下管线管理具有重要的作用，主要有如下几个方面：

一是促进管理工作的科学化和系统化。多年来，地下管线方面暴露出的各种问题无不说明了城市建设和管理对地下管线的重视和关注不够，尤其是缺乏系统和全面的统筹和设计。地下管线管理体系的提出和实施标志着对地下管线重视程度的提升，更标志着地下管线管理真正开始向科学化和规范化迈进。

二是有利于确保各项管理工作的顺利实施，提高管理效率。城市地下管线管理体系通过明确各层级的管理主体、明晰管理职责、明确管理内容、健全管理手段和保障机制，确保相关工作能够有序进行，减少出现人浮于事或无所适从的现

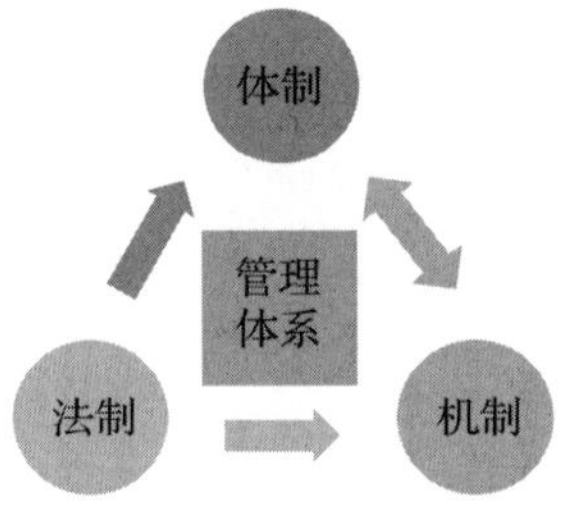

图 3-1　城市地下管线管理体系的架构

象，使管理效果逐步提升。

三是能够建立健全管理制度，优化工作流程。工作流程事关管理工作的结果，管理制度是管理工作的保障。城市地下管线管理体系指导和规范了建设管理和运行管理的工作流程，对地下管线管理活动的全过程进行监管，能够有效减少人为的、随意性行为，使地下管线管理工作由事后堵漏转到事前、事中控制上来，改变原来“头疼医头、脚疼医脚、治标不治本”的被动局面。

我国地下管线管理体系已初步形成，但还属于初级阶段，相应的体制、法制和机制都在逐步完善中。

3.2 管理组织体系

城市地下管线的管理组织体系复杂，涉及国家和地方两个层次，管理体系层面多、角度广，单一的分散性管理难以应对地下管线全面的或综合性问题。所以，需要从公共管理的视角出发，从管理机构设置和管理职能两方面入手，结合行为管理，开展统一的、综合性的管理组织工作。

3.2.1 管理机构

国家层面涉及的部门有国家发改委、财政部、工信部、住房城乡建设部、广电总局、国家能源公司、部队等。其中，国家发展改革委负责国家重大管线工程的投资建设管理工作；国家财政部负责管线工程建设资金管理工作；国家工业与信息化部负责通讯以及各种工业管线的规划建设和监督管理工作；住房城乡建设部负责指导城市公用设施的规划建设和监督管理工作；国家广播电视总局负责有线电视管线的规划建设和监督管理工作；国家能源局负责能源管线的规划建设和监督管理工作；部队负责各种军事管线的规划建设工作；南水北调工程建设委员会办公室负责南水北调管涵的规划建设和监督管理工作。

由于各地机构设置不同，地方层面涉及的管线管理部门更为复杂。发改、财政、规划、城建、档案、园林绿化等部门，分别承担地下管线投资建设和特许经营审批，建设资金管理，管线路由的审批与规划验收、竣工测量、档案资料管理，建设开工审批和竣工验收，以及地下管线占道掘路、占掘绿地的审批等方面的工作；发改、经信、通管、广电、住建、南水北调办、安监等相关部门负责相应管线的行业管理；市、区、乡镇负责地下管线的属地管理；国家电网分公司、电信、移动、联通、网通、铁通、各产权单位等分别负责相应地下管线的权属管理工作。具体如图 3-2 所示。此外，部分地方建立综合协调机构或成立综合协调工作组，负责城市地下管线的综合协调工作，如北京市城市管理委员会市政管线管理处、山东省淄博市城建档案和地下管线管理处等。

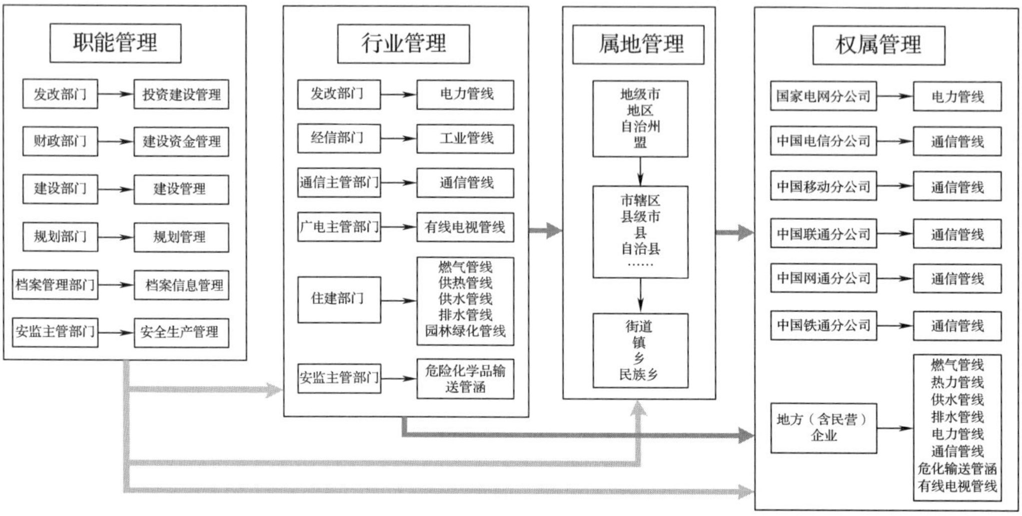

图 3-2　地方层面地下管线管理机构设置情况

3.2.2　管理职能

管理职能是地下管线管理过程中相应管理机构所具有的职责和功能，通常根据管理过程的内在逻辑，划分为几个相对独立的部分。城市地下管线管理职能的划分具有一定的意义。在理论研究上能清楚地描述管线管理活动的整个过程，有助于实际的管理工作；在实际工作中有助于实现管线管理活动的专业化，提高工作效率，使管理人员更容易从事管理工作；同时，管理者可以运用职能管理去建立或改革组织机构，根据职能规定组织内部的职责、义务、权利以及内部结构，从而确定管理人员的人数、素质、学历、专业、技能、知识结构等。

城市地下管线的管理职能可以划分为五大类，有综合管理、专项管理、行业管理、权属管理和属地管理，如图 3-3 所示。

综合管理是以涉及两类以上管线或管线系统与外部自然和人为环境条件相关问题的解决为目标（包括当前或未来可能遇到的各类问题）而开展的一系列管理活动。

专项管理是相关行政部门按照各自的职责对地下管线的建设和运行进行审批、复核等管理工作，主要涉及管线规划、建设工程、城市管理、安全监

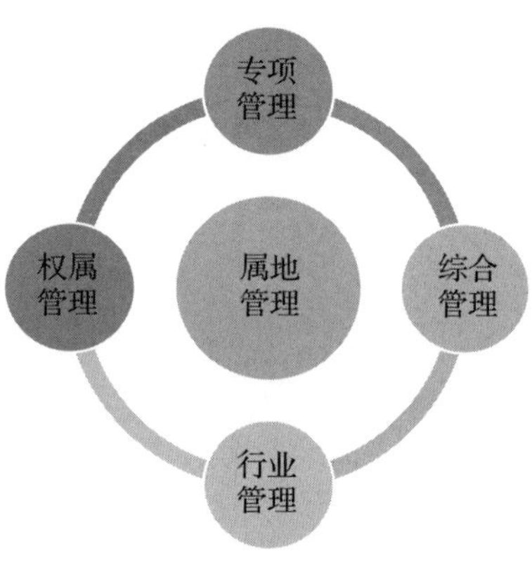

图 3-3　城市地下管线管理职能

督、信息档案、保密、数据安全等方面。

行业管理主要涉及电力、电信、供排水、燃气、热力、工信、能源等部门，主要职责是推动行业工作、解决行业内产生的管理问题，从而对本行业的地下管线实施监督管理工作。

权属管理是管线权属单位按照法律法规规定，履行主体责任对本单位管线实施管理的相关活动，主要涉及中央和地方相关企业、单位等。

属地管理是省、县、乡三级人民政府对地域范围内的地下管线进行管理和监督工作，涵盖专项管理、综合管理、行业管理和权属管理的内容。

3.3 管理阶段划分

3.3.1 划分思路

阶段是指人或事物发展过程中根据一定的标准划分的“段落”。

目前对于地下管线管理阶段的划分多从管线从无到有、到正式投入使用的过程出发，简单地将其分为投资、规划、建设和运行四个阶段。这种划分是从地下管线生命周期的角度进行的，对于城市地下管线系统整体来说，这种划分方式的依据主要是政府管理部门及其职责的不同，特点并不够明显，与其说是管理阶段的划分不如说是管理环节更合适。

本报告在上述划分的基础上，考虑地下管线本身的特点、管理任务的复杂度、时间周期等因素，提出将城市地下管线的管理阶段划分为建设阶段和运行阶段。其中，建设阶段的管理指城市地下管线从无到有的过程，这阶段包括管线的规划、设计、建设等环节的管理活动，始于管线建设项目立项，止于管线交付使用；运行阶段的管理指城市地下管线正式使用到最终报废拆除，这阶段包括地下管线自投入使用后的所有管理活动。

这种划分方式的主要依据是地下管线作为城市基础设施之一功能的履行，建设管理阶段的一切活动是为了能够满足地下管线功能实现的基本条件，运行管理阶段的活动是为了维护和保障地下管线功能的正常发挥。

3.3.2 建设阶段

建设阶段是地下管线管理的初始阶段，经历了这阶段管线才能存在并具有发挥其功能的可能。

1）管理主体

建设阶段的管理主体是多元的，包括政府各级管理部门和管线相关单位。其中政府管理部门包括发改、规划、建设等职能管理部门负责各环节相关的管理活动的部门，也包括管线的建设单位、施工单位等。

2）主要内容

建设阶段主要管理内容是对地下管线建设项目实施投资、规划、建设等活动进行组织、协调、监管等。

3）管理目标

建设阶段的管理目标是保障地下管线科学合理的建设完成，达到投入使用的条件。包含两层含义，一是建设完成并能够使用，二是建设要科学合理，即满足地下管线空间布局、承载能力、安全发展等方面的需求。

3.3.3 运行阶段

运行阶段是地下管线管理的最重要的阶段，只有这阶段的管理取得好的效果，地下管线的建设阶段的活动才有意义，地下管线也才能够真正发挥它的作用。

1）管理主体

运行阶段的管理主体也是多元的，包括政府管理部门和管线相关单位。其中政府管理部门包括各类管线所属行业的主管部门、属地管理部门，执行管线运行相关管理活动的发改、规划、建设、安监、路政、园林等专项管理部门；管线相关单位主要指各类管线权属单位或运行维护单位。

2）主要内容

运行阶段主要管理内容是为保障各类地下管线正常发挥功能进行的组织、协调、监管等活动。具体管理内容的类型包括行业管理、属地管理、权属管理、专项管理、综合管理等。

3）管理目标

运行阶段的管理目标是保障地下管线的安全高效运行。

第 4 章　建设阶段的管理

地下管线建设阶段的管理始于管线规划，终于管线正式投入运行。建设阶段的管理工作主要包括规划管理和建设管理，这两方面的管理工作在管线进入运行阶段后转化为保障管线运行而承担相应职责的专项管理继续发挥作用。

4.1　规划管理

城市地下管线埋设在地下，具有建设工期长、涉及面广、变动难度大等特点，科学的规划管理工作对理顺地下管线空间关系，优化管线系统布局，集约利用地下空间资源具有十分重要的实践意义。

4.1.1　管理内容解析

1）《中华人民共和国城乡规划法》规定的管理职责

城市地下管线规划管理依据《中华人民共和国城乡规划法》而开展，规划管理职能机构和主要管理职责根据各级政府设置情况确定，规划管理内容按照城乡规划相关法律法规和各级政府授权。

（1）中央政府机构及主要职责

①机构：中华人民共和国住房城乡建设部，国家规划行政主管部门。

②主要职能：起草住房和城乡建设的法律法规草案，制定部门规章，拟订规划的政策和规章制度，拟订住房和城乡建设的科技发展规划和经济政策。依法组织编制和实施规划，会同有关部门组织编制全国城镇体系规划。负责国务院交办的城市总体规划、省域城镇体系规划的审查报批和监督实施，加强城乡规划管理。

③主要内容：起草规划法律法规草案、制定部门规章、拟订规划政策和制度，组织编制和实施全国城镇体系规划，负责国务院规定城市总体规划、省域城镇体系规划审查报批，国家级规划监督。

（2）省级政府机构及主要职责

①机构：省（直辖市）城乡建设厅，省级规划行政主管部门。

②主要职责：起草住房和城乡建设的地方性法规、规章草案并监督实施，依法组织编制和实施规划，拟订城乡规划的政策和规章制度。负责城市总体规划、县市域总体规划的审查报批和监督实施，承担国家和省审批的重大建设项目规划选址的审查、报备，负责行政区划调整的规划方案审查，指导城市地下空间的规划、开发和利用，加强城乡规划管理。

③主要内容：起草规划地方法规和规章草案、拟订规划政策和制度，组织编制和实施规划，负责城市总体规划、县市域总体规划审查报批，承担重大建设项目规划选址的审查、报备，省级规划监督。

（3）市级政府机构及主要职责

①机构：市（设区市）规划局或国土资源和规划局（委），市级规划行政主管部门。

②主要职责：起草住房和城乡建设的地方性法规、规章草案并监督实施，依法组织编制和实施城乡规划，拟订规划的政策和规章制度。负责管线建设工程规划选址意见书、建设用地规划许可证、建设工程规划许可证、建设工程竣工规划核实确认书行政许可，加强城乡规划管理。

③主要内容：起草规划地方法规和规章草案、拟订规划政策和制度，组织编制和实施城乡规划。承担重大建设项目和跨区域管线规划选址的审查、报备，负责管线建设工程规划选址意见书、建设用地规划许可证、建设工程规划许可证、建设工程竣工规划核实确认书行政许可，市级规划监督。

（4）县级政府机构及主要职责

①机构：县（市）规划局或建设局，市级规划行政主管部门。

②主要职责：依法组织编制和实施城乡规划，拟订规划的政策和制度。负责管线建设工程规划选址意见书、建设用地规划许可证、建设工程规划许可证、建设工程竣工规划核实确认书行政许可，加强城乡规划管理。

③主要内容：组织编制和实施城乡规划，拟订规划的政策和制度。负责管线建设工程规划选址意见书、建设用地规划许可证、建设工程规划许可证、建设工程竣工规划核实确认书行政许可，县级规划监督。

2）《关于加强地下管线建设管理的意见》（国办发〔2014〕27 号）的要求

加强城市地下管线的规划统筹。开展地下空间资源调查与评估，制定城市地下空间开发利用规划，统筹地下各类设施、管线布局，原则上不允许在中心城区规划新建生产经营性危险化学品输送管线，其他地区新建的危险化学品输送管线，不得在穿越其他管线等地下设施时形成密闭空间，且距离应满足标准规范要求。各城市要依据城市总体规划组织编制地下管线综合规划，对各类专业管线进行综合，结合城市未来发展需要，统筹考虑军队管线建设需求，合理确定管线设施的空间位置、规模、走向等，包括驻军单位、中央直属企业在内的行业主管部门和管线单位都要积极配合。编制城市地下管线综合规划，应加强与地下空间、道路交通、人防建设、地铁建设等规划的衔接和协调，并作为控制性详细规划和地下管线建设规划的基本依据。

严格实施城市地下管线规划管理。按照先规划、后建设的原则，依据经批准的城市地下管线综合规划和控制性详细规划，对城市地下管线实施统一的规划管理。地下管线工程开工建设前要依据城乡规划法等法律法规取得建设工程规划许可证。要严格执行地下管线工程的规划核实制度，未经核实或者经核实不符合规划要求的，不得组织竣工验收。要加强对规划实施情况的监督检查，对各类违反规划的行为及时查处，依法严肃处理。

4.1.2 管理热点剖析

目前，我国管线规划管理主要分为规划制定和规划实施两个阶段。城乡规划主管部门和管理人员，需要正确认识工作中的重点、难点和热点问题，通过对规划法律的深入理解，结合规划管理实践，深入探索。

1）对规划体系与管线专项规划的认识

（1）规划体系

依据《城乡规划法》制定的规划体系：主要为城镇体系规划、总体规划和详细规划，详细规划又分为控制性详细规划和修建性详细规划。

①城镇体系规划，包括城镇空间布局和规模控制，重大基础设施（含管线）的布局；但由于规划的宏观性较强，不适用于作为城市（镇）的规划实施阶段的规划行政许可的规划依据。

②城市总体规划、镇总体规划，包括城市、镇的发展布局，功能分区，用地布局，综合交通体系，禁止、限制和适宜建设的地域范围，各类专项规划（含管线）等；但总体规划及所包含的各类专项规划，往往总体控制性大于具体控制性，不适用于规划实施阶段的规划行政许可的规划依据。

③控制性详细规划，以总体规划为依据，对一定时期内城市（镇）的局部地区的土地利用、空间布局和建设用地所作的具体安排和设计，确定城市（镇）建设地区的土地使用性质和使用强度的控制指标、道路和工程管线控制性位置以及空间环境控制的规划要求，控制性详细规划是规划实施的法定依据；但规划实践显示，控制性详细规划更侧重于建（构）筑工程，对于管线工程明显缺乏具体性的控制作用。

④修建性详细规划，以总体规划或控制性详细规划为依据，可以组织编制重要地块的修建性详细规划，用以指导城市各项建筑和工程设施及其施工的规划设计，对于城市内当前要进行建设的地区，应当编制修建性详细规划，修建性详细规划是具体

的、操作性的规划；但通常修建性详细规划侧重于建（构）筑工程，对于管线类的修建性详细规划不多见。

（2）管线专项规划

管线专项规划是指依据地方法规（如《浙江省城乡规划条例》）制定的管线专项规划和管线综合规划。

①管线专项规划，由规划主管部门和有关部门共同组织编制，报本级人民政府审批，包括供水、排水、电力、通讯、燃气、热力等各类管线专项规划，且各类专项规划之间应当衔接，控制性详细规划应当落实各类专项规划的有关内容；管线专项规划是规划行政许可的规划依据。

②管线综合规划。相对于城市总体规划而言，仍属于专项规划。综合和协调落实各管线专项规划，各专项规划必须服从管线综合规划，由规划主管部门和有关部门共同组织编制，报本级人民政府审批，属于专项规划的一类。

2）管线工程相关规划手续的办理

根据《中华人民共和国城乡规划法》规定，管线工程行政许可的法定规划依据是控制性详细规划。但由于控制性详细规划的管线内容不全面、具体可操作性相对较差，因此，省、市、县一级管线工程规划许可，一般依据地方法规等规定的专项规划作为行政许可的法定规划依据，如浙江省就是依据《浙江省城乡规划条例》的管线专项规划作为法定规划依据。

管线工程的规划选址意见书与建设规划用地许可证办理分析如下。

（1）选址意见书的法律规定："按照国家规定需要有关部门批准或者核准的建设项目，以划拨方式提供国有土地使用权的，建设单位在报送有关部门批准或者核准前，应当向城乡规划主管部门申请核发选址意见书。前款规定以外的建设项目不需要申请选址意见书。"

（2）用地规划许可证的法律规定："……以划拨方式提供国有土地使用权的建设项目……建设单位应当向城市、县人民政府城乡规划主管部门提出建设用地规划许可申请……核发建设用地规划许可证……由土地主管部门划拨土地。""……以出让方式取得国有土地使用权的建设项目……建设单位应当持建设项目的批准、核准、备案文件和国有土地使用权出让合同，向城市、县人民政府城乡规划主管部门领取建设用地规划许可证。"

（3）地下管线工程多为穿越地面以下土地，明显属于借用土地类；地面架空管线的线架（杆）也多以借用土地处理，因此管线工程不属于以划拨方式或出让方式占用国有土地的工程。

（4）由于管线工程为借用土地，所以很多城市的地下管线的规划行政许可事项不办理选址意见书和建设用地规划许可证，只办理建设工程规划许可证；但对于以划拨方式占用国有土地的天然气门站、阀门井室和供排水泵站、阀门井室等管线工程，按规定单独办理选址意见书和建设用地规划许可证。

3）管线工程竣工规划核实

根据《中华人民共和国城乡规划法》规定“县级以上地方人民政府城乡规划主管部门按照国务院规定对建设工程是否符合规划条件予以核实”，从法律上来讲管线工程必须进入建设工程竣工规划核实程序。

但是，由于目前的法律法规没有规定管线工程可以像建筑工程那样，按照《中华人民共和国物权法》获取管线产权证的规定，而依据《不动产登记暂行条例》规定房产证获取的前置条件之一是必须提交建设工程符合规划的材料，即如《浙江省城乡规划条例》规定的《建设工程规划核实确认书》，因此，多数管线建设单位并没有、也不需要办理工程竣工规划核实手续，只有部分列入重点工程项目计划的工程，由于重点工程监督部门验收、监管等需要，才向规划主管部门申请工程竣工规划核实。

4.1.3 案例分析 / 创新举措

1）绍兴市：用户类管线规划的地方性法规实践

（1）背景

地下管线工程建设需要依法取得建设工程规划许可证。根据《中华人民共和国城乡规划法》第三章城乡规划的实施第四十条规定，管线建设工程规划许可依据是控制性详细规划。规划实践表明，由于控制性详细规划侧重于建筑，地下管线部分缺乏可操作性，因此，一些地方法规如《浙江省城乡规划条例》第三章城乡规划的实施第二十七条规定“管线类规划许可可以依据城乡规划中的有关专项规划实施”，从一定的范围内解决了管线建设工程规划许可的规划依据问题。

然而，地下管线规划管理实践让我们发现：管线工程不同于建筑工程，有时会遇到没有管线专项规划可依据的时候，一些为用户服务的管线工程，找不到可对应的管线专项规划，这又给规划主管部门提出了新的规划依据困惑。如果规划主管部门因为没有可对应的专项规划，而不办理用户类管线工程的规划许可，也将受到管线建设单位的行政不作为的投诉。因此，用户类管线工程的规划依据是规划主管部门的另一个规划难题。

（2）解决方案

绍兴市规划主管部门采用了务实的处理方法，研究了规划相关的法律法规后，本着从实际出发的理念，专门定义了用户类管线工程的概念，针对用户类管线工程制定了对应的规划管理地方性政策。出台的绍兴市规划局规范性文件《关于加强城市管线管理工作的补充意见》，针对无法纳入管线专项规划的用户类管线工程，规定可省略提供专项规划这类建设项目规划审批依据。

绍兴市关于用户类管线规划依据政策的制定，为用户类管线规划许可提供了重要的政策依据。

2）浙江省：跨区域管线综合规划的协调实践

（1）规划机制

管线规划管理按县级行政区域设立的规划行政许可机构来管理，《城乡规划法》也没有对跨县级行政区域工程作具体的可操作性管理规定，因此在规划实施阶段的管理实践中，一些地方法规做了细化和可操作性的管理规定，以解决跨县级行政区域工程的规划管理问题。有些跨县级行政区域的管线工程的规划管理，由于管线工程涉及到两个（含）以上县级行政区域，如果按照各个行政区域进行独自许可，使得本来是同一个项目的工程，出现各自为政、不协调、不统一等一系列问题。

《浙江省城乡规划条例》原规定“跨县级行政区域的建设项目，选址意见书由项目所在地的共同上一级人民政府城乡规划主管部门核发”，对于跨县级行政区域的建设项目用地规划许可证和建设工程规划许可证没有做类似规定，因此针对跨区域管线建设情况，浙江省城乡规划部门采取将工程选址等同于选址意见书的做法，有效地解决了各区域独自许可产生的各自为政的问题。《浙江省建设项目规划选址管理办法》形成了将跨区域工程采用选址意见书明确由所在地的共同上一级人民政府城乡规划主管部门统一许可，建设用地规划许可证和建设工程规划许可证则依法属地许可的管理机制。

（2）实践中常见的问题

具体规划管理过程还经常遇到这些问题：一是管线工程专项规划采用的比例尺过小（如 1∶10000 或更小）；二是上一级人民政府规划主管部门在规划过程中存在“请客不买单”现象，即由于上级部门并不是最终的规划利益相关区域政府部门，所以不了解实际情况，不对结果负实质性直接责任；三是对城乡空间布局有重大影响的工程，建设单位没有按《浙江省城乡规划条例》规定要求提供选址论证报告。

（3）解决方法

①比例尺：由于管线专项规划的比例尺一般比较小，多数是“1∶10000 或更小的比例尺，而县、市级规划主管部门办理的建设项目规划选址意见书的管线图要求是

在 1∶1000 比例地形图基础上、长距离工程可放宽到 1∶2000 比例尺，即使用与相关的 1∶500 和 1∶1000 建筑规划红线对应的大比例尺地形图基础上的管线图。

②基层规划。共同的上一级规划主管部门一定要相关的基层规划主管部门对项目的规划选址审核提供书面意见，还可以依法要求建设单位依据专项规划编制修改性详细规划或规划方案，让其管线工程在相关行政区域能够规划落地，管线位置切实符合相关县级行政区域对应的各类控制性详细规划或专项规划。

③选址论证报告。对城乡空间布局有重大影响的管线工程按《浙江省城乡规划条例》规定要求建设单位提供选址论证报告，必要的话由选址许可的规划主管部门组织，由涉及区域规划部门专家参加论证。

4.2 建设管理

4.2.1 管理内容解析

地下管线建设管理工作包含地下管线工程年度建设计划制定、施工图设计文件审查、施工许可办理、施工过程管理、竣工验收备案等内容。

根据 2014 年国务院办公厅发布的《关于加强城市地下管线建设管理的指导意见》以及住房城乡建设部等五部门发布的《关于开展城市地下管线普查工作的通知》，从国家层面上明确了地下管线建设管理的具体要求，切实加强城市地下管线建设管理，要求强化城市人民政府对地下管线建设管理的责任，住房城乡建设部门会同有关部门负责城市地下管线综合管理，发展改革部门要将城市地下管线建设改造纳入经济社会发展规划，财政、通信、广播电视、安全监管、能源、保密等部门要各司其职、密切配合，形成分工明确、高效有力的工作机制。

在地方层面上，目前大部分各省、市、地方已按照《关于加强城市地下管线建设管理的指导意见》的相关要求，结合本地实际情况，明确了地下管线建设管理职责，对地下管线建设管理做了相关规定。宁夏回族自治区县级以上城市人民政府是城市地下管线建设管理的责任主体；杭州市建设行政主管部门负责本市范围内城市地下管线的建设管理工作；北京市要求各区县政府建立健全本行政区域内地下管线综合管理体制机制，履行地下管线建设管理属地责任。青岛市要求城乡建设行政主管部门负责地下管线的建设管理统筹和档案信息管理工作，地下管线行业主管部门和城市管理、发展改革、财政、公安、安全生产监管、环保、交通运输、人防、质监等有关部门，按照各自职责做好地下管线的相关管理工作。淄博市规定住房城乡建设行政主管部门负责地下管线建设综合管理工作，城建档案和地下管线管理机构具体承担地下管线建设管理的协调工作，发展改革、公安、国土资源、环境保护、交通运输、规划、文化广电新闻出版、城市管理和行政执法等部门应当按照各自职责，做好地下管线管理的相关工作。

4.2.2 管理热点剖析

1）地下管线工程年度建设计划

年度建设计划是城市地下管线管理的基本依据，是规范各类城市地下管线建设的重要措施。地下管线行政主管部门可根据地下管线权属单位提前拟定的地下管线工程年度建设计划制定本地的综合计划，实现各类地下管线的统筹管理。

《关于加强城市地下管线建设管理的指导意见》中指出，各城市在制定道路年度建设计划时，应提前告知相关行业主管部门和管线单位。各行业主管部门应指导管线单位，根据城市道路年度建设计划和地下管线综合规划，制定各专业管线年度建设计划，并与城市道路年度建设计划同步实施；要统筹安排各专业管线工程建设，力争一次敷设到位，并适当预留管线位置；要建立施工掘路总量控制制度，严格控制道路挖掘，杜绝“马路拉链”现象。

针对地下管线工程年度建设计划，部分省市在出台地方法规时也做了相关要求，例如《陕西省城市地下管线管理条例》第十九条规定：城市建设或者市政公用行政主管部门根据城市道路建设专项计划和城市经济社会发展的需要，会同发展与改革、财政等部门，拟定年度城市道路建设计划，并通知各地下管线建设单位。地下管线建设单位根据年度城市道路建设计划，制定本单位年度城市地下管线建设计划，并报城市建设或者市政公用行政主管部门。城市建设或者市政公用行政主管部门根据城市地下管线建设服从城市道路建设计划的原则，兼顾地下管线系统运行需求，统筹安排城市道路建设和城市地下管线建设，批准下达城市道路地下管线工程建设年度计划。

2）地下管线建设工程管理

地下管线管理体系的复杂现状，导致地下管线建设工程各方存在沟通不畅的问题，让各类地下管线事故有机可乘。地下管线建设工程信息沟通机制可有效解决该症结。建立地下管线建设单位、权属单位、管理部门之间的交流与沟通，可实现建设项目的工程上报、管线信息交底；可方便工程建设期间的安全防护信息交流；可保障管理部门、地下管线权属单位对地下管线工程信息的及时掌握；保证地下管线建设工程各阶段的信息畅通，进一步减少地下管线事故的发生。

（1）施工图设计文件审查

在设计阶段，对建设工程技术的合理性与安全性的审查，可以实现在管理前端对工程信息的掌握。施工图审查是政府部门对建筑工程勘察设计质量监督管理的重要环节，是对施工图设计文件的进一步审核和确认。《建设工程质量管理条例》第十一条中规定，建设单位应当将施工图设计文件报县级以上人民政府建设行政主管部门或者其他有关部门审查，施工图设计文件未经审查批准的，不得使用。地下管线建设工程也不例外，建设单位在施工前应将地下管线的施工图设计文件委托具有相应资质的专业施工图审查机构进行审查，取得施工图审查合格书后，方能到住房城乡建设行政主管部门办理报建手续。

（2）施工许可

施工许可证制度是工程建设管理的一项基本制度，地下管线建设单位也应当在建设工程开工之前办理施工许可的相关手续。《中华人民共和国建筑法》第七条、第八条，《建筑工程施工许可管理办法》第二条对施工许可证的办理要求和申请材料做了具体规定，施工许可证制度是由行政主管部门在工程施工前，对其开工必备条件的进一步审查，对符合条件的工程发放施工许可证。施工许可制度是对建设工程的进一步规范，进一步控制了违法施工现象，且有利于行政主管部门对工程详情的掌握。

但是，目前地下管线工程施工许可的发放部门、办理部门尚无明确规定，《国务院安全生产委员会成员单位安全生产工作职责分工》规定，住房城乡建设部依法对全国的建设工程安全生产实施监督管理（按照国务院规定职责分工的铁路、交通、水利、民航、电力、通信专业建设工程除外）；从监管责任角度来说，住房城乡建设部门应仅对铁路、交通、水利、民航、电力、通信专业除外的建设工程发放施工许可，但目前尚无明确规定。针对该问题各省市在出台地方法规时做了部分要求，《淄博市地下管线管理条例》第十九条规定，地下管线建设工程开工前，建设单位应当依法向住房城乡建设、水利、公用事业等相关部门申请办理施工许可手续。与道路同步建设的地下管线建设工程，由道路建设单位牵头同步办理地下管线建设工程施工许可手续。

（3）施工过程管理

在施工前实现各单位管线信息“交底”，在施工过程中加强信息交流从而有效避免外力对已有管线的破坏或侵蚀。据统计，大部分地下管线事故是由施工不规范引起。

总体来说，施工过程管理涉及到以下方面：在开工前，制定地下管线安全防护措施和应急预案；在施工过程中，对毗邻的管线采取应急保护措施；对尚未查明的地下管线实行现状探测；在埋设地下管线时，同步敷设金属标识和信标；在非开挖的施工时，绘制地下管线轨迹图，标注地下管线的穿越起点和终点坐标、轨迹、走向以及埋深等详细信息；在施工现场，制定安全防护措施、应急预案等；施工过程中，对其工程进行监理等。

（4）竣工验收备案

地下管线竣工资料移交包括了声像资料的移交和地下管线工程覆土前和竣工后测量数据的移交，是实现地下管线数据动态更新的重要手段。在《城市地下管线工程档案管理办法》中对地下管线竣工资料的移交做了详细规定，但据了解，目前部分省市执行效果并不理想，部分城市因无法收集地下管线竣工资料，导致花费巨额资金完成的地下管线普查数据无法正常更新，普查成果在短短三五年内就失去了使用价值。

4.2.3 案例分析 / 创新举措

1）杭州市：全面、系统的地下管线建设管理

2009 年，杭州市出台了《杭州市城市地下管线建设管理条例》，对城市地下管线的建设管理和数据信息管理提出了具体要求，对地下管线工程的施工前、施工中和竣工后等各个环节的工作进行了比较全面的规范。

（1）在工程规划阶段，规定城市地下管线建设服从城市道路建设计划的原则，并由市建设行政主管部门统筹安排城市道路建设和城市地下管线建设。

（2）在工程开工前，管线建设单位应当向城市建设档案管理机构备案，同时，建设档案管理机构将工程竣工后需要提交的工程档案内容和要求告知建设单位。

（3）在施工过程中，如果发现未知的地下管线，建设单位应及时告知建设行政主管部门，由产权单位测量建档。

（4）在工程竣工后，建设行政主管部门检查建设单位的工程档案许可文件，并确认建设单位是否已按照要求提交工程档案，之后方能为其办理竣工验收备案手续。同时规范了对于施工过程中发现的未建档管线和城市地下管线因紧急抢修而发生管线位置变化或管线迁移等情况下的管线测量和档案移交行为。这一系列举措，保证了地下管线工程档案的实时收集。

2）淄博市：以制度建设为基础，推动地下管线的建设管理

淄博市城建档案和地下管线管理处作为综合管理机构，结合淄博市地下管线建设管理实际情况，相继起草制定地下管线建设管理有关规章、制度。2012 年，淄博市出台了《淄博市地下管线建设管理办法》(市政府令第 89 号)，并相继配套印发了《〈淄博市地下管线建设管理办法〉实施细则》等一系列管理制度。此后，为进一步明确地下管线管理部门、行业管理部门的监管职责，建设单位、权属单位等参与主体的职责和义务，夯实地下管线规划、建设、运行维护以及档案和信息管理的制度根基，规范地下综合管廊的规划、建设、管理和运行维护，加大违法行为的惩处力度，淄博市在2017年1月1日颁布实施了《淄博市地下管线管理条例》。构建起了地下管线建设规范化管理的基本框架，使地下管线信息沟通、施工许可程序、地下管线工程验收办法、竣工验收备案程序等方面逐步得以规范。

淄博市以规章制度为先导，以行业主管部门的协同工作机制为保障，以规划许可证、施工许可证、工程档案合格证为总抓手，以日常执法监督活动为辅助，逐步建立了地下管线工程立项/年度建设计划、地下管线信息沟通、资料查询、施工图设计文件审查、联合会签、现场详查、施工许可、施工过程中的监督稽查及声像资料制作、覆土前测量、竣工验收、竣工验收备案的闭合管理流程。主要措施如下：

（1）依据地下管线建设单位上报的地下管线工程建设计划，及时制定下发全市地下管线年度建设计划，做到与城市道路年度建设计划同步实施。

（2）搭建地下管线建设工程信息沟通平台，实现共同维护、协同合作、信息共享的开放式管理模式。平台依托信息化手段，保证了建设工程基本信息的实时收集；实现了地下管线管理部门对地下管线工程信息的统一管理和全过程监管；搭建起地下管线建设单位和管线权属单位之间的沟通桥梁，实现了建设单位与工程范围内各类地下管线的权属单位的交流互动，并落实了交底意见和施工保护措施；实现了行业管理部门实时查看、统计本行业的地下管线工程情况，查看本行业管线的违规信息和安全隐患信息，方便制定处置方案；保证了地下管线建设工程前、中、后三个阶段的信息沟通，以最大程度的保护施工范围内的毗邻管线。

（3）将地下管线查询报告书列入规划许可证办理的必备要件之一。凡在城市、镇规划区内进行建筑物、构筑物和地下管线工程建设的，建设单位应首先到城建档案和地下管线管理机构查询施工范围内地下管线资料，取得地下管线查询报告书后，方可申请办理规划许可证。

（4）施工图纸实行审查制度。建设单位取得规划管理部门核发的建设工程规划许可证后，应及时将工程建设有关文件资料交予专业审查机构进行施工图审查，审查合格后方能到地下管线管理机构办理报建手续。

（5）建立联合会签和现场详查制度，核准地下管线分布现状。建设单位在完成工程报建后，应按规定组织地下管线综合平面图的联合会签和现场详查工作，核实施工区域内地下管线现状，如发现与现状资料不符或者现状不明的地下管线，建设单位应及时补测补绘；必要时会同设计单位进行设计变更，重新报送相关部门审查。核准无误后，地下管线施工单位必须向当地建设行政主管部门申请领取地下管线建设工程许可证后，方可开工建设。

（6）做好地下管线施工过程、地下管线竣工验收、竣工验收备案的监督工作。地下管线安全防护措施不到位的一律叫停，并责令限期整改；竣工验收备案时，未提交具有相应资质的测绘单位的覆土前测量成果、未进行声像资料制作的、未向城建档案管理机构移交竣工资料的一律不予签发工程档案合格证。

（7）协助地下管线权属单位做好管线的安全维护工作。根据责任单位的维护申请，及时召开联合会签会议，核实作业区域的管线情况及权属单位监护要求，如有必要组织现场详查。对于实际作业过程中发现的管线布局不规范等安全隐患问题，紧急排查，确定产权单位，并责令相关单位及时做出整改。

第 5 章　运行阶段的管理

城市各类地下管线自建成投入正式运行之日起，便进入地下管线运行阶段。地下管线运行阶段的各层级管理主体开始实施相关的管理活动。其中，地下管线权属单位承担运行管理的主体责任，政府各行业管理部门、综合管理部门，属地政府部门及专项管理部门承担管线运行环节的监管、指导及综合协调职责。其中，专项管理主要包括管线运行过程中的安全生产、质量监管及应急处置等管理工作，同时也涉及到投资、规划、影响评价、建设、园林绿化、路政、交通等相关专项管理工作。本章主要从综合管理、安全与应急管理、行业管理和权属管理四方面介绍地下管线运行阶段的主要内容。

5.1　综合管理

早期的地下管线管理一般指的是管线的权属单位和各行业对自己设施设备的管理，但随着近年来城市快速发展对管线的依赖程度加大，人们对生活品质的要求也逐步提升，管线事故又时而发生引起了各界的广泛关注，“综合管理”逐步进入视野，并且需求越来越大。

5.1.1　管理内容解析

作为一类既具有专业特点又与外界紧密关联的基础设施，地下管线生命周期各阶段的管理、行业管理、属地管理之间，以及与外部环境条件相关的管理内容之间并不是完全独立的，而是相互衔接、相互影响的。

在地下管线运行过程中，往往需要协调各环节的管理内容以形成完整的管理链条，需要协调行业主管部门和属地政府部门的管理以实现横向和纵向的完整管理，需要协调管线与道路等外部设施管理部门的管理以保障管线的运行和应急效率等，这都属于综合管理的范畴。

因此，城市地下管线综合管理是以涉及两类以上管线或管线系统与外部自然和人为环境条件相关的问题的解决为目标（包括当前或未来可能遇到的各类问题）而开展的一系列管理活动。

地下管线综合管理的主要工作内容包括：

（1）制度建设。贯彻落实关于地下管线综合管理方面的法律、法规、规章和政策，建立地下管线综合管理体系，起草相关地方性法规草案、政府规章草案并组织实施。

（2）规划管理。拟订地下管线管理规划并协调实施；研究分析地下管线的发展状况，提出相关对策措施。

（3）生命周期各环节管理工作的衔接管理。面向运行的需求，紧密对接地下管线规划环节和建设环节的相关工作，使前期工作能够更好地支撑地下管线的运行。

（4）管线工程计划管理。统筹各专业管线的需求，结合管线新建、改建、消隐等工程计划，以及道路大修计划等情况开展管线工程的计划工作。合理计划、科学安排工程时序，并适当预留管线位置，避免“马路拉链”。

（5）井盖管理。研究建立各类井盖运行维护机制，包括问题的发现、隐患治理等。

（6）信息共享与应用管理。面向城市规划、建设、运行和应急等工作需要开展地下管线信息共享机制、应用功能平台的建设及管理等工作。

（7）其他需要综合考虑多种管线、管线与地下环境、管线与道路，以及管线与地上建筑等情况的相关组织或协调工作。

地下管线综合管理涉及的工作内容较多，我国现行的工作体制中往往将这些工作内容分散到了多个管理部门中。

5.1.2 管理机构设置

我国国家层面的地下管线综合管理机构是中华人民共和国住房城乡建设部。各地由于管理体制有所不同，对地下管线综合管理的认识程度也不一致，在综合管理机构的设置方面差异较大。

地方层面地下管线综合管理机构的设置情况主要可以分为三类：

（1）设置了专门的综合管理机构。

我国目前大约有 11 个城市设置了专门的综合管理机构，承担了部分的综合管理任务，其他职责分散到相关的部门。这 11 个城市的地下管线综合管理机构及其具体职责见表 5-1。

表 5-1 我国地方层面地下管线综合管理机构设置情况

序号	城市	机构名称	上级主管部门	性质	职能
1	北京	市政管线管理处	北京市城市管理委员会	政府部门	负责本市城市地下管线及其检查井和井盖设施、架空杆线等综合协调管理；牵头建立地下管线运行管理体制；建立地下管线隐患排查治理工作体系，统筹协调地下管线隐患排查治理工作；编制本市地下管线运行综合协调管理规划，并组织实施；会同有关部门拟订地下管线及其检查井和井盖设施维修养护定额、标准。

续表

序号	城市	机构名称	上级主管部门	性质	职能
2	上海	上海市城市综合管理事务中心（上海市地下管线监察事务中心）	上海市住房和城乡建设管理委员会	事业单位	承担市地下管线建设运行安全监察事务，参与市道路管线掘路施工计划的综合平衡及执行情况监督。
3	重庆	重庆市城市管线综合管理事务中心	重庆市城乡建设委员会	事业单位	开展城市管线综合管理的相关协调服务；为城市管线建设提供技术服务；开展管线工程档案信息化服务。
4	南京	南京城市地下管线数字化管理中心	南京市规划局	事业单位	负责地下管线数据的收集、整理、更新和利用；建立地下管线数字化管理系统，对地下管线数据信息进行集中统一管理；配合市信息管理部门开展地下管线信息的技术开发和综合利用；为各专业管线的运行和维护提供信息支撑，实现资源共享。
5	昆明	城市地下空间规划管理办公室	昆明市规划局	事业单位	主要负责昆明城市地下空间和管线规划、审批、竣工等数据集中统一管理及信息资源库的动态更新、维护和共享；建设和维护地下空间和管线综合信息管理平台；参与昆明城市地下空间控制性详细规划技术审查；从事城市管线普查、探测业务；开展与城市地下空间和管线相关的技术咨询、设计、探测等服务及相关基础性研究工作。
6	长沙	城市地下管线管理处	长沙市住房和城乡建设委员会	政府部门	负责城市地下管线建设统一管理和综合协调；参与编制城市给排水、燃气、热力、电力、照明、通信、信息（含广播电视、交通信号、城市监控等）、消防设施等地下管线建设专项规划；组织编制地下管线年度建设计划；负责市政道路范围内各类地下管线建设的监督管理；负责组织城市地下管线信息平台的建设和运行维护工作；牵头组织依法对城市地下管线建设违法违规行为的查处；指导区、县（市）开展城镇地下管线建设管理工作；承担市城市地下管线建设管理领导小组办公室的日常工作。
7	合肥	合肥市地下管网建设管理办公室（合肥市抗震办公室）	合肥市城乡建设委员会	政府部门	编制地下管线（综合管廊）年度建设计划并监督实施；对与道路同步建设的城市地下管线（综合管廊）综合设计专篇进行技术审查管理；管线综合施工图设计审查管理；城市管网构成信息平台的建设、管理与维护更新；组织编制管线配套应用技术规程及标准。
8	武汉	海绵城市和综合管廊建设管理站	武汉市城乡建设委员会	事业单位	贯彻落实中央、省、市有关海绵城市、综合管廊和地下管线建设管理的方针政策和标准规范，参与制定地方性政策及标准规范；负责编制全市地下管线年度建设计划具体工作，参与编制城市地下管线综合规划；负责市管工程管线与道路同步建设的统筹、协调、服务工作；推进市管工程管线综合设计；负责城市地下管线综合信息平台建设管理具体工作；组织指导地下管线、综合管廊、海绵城市等数据信息收集、处理、利用等工作；受市城建委委托，对海绵城市、综合管廊、地下管线建设管理有关违法违规行为进行查处；对区海绵城市、综合管廊、地下管线建设管理机构进行指导；指导建设科技委地下管线及综合管廊专业委日常工作。

续表

序号	城市	机构名称	上级主管部门	性质	职能
9	哈尔滨	管线统筹建设处	哈尔滨市城乡建设委员会	政府部门	统筹协调城市供水、排水、燃气、热力、电力、通信、广播电视、工业等地下管线及其附属设施建设；统筹建筑红线外及小区庭院各类管线配套建设；负责地下管线建设综合会签工作；负责城市地下管线建设工程施工许可管理。
		管线综合规划处	哈尔滨市城乡建设委员会	政府部门	负责地下管线竣工测量管理；负责地下管线普查及管线数字化档案管理工作；负责地下智慧管网平台建设运行、维护应用的监督管理；负责地下管线综合方案空间核验和综合利用工作；参与制定城市范围内供水、排水、燃气、热力、电力、通信、广播电视、工业等管线及其附属设施建设规划；组织编制城市地下管线工程规划和年度建设计划。
10	淄博	淄博市城建档案和地下管线管理处	市住房和城乡建设局	事业单位	负责组织全市地下管线普查，信息系统建设、维护工作；负责全市地下管线工程建设的审查、竣工资料的验收备案工作；负责监督相关行业管理部门抓好城市地下管线施工过程中的质量安全管理等工作。
11	苏州	苏州市地下管线管理所	苏州市市容市政管理局	事业单位	负责城市地下管线工程的日常管理和综合协调，包括管线的计划管理、管线建设（挖掘）全过程监管，管线占用地下空间资源开发利用的管理；负责组织实施城市地下管线普查，实现城市地下管线信息化管理，并做好系统日常维护和动态管理工作；负责督查城市地下管线及其相关附属设施的完好；参与城市道路新、改、扩建工程的管线综合规划，并接管相关管线资料；督促道路管线工程建设单位和施工、养护维修企业贯彻执行苏州市市区有关道路管线工程管理办法；承办道路管线工程的申请、查勘、初审、发证及挖掘回填工程的监督检查、验收，并依法查处违章行为。

（2）未设置专门的管理机构，成立了临时性议事机构。

部分城市未设置专门的综合管理机构，实际工作多分散到各个相关单位执行，但近年来随着“马路拉链”现象凸显、管线安全事故频发，各种管线建设和维护工程协调配合的需求明显增强，有一些城市成立了临时性议事机构承担了地下管线综合管理工作中的部分内容。

（3）未设置专门的管理机构或临时性议事机构。

除了以上两种情况外，其他的城市多是将地下管线综合管理的相关工作与现有的行业、属地或权属管理等工作相融合，遇到问题临时想办法解决。

5.1.3 管理热点剖析

1）综合管理规划编制

（1）必要性

《国务院办公厅关于加强城市地下管线建设管理的指导意见（国办发〔2014〕27号）》中明确要求：“住房城乡建设部门会同有关部门负责城市地下管线综合管理”“各地要建立城市地下管线综合管理协调机制，明确牵头部门，组织有关部门和单位，加强联动协调，共同研究加强地下管线建设管理的政策措施，及时解决跨地区、跨部门及跨军队和地方的重大问题和突发事故。”但是，我国对于地下管线综合管理方面实践经验还很不足，理论研究也不够充分，对于如何开展相关工作目标和路径都不清晰，在这种情况下加强系统性、科学性的设计和考量显得尤为重要。

地下管线综合管理规划是解决这一问题的重要途径。近年来，随着各地地下管线综合管理部门的建立，越来越多的城市开始考虑如何科学的设计和实施地下管线综合管理工作。

（2）定位

地下管线综合管理规划，不同于建设方面的管线规划，它是地下管线综合管理工作的总体蓝图和行动纲领，是指导地下管线相关单位制定政策及年度工作计划的重要依据。

（3）编制目标

管理规划编制要解决的问题随各地的管理水平不同而有所不同，但总的来说应包括四大方面：健全管理体制、建立管理机制、确定任务目标、提升管理能力。

（4）编制思路

管理规划编制的主要思路：一是总结和分析当前地下管线设施设备的情况，以及各项管理工作现状和面临的主要问题；二是科学评估地下管线发展现状及综合管理工作进展情况，结合国家和地方发展的具体要求，归纳提炼未来一段时期的地下管线综合管理的主要管理需求；三是结合国内外城市在地下管线管理有关方面的先进经验和启示，科学设定规划目标指标及实施路径。

（5）实施情况

目前，我国正式启动地下管线管理规划编制的城市并不多，只有北京市于2011年和2016年先后发布了“十二五”时期和“十三五”时期地下管线综合管理方面的两部规划，在全国率先建立了一套符合北京市实际的地下管线运行综合管理体制，取得了显著的成效。

有一些城市近年来围绕地下管线综合管理工作的某一方面或几方面工作开展了一些规划或计划方面的编制工作，属于比较具体工作内容。

2）综合管理实施的难点

各类管线分属不同行业，有电力、通讯、有线电视、水利、住建等行业，各个行业有各个行业的法规、规范、标准，追溯到中央又是由各专业部委进行管理，对应的有能源局、工信部、广电总局、水利部、住房城乡建设部等。隔行如隔山，不同主管部门的规章制度难以约束其他行业的企业。管线在地方城市的建设与管理主要是地方住建部门（规划、市容市政、城管等），而一些管线权属单位为中央国企，在协调和沟通上存在一定的组织、行业鸿沟。管线权属单位一般仅从自身管线角度出发，能够保障安全运营即可，对与城市环境相交融的部分不会主动给予重视，例如，对检查井砌筑施工质量控制（造成井盖严重沉降等问题）、管线施工后的道路回填质量控制（造成路面修复后沉降破损）、管线建设更新需求与城市道路建设同步（频繁破路施工产生马路拉链）、架空线设置是否合理美观（产生视觉污染）等方面工作较为忽视，因此造成了城市地面以上的种种问题。

由于管线安全事故时有发生，地方政府的各行政主管部门试图通过严格审批降低管线安全风险，规避本部门可能承担的职责。一方面，确实对规范管线建设起到了积极作用，但另一方面，客观上增加了行政许可申报所需的材料及申报难度。管线权属单位多属于大型垄断企业，内部程序复杂，服务意识不强，也不愿涉足专业管线迁改、接入的前期手续办理，均要求用户自行办理。由于各类审批均是串联审批，一些用户对有关流程不甚熟悉，反复辗转于政府和管线权属单位之间，大大延长了审批时间。由于工期所迫，一些单位可能选择不走建设程序直接建设，或者边走程序边建设方式，如果出现变更，往往只能忽视变更的行政许可手续，由此缺少必要的审批与监管，管线安全隐患又随之产生。

既然地方政府审批、监管、执法到位，怎么会出现不规范的情况？涉及不同行业的地下管线管理，难道就没有顶层法律予以规范？在全国“放管服”提高政府服务能力的背景下，为什么涉及管线类的行政许可审批越发难以办理？究其原因，主要体现在以下两个方面。

（1）职能式组织结构的固有缺陷

地方政府组织结构为职能式组织机构，其特点是管理部门和人员实行高度的专业化分工，各自履行一定的管理职能，在分工范围内均能专业地完成有关任务。规划、住建、城管执法部门的工作均有完备的法规、标准、流程予以规范和指导，管理对象较为单一时，对应的单独部门能发挥较好的作用，例如，房屋建筑规划建设管理及其违章执法。

但是，职能式组织机构也存在一些缺陷：①各部门不是以整体目标为导向的，而各有各的部门目标和工作职责。②在解决某些现实复杂问题时，缺少统一的协调。③即使进行协调，成本高昂，落实工作困难。以地下管线管理为例，规划部门仅对向本部门申报并通过许可的管线建设规划申请负有监管责任，未取得规划许可的管线建设一般由行政执法部门集中查处（类似违章建筑的执法）。在城市道路上，随着网格化管理的逐步落实，一些违章挖掘确实能够及时被发现并查处。但是，由于执法人员的管线管理专业水平所限，一般仅对其破坏城市道路予以处罚和处理，其无规划许可建设管线的行为往往被忽视，并无部门督促其办理规划手续、整改管线位置。管线建设未必全位于城市道路上，在绿化、公路、河道、航道甚至景区均可能实施管线建设，在这些区域的管线监管上当前还存在较大缺位，有部分管线尚未纳入规划管理范畴，为城市的进一步建设埋下了管线安全隐患。

每个部门的工作都是有效的，甚至是辛苦的，但管线建设许可审批整体流程的运作和监管却是低效的，在管线管理的空间上和环节上均缺乏协同，难以形成合力。由于职能式组织结构的这个特点，各部门不可能从全局角度予以考虑而调整工作，加上具有隐蔽工程特点的地下管线建设监管难度大，管理部门人力有限，在监管环节投入不足，造成许可审批要求的落实、违章建设的高效查处与整改都存在较大问题，很多问题管线就此埋设下去，却无人知晓。当城市地下管网出现较大问题后，才予以重视，但积重难返，整改的成本将非常高昂，也将严重制约当地的社会经济健康发展。

依靠职能式组织结构的最高领导——地方行政长官（市长），通过自上而下的协调予以解决，当然可以。但现实中，行政长官重要工作涉及社会经济的方方面面，不可能将大量精力投入协调管线管理相关部门的工作中去，地下管线隐蔽属性决定了管线矛盾与问题并不是直接可见的，管理缺陷产生的管线隐患，往往经历数十年的时间、管线老化后才能暴露，在快速城市化的过程中并不能引起应有的重视。

管线问题产生后，各职能部门为规避本部门责任，严格按照本部门职责开展审批工作，不断增加前置条件，不同审批环节反复提交相同材料，技术审查更为苛刻，政府管线建设政务服务能力大幅下降，即使政府资金项目推进也将受阻。迫于工期，可能逼迫一部分管线建设单位违规冒险实施项目，产生恶性循环。

（2）国家顶层法规、地方立法有待完善

我国国家层面目前尚未出台规范地下管线综合管理方面的法律法规，难以规范不同行业地下管线权属单位的建设管理行为，没有界定国土、住建、能源等不同职能部门在管线管理方面的职、权、责，或存在交叉，或存在空白。即使一些地方政府在管线管理方面颁布了一些地方性法规，对非地方国企的管线权属单位规范有限（其遵从上级省公司、总公司的要求），在对外服务、优化内部流程、提升效率方面难以满足当前城市建设管理的需要。地方性法规在明确本级政府各职能部门的职、权、责方面，也较为笼统，监督执行存在困难，有待进一步改进。

5.1.4 案例分析 / 创新举措

1）北京市探索建立地下管线综合管理体制

北京市以问题为导向，以解决地下管线安全隐患、预防管线安全事故为目标，经过多年的实践探索，形成了一条以体制建设为核心、合作治理为理念、机制建设为内容的地下管线综合管理系统性、整体性解决思路。

2014年经北京市市政府常务会议讨论，同意印发了《北京市市政市容管理委员会关于印发2014年建立地下管网综合管理体制工作方案的通知》（京政容函〔2014〕219号），同年北京市人民政府办公厅印发了《关于印发〈北京市加强城市地下管线建设管理工作职责分工方案〉的通知》（京政办发〔2014〕54号）。通过两个文件的出台以及各项工作的推动，重点对综合管理体制建设框架进行顶层设计，就管线管理对各部门进行科学分工，建立了“综合协调管理、行业和属地监管、权属主体履责”的管理体制和责任体系。

（1）组织管理体系

建立了由北京市城市管理委员会（原“北京市市政市容管理委员会”）负责综合协调、行业主管部门负责行业监管、各区政府管理部门负责属地监管、地下管线权属单位履行主体管理职责的地下管线运行管理组织体系。

组织管理体系涉及的主要部门及职责如下：

北京市编办：明确各类地下管线的行业主管部门；

北京市规划委：建立地下管线基础信息管理机制和规范等；

北京市市政市容委：牵头建立地下管线运行管理体制等；

各行业主管部门：落实各行业地下管线从起始到终端的全过程管理责任等；

北京市发展改革委：完善相关资金政策等；

北京市城乡建设委：加强地下管线工程质量安全监管、明确物业管理区域地下管线管理职责等；

北京市交通委：统筹地下管线和道路工程建设，减少重复挖掘等。

北京市质监局：依法依规监督和指导地下管线运行管理单位定期开展压力管道检验工作；

北京市安全监管局：完善危化品管道监管机制，加强管线安全生产事故管理等；

北京市各区县政府：建立健全本区域地下管线综合管理体制机制等；

管线运行管理单位：全面履行地下管线建设、运行管理和保护的主体责任等。

北京市地下管线运行组织管理体系框架如图5-1所示。

（2）管理工作机制

在管理工作机制方面，建立了包括信息数据管理体系、隐患排查治理管理体系、安全服务管理体系（挖掘工程地下管线安全防护机制）、井盖设施协调管理体系、风险评估控制管理体系、应急处置管理体系和法规标准保障体系在内的七大体系。

2）苏州市“高位协调+问题导向”开展地下管线综合管理

（1）“高位协调”的综合管理组织体系

地级市行政资源较为薄弱，比如电力行业主管部门在地级市一般均未设置机构组织，央企在地级市设立的企业权限有限等，因此，必须由政府设立管线高位协调组织（委员会）开展高位协调，并且需要明确或设立管线综合协调部门或机构开展持续性日常管线综合协调管理工作，满足城市建设和运行的需要。

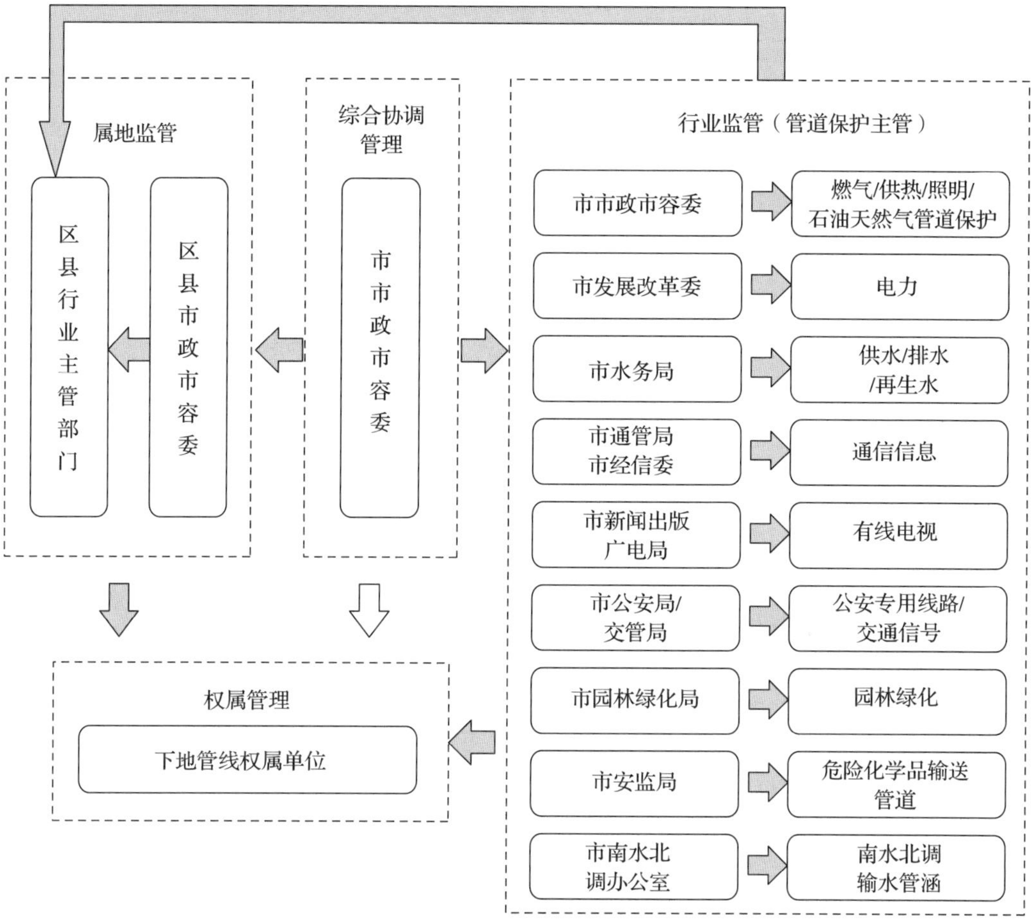

图 5-1　北京市地下管线运行组织管理体系

苏州市在高位协调方面，设有由各管理部门以及管线权属单位组成的苏州市城市管理委员会，市长任委员会主任，用于协调解决城市管理方面的各类问题。其办公室设置于苏州市市容市政管理局，具体管线协调管理方面的工作由苏州市地下管线管理所开展。

苏州市地下管线管理所成立于 2003 年，隶属于苏州市市容市政管理局。主要职能是受主管局委托，依托管线建设（挖掘）许可审批查勘、初审的基本工作，开展地下管线协调管理，以及与此相关的地下管线信息动态维护和管理、参与城市道路工程的管线综合规划、综合管理市区地下管廊建设，承办地下综合管廊试点城市推进工作等职能。

苏州市地下管线综合管理组织体系架构如图 5-2 所示。

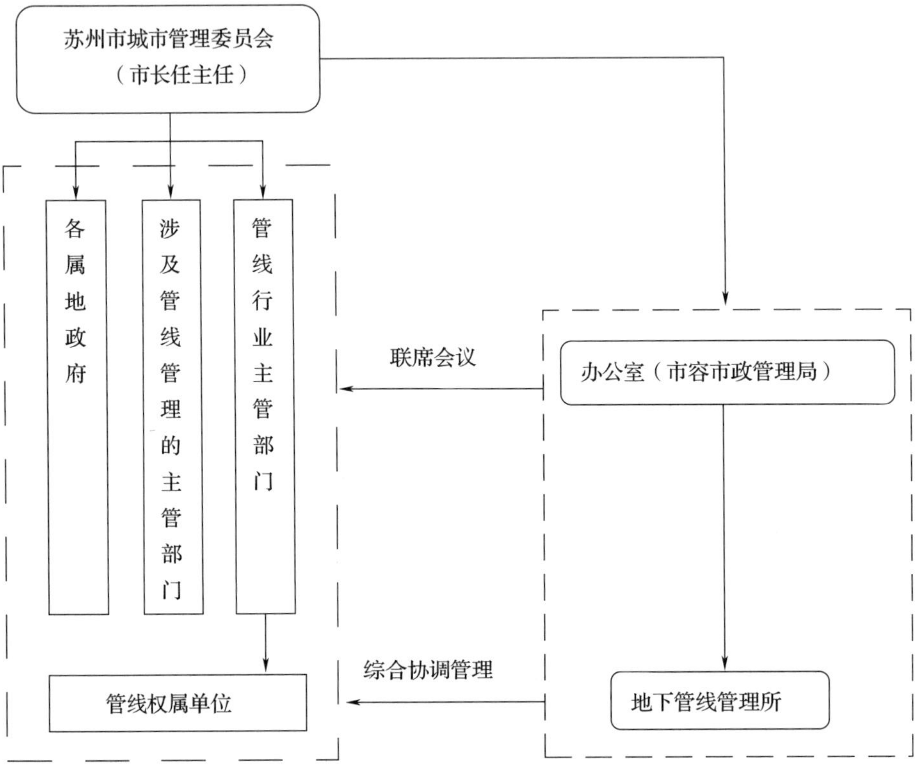

图 5-2　苏州市地下管线综合管理组织体系架构

（2）"问题导向" 实施地下管线综合管理

苏州市从地下管线建设管理中存在的实际问题出发开展了一系列的综合协调工作。通过各项综合管理工作，规范了管线建设行为，有效扼制了管线安全事故的发生（2006 年起至今管辖范围内经审批的管线建设未发生损坏燃气管线的事件），明确了各类管线设施维护管理责任，避免了推诿扯皮现象，井盖问题也能够得到快速有效的处理。

联络员会议制度。为加强管线权属单位间、权属单位与管理部门间日常联系与协调，保障管线问题的顺利解决，建立了以道路管线建设管理为基本内容，规划、市容市政、行政执法、道路养护等部门以及各权属单位均派员参加的管线例会制度。管线例会每季度召开一次，通过例会汇总各单位建设计划，进行管线建设协调，督促做好管线设施维护保护工作，优化应急响应机制，倾听权属单位在建设维护方面的需求，通报有关问题，传达市政府文件有关精神，更重要的是为各权属单位提供了一个互相交流、增进了解的平台。联络员会议组成结构如图 5-3 所示。

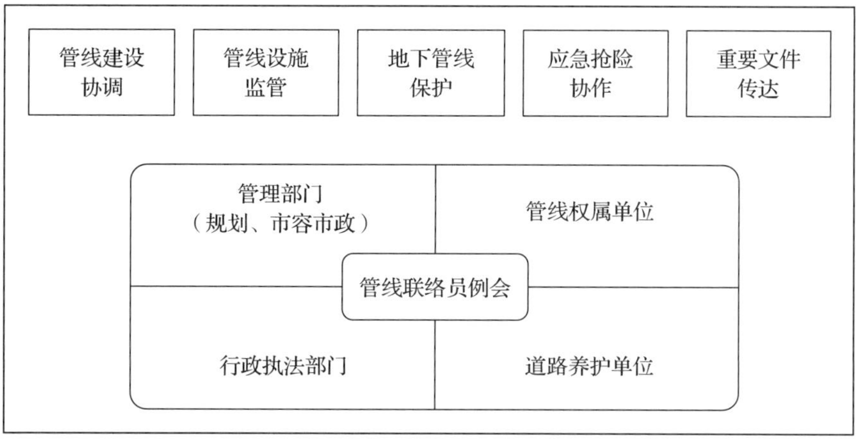

图 5-3　联络员会议组成结构

地下管线数据动态更新机制。针对地下管线数据库建立后数据维护困难的问题，苏州市建立了数据动态更新机制。市政市容局与规划部门协同配合，规范管线建设的相关审批程序，要求在管线建设过程中，建设方在办理“建设工程规划许可证”的同时需委托办理管线工程竣工测量，而办理“管线建设（挖掘）许可证”时，需提交“建设工程规划许可证”，保证建设单位管线建设竣工测量工作的落实。地下管线动态更新机制如图 5-4 所示。

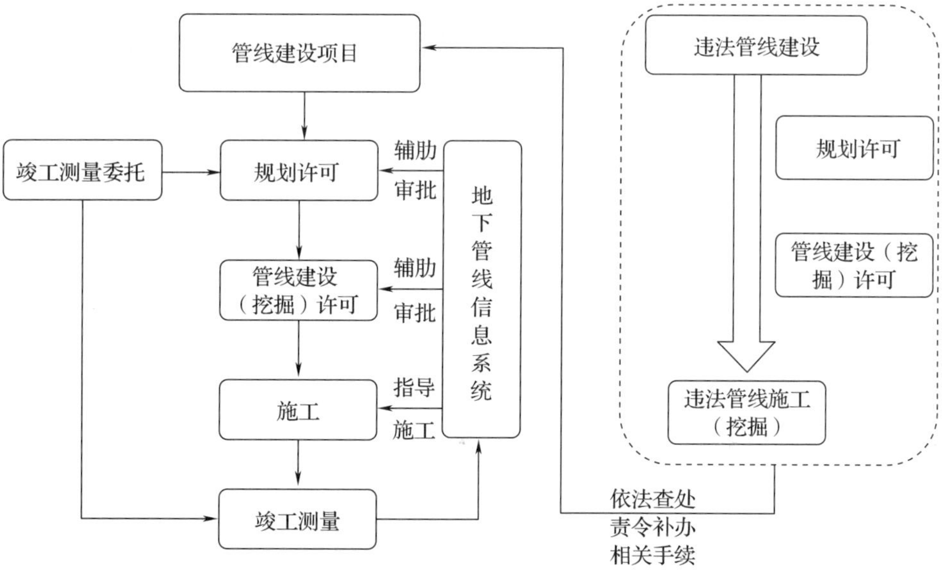

图 5-4　地下管线动态更新机制

管线管理评优。针对地下管线管理职责落实困难的问题，2013 年，结合地下管线建设与维护的特点，制定了《苏州市区市管道路地下管线管理评优办法》，将监管内容进一步细化至《评优标准》内，通过每月对管线权属单位进行考评、排名的方式，督促权属单位不断强化现场管理、提高工程质量、规范管线建设行为。将月度及年度评优情况及时反馈给权属单位分管领导及部门负责人，为权属单位加强内部管理提供依据。每年底对优秀单位进行表彰，进一步引导权属单位充分重视自有地下管线基础设施建设及维护工作。

3）合肥市高起点建设地下管线综合管理信息系统

为建立地下管线建设管理的长效运行机制，合肥市在城乡建设委员会内设的“城市建设处”增挂“地下管线建设管理处”牌子，同时成立了“合肥市地下管网建设管理办公室”。

合肥市管网办在地下管线普查的基础上建立了地下管线综合管理信息系统，该信息系统具有如下特点：

（1）实现地下管线市县一体化管理

为避免重复建设、实现信息共建共享，市级投资建设全市统一的地下管线综合管理信息系统，实现各开发区、市辖区、市直相关单位及管线产权（管理）单位等共享使用，各县（市）可在市级信息系统基础上结合实际需求建立子系统，实现市县地下管线信息的一体化管理。

（2）建立“1+1+1+*N*”地下管线综合管理信息系统

在全面查清地下管线现状信息的基础上，建立“1+1+1+*N*”（即 1 套标准体系、1 个管线数据资源管理中心、1 个共享平台，*N* 个应用）的地下管线综合管理信息系统，实现对地下管线信息的集中统一管理和共建共享，为城市规划、建设、管理以及应急抢险提供服务。目前，已完成 1 套标准体系、1 个管线数据资源管理中心、1 个共享平台和 14 个应用系统的建设、研发工作。

（3）建设首个地下管线私有云平台，结合云计算技术进行系统研发

地下管线综合管理信息系统建设了国内首个地下管线私有云平台，并采用分布式编程技术实现软件系统的研制。充分发挥了云计算的优势，降低投资和运营成本，简化应用程序的部署和管理，实现应用程序和基础设施的灵活管理。

（4）构建管线时空数据体系

在建立合肥市地下管线综合管理信息系统的同时，对管线时空数据体系进行了探索，提出了建设管线时空数据体系的要求。同时研究合肥市市区管线历史数据演变历程，建立管线时空数据库，动态展示历史数据变化情况，为城市发展规划提供辅助决策参考信息。

（5）实现合肥市地下管线工程审批和移动巡查管理

为更好地实现对管线工程的审批和监督管理，合肥市地下管线综合管理信息系统

建设开发了一套移动审批和巡查子系统，在移动终端（PAD、手机等）部署客户端，实现对地下管线的移动管理。

（6）实现在线实时监测管理

合肥市城市生命线工程安全运行监测系统（一期）项目于2016年3月正式启动实施，当年12月完成竣工验收，2017年1月1日正式运行。监测系统实现了对监测范围内的地下管线等目标的实时在线监测、预报预警和辅助决策，确保生命工程运行安全。在一期试点的基础上，二期系统建设按照“点、线、面”结合的原则，重点选取一环内老城区、省政务中心和市政务中心等建设年代久、人员密集、重要敏感区域进行安全监测。目前，二期项目建设已全面启动，预计今年年底前可正式进入施工阶段。

（7）与BIM系统的对接

合肥市地下管线综合管理信息系统中将预留两个接口来对接BIM系统的数据：一是三维地下综合管线系统中预留能读取BIM系统数据库中的三维模型数据的功能接口，从而实现BIM的模型数据与三维管线系统的对接。二是三维地下综合地下管线系统中预留能读取BIM系统数据库的属性信息的功能接口，通过读取起点坐标、终点坐标、起点埋深、终点埋深、材质、管径、管线断面类型等相关属性信息，系统将自动生成管线模型并挂接相关属性。

与此同时，市管网办为各区（开发区）、管线产权（管理）单位分配注册账号，实现在线信息共享；为各县（市）提供综合管理信息平台，实现市县地下管线信息的一体化管理；将城市生命线安全运行监测系统纳入城市地下管线综合管理信息系统，实时掌握城市主要地下管线安全运行监测动态。在数据安全方面，通过物理隔绝、非线性处理、专网专用、权限认证、水印加密、有效期控制、签订保密协议等保密措施，保障数据共享安全；通过脱密处理、融合天地图、VPN认证、权限控制等措施，实现“互联网+”应用的数据安全。

5.2 安全与应急管理

5.2.1 管理内容解析

1)《中华人民共和国安全生产法》中规定的管理职责

根据《中华人民共和国安全生产法》（2014年修订）和《中华人民共和国突发事件应对法》，地下管线的安全应急管理职责内容符合法律规定的要求，主要包括以下几方面：

（1）各级人民政府的职责

对安全生产工作的领导，支持、督促各有关部门依法履行安全生产监督管理职责。合理调整产业结构，加大安全生产投入，将安全生产专项工作所需经费列入本级政府预算，支持、督促各有关部门依法履行安全生产监督管理职责，及时协调、解决安全生产监督管理中的重大问题。

各级人民政府的主要领导人和政府有关部门的正职负责人对本行政区域和本部门的安全生产工作负全面领导责任；各级人民政府的其他领导人和政府有关部门的其他负责人对分管范围内的安全生产工作负领导责任。

（2）安全生产监督管理部门职责

国务院负责安全生产监督管理的部门负责对全国安全生产工作实施综合监督管理；县级以上地方各级人民政府负责安全生产监督管理的部门负责对本行政区域内安全生产工作实施综合监督管理。

（3）其他政府部门

国务院有关部门依法在各自的职责范围内对有关的安全生产工作实施监督管理；县级以上地方各级人民政府有关部门依法在各自的职责范围内对有关的安全生产工作实施监督管理。

（4）管线单位的安全职责

生产经营单位必须遵守本法和其他有关安全生产的法律、法规，加强安全生产管理，建立、健全安全生产责任制度，完善安全生产条件，确保安全生产。

生产经营单位的主要负责人对本单位的安全生产工作全面负责。

2）《关于加强地下管线建设管理的意见》（国办发［2014］27 号）的要求

此外，依据《关于加强地下管线建设管理的意见》（国办发〔2014〕27 号）对地下管线建设管理、运行管理过程中的安全应急工作提出了具体的要求。

（1）加大老旧管线改造力度。改造使用年限超过 50 年、材质落后和漏损严重的供排水管网。推进雨污分流管网改造和建设，暂不具备改造条件的，要建设截流干管，适当加大截流倍数。对存在事故隐患的供热、燃气、电力、通信等地下管线进行维修、更换和升级改造。对存在塌陷、火灾、水淹等重大安全隐患的电力电缆通道进行专项治理改造，推进城市电网、通信网架空线入地改造工程。实施城市宽带通信网络和有线广播电视网络光纤入户改造，加快有线广播电视网络数字化改造。

（2）加强维修养护。各城市要督促行业主管部门和管线单位，建立地下管线巡护和隐患排查制度，严格执行安全技术规程，配备专门人员对管线进行日常巡护，定期进行检测维修，强化监控预警，发现危害管线安全的行为或隐患应及时处理。对地下管线安全风险较大的区段和场所要进行重点监控；对已建成的危险化学品输送管线，要按照相关法律法规和标准规范严格管理。开展地下管线作业时，要严格遵守相关规定，配备必要的设施设备，按照先检测后监护再进入的原则进行作业，严禁违规违章作业，确保人员安全。针对城市地下管线可能发生或造成的泄漏、燃爆、坍塌等突发事故，要根据输送介质的危险特性及管道情况，制定应急防灾综合预案和有针对性的专项应急预案、现场处置方案，并定期组织演练；要加强应急队伍建设，提高人员专业素质，配套完善安全检测及应急装备；维修养护时一旦发生意外，要对风险进行辨识和评估，杜绝盲目施救，造成次生事故；要根据事故现场情况及救援需要及时划定警戒区域，疏散周边人员，维持现场秩序，确保应急工作安全有序。切实提高事故防范、灾害防治和应急处置能力。

（3）消除安全隐患。各城市要定期排查地下管线存在的隐患，制定工作计划，限期消除隐患。加大力度清理拆除占压地下管线的违法建（构）筑物。清查、登记废弃和“无主”管线，明确责任单位，对于存在安全隐患的废弃管线要及时处置，消灭危险源，其余废弃管线应在道路新（改、扩）建时予以拆除。加强城市窨井盖管理，落实维护和管理责任，采用防坠落、防位移、防盗窃等技术手段，避免窨井伤人等事故发生。要按照有关规定完善地下管线配套安全设施，做到与建设项目同步设计、施工、交付使用。

5.2.2 管理热点剖析

1）工程建设中的地下管线安全防护

（1）相关事故案例

近年来，由于管线数量急速增加、管理相对滞后、城市环境变化巨大、城市大量建设工程以及城市居民工作和生活要求提高等多种因素的交织作用，城市地下管线事故数量成倍增长，其中工程建设施工、工程勘察等破坏地下管线事故频繁发生，已经成为影响地下管线安全运行的重要方面。例如，2018 年 5 月 4 日，成都市四川森峰建业建筑工程公司在位于郫都区的有轨电车 2 号线施工现场进行清理表层土作业时，挖掘机将天然气管道挖破，导致天然气泄漏，发生燃烧，无人员伤亡，造成直接经济损失 25.65 万元；2018 年 6 月 21 日，成都市地铁 17 号线一施工现场，在临近 DN219 中压燃气管的围护桩施工过程中，作业人员擅自将孔位偏离 60cm 以避开燃气管线，违规使用旋挖钻机进行涉管线区域护筒埋设作业，钻头触碰燃气管线，致使燃气管损坏，导致燃气泄露，造成 1700 户居民供气中断近 5 小时；2018 年 7 月 5 日—10 日，深圳市地铁施工过程中因为与管线单位信息对接不准确，误将尚在使用的水管当成废弃管道，对施工现场周边电缆埋深判断失误，挖断了一条供水主管道、7 条电力电缆，致使近五万户用户停水、2600 户用户停电；2016 年 6 月 3 日，北京市地质工程勘察院在海淀区蓟门桥东南辅路使用 DPP100 型汽车钻，进行 2S12 号孔位钻探时，将位于地下的 DN600 中压燃气管线钻破，导致天然气泄漏，事故未造成人员伤亡，影响周边约 1.2 万户居民供气。

（2）事故原因分析

接连不断的地下管线事故，不仅给地下管线安全运行和稳定供应造成了严重影响，也给相关施工方造成了极大的经济损失，究其原因主要表现在三个方面。

①工程建设、施工单位无法获得地下管线信息。《城市地下管线工程档案管理办法》规定“建设单位在申请领取建设工程规划许可证前，应当到城建档案管理机构查询施工地段的地下管线工程档案，取得该施工地段地下管线现状资料。”但在实践过程中，因为地下管线资料归档不及时、不齐全，且各类管线分属不同的单位管理，工程建设单位无法及时、准确获取施工地段地下管线现状。

②地下管线信息不全面、不准确。由于许多施工单位未能及时将竣工的地下管线资料归档到相应的建设单位或权属单位，或者移交的地下管线资料不是竣工资料而是施工图或设计图，导致资料和实际情况不相符；很多年代久远的地下管线资料缺失、数据不明，甚至产权和管理主体也不清晰；即使部分城市开展了普查工作也不能实现全面覆盖、不能保证数据完全准确。因此，工程建设单位获取的地下管线资料往往时效性和准确性较差。

③施工单位保护措施不当，野蛮施工。即使施工单位掌握了地下管线信息，仍然存在施工过程中管理不到位、配合衔接不规范、大型机械操作失误、野蛮施工等原因，造成事故的发生。

（3）地下管线安全防护工作难点

一是随着城市的发展，工程建设施工紧锣密鼓，而地下管线网络错综复杂、分布广泛，给地下管线安全防护工作及施工安全监管带来巨大挑战。

二是涉及的管理主体多，政府部门包括规划、建设、路政等，企业包括管线权属单位、工程建设单位、工程施工单位等，且同一区域下的管线往往不止一类，涉及的管线权属单位也不止一家。各部门和单位分别掌握自己的信息，如管线权属单位掌握管线信息、工程管理部门掌握工程信息等，政府部门之间、政府部门与企业之间信息不对称，缺乏有效的组织与联动。

三是安全防护管理工作的支撑手段不足。由于地下管线基础信息资料缺失、不准确或者相关信息分散在不同管理主体手中，如何保证采集准确的管线信息，并将信息有效整合、共享利用需要先进的技术手段、完善的管理机制和法律法规的支撑。

（4）主要解决方案

加强工程建设地下管线安全防护工作可以开展以下几个层面工作：

一是通过开展地下管线普查、建立地下管线动态更新机制等一系列工作，加强地下管线基础信息建设，做到“补齐旧账、不欠新账”，为地下管线安全防护工作提供准确的基础支撑。

二是构建完善的管理机制，将各相关主体整合在统一的保障管线安全的目标下，合理分配各管线行政管理部门、管线权属单位、工程建设 / 施工单位等地管线保护职责，形成统一有效的组织与协调联动。

三是通过现代信息化技术手段建立统一的信息沟通和交流平台，使工程单位可以将工程施工信息及时公示，并了解管线防护方面的基本知识和管线单位的具体联系方式；管线权属单位及时了解工程建设施工信息并进行反馈，从而提高建设施工单位所掌握的管线信息的准确度。

在具体实践方面，部分城市通过出台政府规范性文件、建立管理制度、加强技术支撑等方式规范地下管线保护工作，如重庆市城乡建设委员会发布了《关于进一步加强建筑施工中地下管线保护工作的通知》（渝建发〔2014〕73 号），对工程项目建设、勘察、设计、施工、监理等单位在落实地下管线安全防范措施方面提出了明确的要求；上海市通过一系列文件的出台和实践探索建立了“上海市地下管线监护交底卡制度”，有效地提升了施工过程中管线安全防护的管理水平；北京市针对管理主体信息不对称、沟通渠道不畅通的情况，创新服务理念，搭建工程建设单位与地下管线单位之间的信息沟通服务平台，并出台《关于实施挖掘工程地下管线安全防护机制工作意见（试行）的通知》等一系列文件促进信息平台的推广应用、构建完善的管理机制。

2）隐患排查治理体系建设

隐患排查治理是安全管理的重要抓手，是“预防为主、关口前移”的重要手段，及早发现隐患、及时治理隐患，能够有效防范事故的发生，降低危害和损失。伴随着对地下管线安全问题认识的逐渐深入，地下管线事故隐患管理成为了安全管理工作的重要内容。

近年来，我国多地针对当地地下管线安全特点进行了隐患排查工作，发现地下管线的安全隐患多存在管线交叉隐患、管线与相邻设施间隐患。

2014 年发布的《国务院办公厅关于加强城市地下管线建设管理的指导意见（国办发〔2014〕27 号）》文件中更是将地下管线隐患信息纳入普查信息的内容，进一步体现了对地下管线隐患管理的重视。

当前，隐患排查治理方面主要存在三方面问题：

（1）隐患排查管理不成体系，缺乏标准规范

随着人们对地下管线安全运行需求的不断提升，随着政府有关部门对管线隐患排查治理工作的重视度及要求的不断加强，各地下管线权属单位已经将地下管线隐患排查工作纳入日常管理工作中，并取得了一定的成效。但各行业、各管线权属单位仍然

没有建立完善的地下管线隐患排查管理体系，缺乏专门针对隐患排查工作的标准及规范性文件，部分有一定工作基础、初步形成体系的单位也是依据设备设施缺陷或故障的相关标准开展工作，导致各单位地下管线隐患排查管理水平层次不齐。

（2）隐患排查范围及内容覆盖不全

各单位开展的地下管线隐患排查基本都是针对运行环节表现出来的管线自身结构隐患、外力破坏隐患和占压隐患，对于规划设计、建设施工环节容易遗留的隐患，管线生存环境可能导致隐患等很少进行排查及分析。虽然个别单位已经意识到管线等设备设施在设计、施工环节可能存在隐患，如电力公司在《国家电网公司运检部关于印发配网设备隐患排查大纲的通知》（运检三〔2013〕129号）中指出："在排查时要追溯设备在设计、出厂、现场安装调试、交接验收阶段存在的隐患。"但实际工作中仍然缺乏对管线规划设计、建设施工方面可能存在或遗留隐患的系统分析及全面排查。

（3）隐患排查工作缺乏长效性

目前，各单位开展地下管线隐患排查工作多为临时性、阶段性的，如：发生重大地下管线事故后，根据政府要求针对此类事故可能引发原因开展隐患排查；一段时间内某类管线隐患多发，就针对该类隐患集中进行排查；由于政府提供了专项资金支持，而开展的隐患排查等。这些隐患排查工作即缺乏系统计划和分析，也难以形成长效机制对日后的管理工作提供支撑，导致地下管线的隐患排查工作，尤其是自身结构性隐患的排查工作缺乏系统性、长效性。

另外，由于地下管线隐患排查工作没有完全纳入日常管理工作，尚未形成长效性制度，导致其没有稳定的人员、设备和资金等保障，严重影响了隐患排查工作的顺利开展及隐患排查的效率、效果。

3）安全应急技术应用

随着城市地下管线突发事件的不断涌现和新特征的变化，传统安全技术与工程已经不能满足风险防范与应急管理的需求，对新技术、新装备、新产品、新服务的依赖性越来越强。安全应急技术、装备、产品以及服务，通过预防、预警、检测、防护和应急各种突发事件、事故和灾害来保障人民生命安全健康，是避免国家、企业、家庭财产损失，减少社会危害的重要载体。

《中华人民共和国突发事件应对法》第25条指出，国家鼓励、扶持具备相应条件的教学科研机构培养应急管理专门人才，鼓励、扶持教学科研机构和有关企业研究开发用于突发事件预防、监测、预警、应急处置与救援的新技术、新设备和新工具。

《国家突发公共事件总体应急预案》中也指出，科技部、教育部、中科院、社科院、工程院、中国科协等有关部门和科研教学单位，要积极开展公共安全领域的科学研究；加大公共安全监测、预测、预警、预防和应急处置技术研发的投入，不断改进技术装备，建立健全公共安全应急技术平台，提高我国公共安全科技水平；注意发挥企业在公共安全领域的研发作用。

因此，在城市地下管线安全应急领域，也要大力发挥先进技术的辅助作用。整合现有的相关科技手段，建设完成集检测监测、预测预警、指挥控制、沟通响应、决策支持、资源管理、应急评价、决策分析等功能于一体的城市地下管线应急支撑系统，全面提高应急管理的智能化水平；建立完善并动态更新城市地下管线突发事件、救援队伍、物资装备、风险源信息等基础数据库；推进市政应急资源移动查询系统地应用，进一步提高应急物资、人员的查询、调度效率；构筑信息安全保障体系，做好信息系统备份，提升信息安全防范能力。

城市地下管线事故应急处置的难度较大。由于在某一地点往往同时存在多类设施，一旦发生事故，往往需要多家设施单位及救援单位及时到达现场、尽快进行现场勘察、事故分析、制定事故处置方案，并且城市地下管线事故的表现形式多样，且随着时间的推移，可以转化成重大的危机，因此，如何应用好正确、先进的应急技术在最短的时间内实现较好的处置效果成为我们亟待解决的问题。

5.2.3 案例分析 / 创新举措

1）构建“隐患排查治理体系”保障管线运行安全

隐患排查治理是安全管理的重要抓手，及早发现隐患、及时治理隐患，能够有效防范事故的发生。北京市积极开展地下管线隐患排查治理工作的探索实践，并逐步形成了地下管线隐患排查治理工作方案和工作机制，并取得了较好的实施效果。

（1）隐患排查治理体系建设过程

2012 年 5 月北京市成立了由主管副市长任组长、各相关单位组成的“北京市地下管线隐患排查治理工作领导小组”，办公室设在市政市容委，先后发布了《北京市市政市容管理委员会关于印发加强我市地下管线事故隐患排查治理工作方案的通知》（京政容函〔2012〕431 号）和《北京市市政市容管理委员会关于建立市级地下管线结构性隐患五年消隐计划项目库管理制度的通知》（京政容函〔2012〕439 号）；2012 年、2013 年北京市政府“折子工程”明确了地下管线隐患排查治理相关工作；2013 年北京市政府工作报告中明确提出：“要探索建立地下管线综合管理体系，推进老旧管网升级改造，认真排查消除路面塌陷、管线破裂、燃气泄漏等安全隐患”；同年 2 月，北京市首次召开了全市地下管线隐患排查治理工作大会，对全市地下管线隐患排查治理工作进行动员和部署；2014 年，北京市安全生产委员会关于《北京市安全生产隐患排查治理体系建设三年行动计划（2015—2017）》（京安发〔2014〕16 号）。

北京市市政市容管理委员会作为地下管线隐患管理的牵头单位，长期开展地下管线隐患排查治理工作，初步建立了地下管线自身结构性隐患五年课题库、年度消隐计划汇编机制，研究地下管线消隐工程行政审批流程等，为地下管线隐患排查工作提供了很好的支撑作用。

2015 年，落实“预防为主”理念，北京市市政市容管理委员会发布了《北京市城市地下管线自身结构性隐患排查治理工作管理规定》(京政容发〔2015〕27 号)，初步建立了地下管线结构性隐患排查治理管理体系，形成了市、行业、区县和权属单位四级管理的结构性隐患排查治理工作机制；基于地下管线全生命周期管理理念，综合考虑设计、施工、运行等各环节对地下管线运行阶段结构性隐患的影响，编制了《北京城市地下管线自身结构性隐患排查管理工作导则》，建立了结构性隐患排查管理工作机制，明确了工作任务和要求，规范了各单位的隐患排查工作，具体如图 5-5 所示。

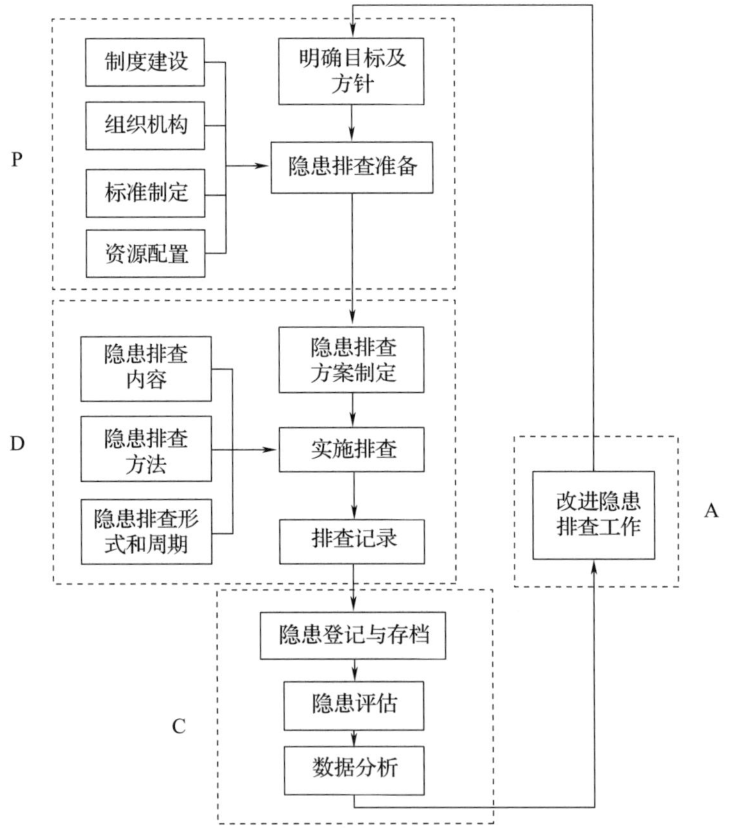

图 5-5　北京市地下管线隐患排查工作流程

此外，为提高消除地下管线结构性隐患工程计划的执行效果，确保发现隐患能及时治理，开展了地下管线消隐工程行政组织及许可审批顶层设计的探索研究，完成了消隐工程行政审批流程框架初步设计。

（2）隐患排查治理体系要素分析

对地下管线隐患排查治理体系要素的准确把握和指引是该体系得以有效实施的关键，要素涉及组织机构、标准规范、管理职责、实施细则、考核制度、支撑系统六方面。

明确的组织机构。各单位应成立专门的管理部门或指定具体的部门来负责隐患排查工作，以确保隐患排查工作能够落到实处。各层级管理主体的隐患排查组织机构应有明确的分工。如市级主管部门负责总体工作的组织、协调、督促、检查与验收、考核；行业主管部门负责本行业内地下管线隐患排查工作的组织、督促、检查与验收、考核；权属单位负责对本单位权属地下管线以及与本单位权属管线相连接并处于用户占地红线以外的城市公共区域内的用户自管管线隐患排查工作的组织与实施。

科学、全面的隐患排查标准。全市的“隐患排查管理工作导则”作为指引，各单位需结合所在专业的特点制定隐患排查的技术与管理标准。技术标准中应明确所在专业的隐患内容，隐患的分级、分类，以及隐患的整治措施；管理标准中应明确隐患的采集、报送体系，具体包括隐患信息的登记、动态跟踪、信息上报等。

清晰明确的工作职责。各单位应明确各相关主体的隐患排查工作职责，明确应履行职责的范围、内容和要求，解决职责空缺、职责不清、职能交叉等问题，形成“分工负责、齐抓共管”工作格局，从而实现安全隐患排查治理监管工作的系统化和科学化管理。

具有实操性的隐患排查实施细则。地下管线权属单位应结合实际情况，制定具有实操性的隐患排查实施细则，将隐患排查各方面的工作以文件或制度的形式确定下来，并确保其有效的实施。细则实施的目的是帮助企业逐级建立并落实从主要负责人到每个从业人员的隐患排查责任制、隐患治理登记及隐患治理专项资金使用等制度，并明确自查自报管理机构和责任人、联络人。根据事故隐患排查技术及管理标准，开展日常隐患排查、治理工作。根据隐患治理登记制度，留存登记档案。

隐患排查考核制度。各级管理部门均应建立相应的隐患排查考核制度，对于隐患排查工作的进展、效果，以及监督管理情况进行科学评价，以利于下一步进行改进与提高。

方便适用的信息化管理系统。隐患管理是地下管线安全管理工作得重要内容，应建立方便适用的隐患管理系统，对排查出的隐患进行登记、整理、统计分析、状态监测等。

2）“118”地下管线挖掘信息共享平台

据住房城乡建设部规划管理中心统计，全国每年由路面开挖造成的直接经济损失约 2000 亿元。据中国规划协会地下管线专委会统计，管线事故 70% 是由外力破坏，特别是第三方施工等外因所致。西安市秦华天然气有限公司统计，每年燃气管线因第三方挖掘导致的事故约 70 ～ 80 起，占总事故量的 61%。

2014 年 6 月，国务院下发《关于加强城市地下管线建设管理的指导意见》（国办发〔2014〕27 号),《意见》明确提出：充分发挥行业组织的积极作用。各城市应设立统一的地下管线服务专线。充分运用多种媒体和宣传形式，加强城市地下管线安全和应急防灾知识的普及教育，开展“管线挖掘安全月”主题宣传活动，增强公众保护地下管线的意识。建立举报奖励制度，鼓励群众举报危害管线安全的行为。

在这样的现实背景和政策背景下，中国规划协会地下管线专业委员会借鉴国内外防范施工破坏地下管线的实践经验提出并探索实施全国性的防范挖掘信息平台——“118”地下管线挖掘信息共享平台。

（1）建设思路

广泛借鉴国内外的相关经验，由协会建立全国性的信息总平台，并指导各个城市结合自身特点，建设“118 一呼通平台”。

（2）总体工作流程

① 118 网站接到开挖通知后，分配给所在城市的 118 管理中心。

②所在城市的 118 管理中心立即搜索出开挖区域内涉及到的管线权属单位。并向这些权属单位发出指定区域拟开挖的通知。

③管线权属单位接到通知后，到现场标定管线的平面位置走向。

④开挖单位，依据现场标定的情况，展开开挖作业。

“118”地下管线挖掘信息共享平台界面见图 5-6 所示。

图 5-6 “118”地下管线挖掘信息共享平台首页截图

5.3 行业管理

5.3.1 管理内容解析

地下管线的行业管理主要涉及电力、电信、供排水、燃气、热力、工信、能源等部门，其主要职责是推动行业工作、解决行业内产生的管理问题，从而对本行业的地下管线实施监督管理工作。目前，在地下管线相关行业领域，我国已出台了法律、法规、规章、标准。

从政府层级来看，我国行业主管部门主要分为两个层级，国务院主管部门主要负责全国范围内的监督管理，县级以上地方人民政府主管部门主要负责本辖区的监督管理。

各行业管理部门的职责主要在相关的行业立法文件中有所体现，但具体针对地下管线的行业监管内容很少在法律法规中细化明确，多为各部门结合法律规定和三定方案的职责规定，具体落实。目前针对行业监管内容规定较为详细的有燃气、电力、供水、排水，具体内容如下：

1）燃气行业管理内容

《城镇燃气管理条例》规定燃气管理部门负责本行政区域内的燃气管理工作，编制本行政区域燃气发展规划，划定燃气设施保护范围，禁止实施危及燃气设施安全的活动，制定燃气安全事故应急预案，建立燃气事故统计分析制度，定期通报事故处理结果，监督检查燃气经营、燃气使用的安全状况。

2）电力行业管理内容

《中华人民共和国电力法》规定：国务院电力管理部门负责全国电力事业的监督管理；县级以上地方人民政府经济综合主管部门是本行政区域内的电力管理部门，负责电力事业的监督管理；电力管理部门应当按照国务院有关电力设施保护的规定，对电力设施保护区设立标志；电力管理部门负责对电力设施保护区内进行可能危及电力设施安全的作业进行审批。

《电力设施保护条例》规定：国务院电力管理部门对电力设施的保护负责监督、检查、指导和协调；县及以上地方各级电力管理部门应负责所辖地区电力设施的安全保卫工作，在电力设施保护区设立标志，对电力设施保护区内进行可能危及电力设施安全的作业进行审批，开展保护电力设施的宣传教育工作，建立群众护线组织并健全责任制。

3）供水行业管理内容

《城市供水条例》规定：国务院城市建设行政主管部门主管全国城市供水工作；省、

自治区人民政府城市建设行政主管部门主管本行政区域内的城市供水工作；县级以上城市人民政府确定的城市供水行政主管部门，主管本行政区域内的城市供水工作。具体工作内容包括编制供水水源开发利用规划、组织公共供水工程建设、审批监督供水经营活动、指导和监督供水设施的维护工作等。

4）排水行业管理内容

《城镇排水与污水处理条例》和《城镇污水排入排水管网许可管理办法》规定，城镇排水与污水处理主管部门负责核发污水排入排水管网许可证，建立城镇排涝风险评估制度和灾害后评估制度，监督和考核城镇污水处理设施运营情况，划定城镇排水与污水处理设施保护范围，加强对城镇排水与污水处理设施运行维护和保护情况的监督检查。

《水污染防治行动计划》提出，住房城乡建设部应会同发展改革委、环境保护部等对新建污水处理设施的配套管网进行同步设计、同步建设、同步投运。

5）电信行业管理内容

《中华人民共和国电信条例》规定：国务院信息产业主管部门依照本条例的规定对全国电信业实施监督管理；省、自治区、直辖市电信管理机构在国务院信息产业主管部门的领导下，依照本条例的规定对本行政区域内的电信业实施监督管理。具体的监督管理内容包括：

（1）监督并规范电信市场发展。如实行电信业务经营许可、监督电信资费、统一规划电信资源等；

（2）统筹规划和管理电信设施建设，并将基础电信建设项目纳入城市建设总体规划；

（3）监督管理电信设施的安全运行。

6）供热行业管理内容

国家层面没有专门针对供热行业管理的法律法规，涉及供热的各省、市、自治区大多通过立法，出台供热管理条例、管理规定、管理办法等规范供热行业管理。我国供热行业主管部门为住房城乡建设管理部，各省、直辖市、自治区的供热行业主管部门多为建设行政主管部门，如黑龙江省、山东省等；也有将供热行业管理职能明确到其他部门的，如北京市城市管理委员会。

各省、市、自治区的法律法规文件对供热行业管理内容进行了规定和明确，大体上包括以下方面：

（1）编制供热专项规划，并监督规划的实施；

（2）审批许可供热经营活动，并对供热单位产品和服务的质量以及安全生产情况进行监督；

（3）监督管理供热设施的新改扩建、维修养护、安全管理等。

5.3.2 管理热点剖析

1）从起始到终端的全过程管理

地下管线建设运行一般可分为规划、设计、施工、运行、报废等几个阶段，而行业管理并未全程参与，一般多在运行阶段履行地下管线监管职责，导致各个阶段的衔接问题可在运行阶段集中体现，给地下管线运行管理工作带来巨大挑战，如因为规划监督不当，导致管线没有按照规划路由及要求建设，运行过程中因为资料有误而造成施工破坏；建设环节质量安全监管不到位，在管线敷设时造成防腐或保护层破损、回填不密实等，运行过程中可能加速地下管线的腐蚀破裂、造成地面沉降等。

与此同时，地下管线按照服务范围和敷设区域分为地下管网和用户线，地下管网指以各类社会（用户）为直接服务对象的地下管线所组成的网状体系，主要敷设与建筑红线之外的城市公共区域；用户线指社会单位内部区域或小区业主共有区域范围内容，以终端用户为直接服务对象的地下管线，主要敷设于建筑红线范围内容。无论是从行业管理的角度，还是从政府职能管理的角度，往往重视公共区域地下管网的管理而忽视了用户线的管理。从职能管理的角度看，地下管线工程规划、建设审批时只针对城市公共区域内，市政道路下的地下管线核发相应的许可，且在运行管理阶段对地下管线的消隐工程、更新改造工程也没有相应的监督管理。从行业管理看，相关的法律法规及政府规范性文件并未对用户线的管理提出明确要求，用户线的管理职责往往由物业公司承担，物业公司一方面不具备管线管理的专业能力，另一方面从行政体系上属于建设行政主管部门而非行业管理部门管辖范畴。

近年来，由于行业管理未实现从起始到终端的全过程管理，导致用户线区域或地下管网与用户线连接区域出现事故的情况时有发生，给居民的正常生活和生命财产安全带来了严重影响，如2012年4月1日，北京的杨女士因人行道突然塌陷而坠落热水坑中，造成全身99%烫伤，经抢救无效死亡，该区域供热管道因长期存在安全隐患而没有明确责任主体最终导致了严重的事故；这因为小区内的施工作业不需要经过行政审批，缺乏对地下管线的安全防护，极易导致施工挖断地下管线的事故。

因此，地下管线行业管理部门应落实本行业地下管线从起始到终端的全过程监管职责，明确从源头到用户家中各段管线的管理主体，明晰其管理职责，并在行业管理法规中进行明确。

2）管行业必须管安全

地下管线是城市安全运行的重要保障，其建设和运行中的质量安全必须予以高度重视。但从实际运行的效果来看，部分行业管理部门目前尚未开展质量安全监督管理工作，其安全管理职责也没有明确细化。

“管行业必须管安全”是各行业管理部门的法定职责，根据《全国人民代表大会常务委员会关于修改 < 中华人民共和国安全生产法 > 的决定》，新的《安全生产法》对行业监管部门的安全监管职责做出了规定“政府有关部门应在各自的职责范围内容对有关行业、领域的安全生产工作实施监督管理。”地下管线是水、电、气、热、通信等各行业生产必不可少的设施之一，是基础资源和能源的重要输送载体，其生产场所遍布于城市大街小巷之下。地下管线的安全是生产经营单位管理、行业管理部门监督管理的重要内容和重要基础。

5.3.3 案例分析 / 创新举措

1）重庆市自来水施行“一户一表”，明确小区用户线的养护责任

自 2014 年以来，重庆市将自来水“一户一表”改造项目作为重要的民生实施开展，已于 2017 年 10 底完成 80 万自来水“一户一表”改造。

重庆市“一户一表”改造项目是对主城区沿用的总水表计量收费模式进行改造，更换居民楼内原有的老旧管道，同时通过明晰供水设施产权，解决不同小区和住宅的二次供水费用不同的问题。改造后，居民水表至户外部分管道和供水设施产权属于供水企业，由供水企业负责管理和维护。水表以后段的供水设施产权属用户，由用户负责管理和维护。

通过“一户一表”改造，重庆市实现了供水企业服务直接延伸至每一个终端用户，彻底打通自来水“最后一公里”的供应保障。

2）北京市立法明确燃气设施自起始到终端的管理责任

北京市燃气行业自 2007 年开始，就通过立法在《北京市燃气管理条例》中明确了燃气管线自起始到终端的管理职责，包括管线设施建设规划、运行维护、应急抢修等。具体条例内容如下：

第九条　新建、改建住宅建设项目，开发建设单位应当会同燃气供应企业确定燃气供应方案。燃气供应方案应当包括燃气供应方式、配套设施建设规划、过渡性燃气供应措施等内容。

第二十一条　管道燃气供应企业应当对供应范围内的市政燃气设施、居民用户的燃气设施和共用燃气设施承担运行、维护、抢修和更新改造的责任。对于单位用户的燃气设施，管道燃气供应企业应当按照合同的约定承担相应的管理和服务责任。

第二十四条　燃气自管单位应当与燃气供应企业签订合同，明确燃气设施安全维护、管理的范围和责任。燃气自管单位应当接受燃气供应企业的业务指导，并对从事燃气设施运行、维护、抢修和安全管理的人员进行专业技术培训。

3）北京市推进老旧小区改造及“三供一业”移交工作

北京市自2017年始，全力推进老旧小区供水管线改造及“三供一业”移交工作，市政供水企业接收改造具备条件的原企业或房管所等自管供水管网，改造后纳入市政管网实施统一规范管理，提升管理水平，保证供水安全。项目列入政府重点工作，明确政府牵头部门、具体落实执行单位（或企业）及各方责任，工作由市政府进行督办，纳入工作绩效考核，对于完成任务不利的政府部门、企业及相关责任人进行考核。

5.4 权属管理

5.4.1 管理内容解析

1）法律、法规中规定的管理职责

我国城市地下管线种类多，权属单位状况十分复杂。不同用途管线权属单位不同；相同用途管线权属单位也不尽相同；同一条管线权属单位也不同。地下管线的权属管理由各类地下管线的权属单位负责。

权属管理的职责主要体现在管线所在行业的相关法规或文件中，具体内容如下：

《城镇燃气管理条例》规定，管道燃气经营者对其供气范围内的市政燃气设施、建筑区划内业主专有部分以外的燃气设施，承担运行、维护、抢修和更新改造的责任，应按照国家有关工程建设标准和安全生产管理的规定，设置燃气设施防腐、绝缘、防雷、降压、隔离等保护装置和安全警示标志，定期进行巡查、检测、维修和维护，确保燃气设施的安全运行，制定本单位燃气安全事故应急预案，配备应急人员和必要的应急装备、器材，并定期组织演练，建立健全燃气安全评估和风险管理体系，发现燃气安全事故隐患的，及时采取措施消除隐患；

《中华人民共和国电力法》《电力供应与使用条例》《电力设施保护条例》规定，电力企业应按照规划做好供电设施运行管理工作，加强对电力设施的保护工作，制止危害电力设施安全的行为，定期检修和维护电力设施。

《城市供水条例》规定，城市自来水供水企业和自建设施供水的企业对其管理的城市供水的输（配）水管网应当定期检查维修，确保安全运行。

《城镇排水与污水处理条例》规定，企业城镇排水和污水处理设施维护运营单位应建立健全安全生产管理制度，对城镇排水设施进行全面检查、维护、清疏，对窨井盖等城镇排水与污水处理设施进行日常巡查、维修和养护，制定本单位的应急预案，配备必要的抢险装备、器材，并定期组织演练。

《电信建设管理办法》规定，地方各级人民政府应将电信管道建设规划纳入城镇建设总体规划，电信管道的建设规模、容量应当满足电信业务发展的需要。

2）《关于加强地下管线建设管理的意见》的要求

《国务院办公厅关于加强城市地下管线建设管理的指导意见》（国办发〔2014〕27号）中要求，管线单位应建立完善专业管线信息系统，满足日常运营维护管理需要；建立地下管线巡护和隐患排查制度，严格执行安全技术规程，配备专门人员对管线进行日常巡护；定期进行检测维修，强化监控预警，发现危害管线安全的行为或隐患应及时处理；制定应急防灾综合预案和有针对性的专项应急预案、现场处置方案，并定期组织演练；加强应急队伍建设，提高人员专业素质，配套完善安全检测及应急装备；加强城市窨井盖管理，落实维护和管理责任，采用防坠落、防位移、防盗窃等技术手段，避免窨井伤人等事故发生；应用精确测控、示踪标识、无损探测与修复、非开挖、物联网监测和隐患事故预警等先进技术，加大城市地下管线科技研发和创新力度等。

3）权属管理职责内容汇总

管线权属单位应按照法律、法规、规章、标准以及相关政策性文件的要求，履行主体责任义务，保障本单位管线的安全运行。具体职责汇总如下：

（1）建立健全安全生产管理制度和技术规程；

（2）设置管线保护装置和安全警示标志；

（3）建立地下管线巡护制度，配备专门人员定期进行巡查、检测、维修和维护；

（4）制定应急防灾综合预案和有针对性的专项应急预案、现场处置方案，并定期组织演练；

（5）加强应急队伍建设，提高人员专业素质，配套完善安全检测、抢险装备、器材；

（6）建立健全隐患排查治理和风险管理体系，强化监控预警，发现事故隐患的及时采取措施消除隐患或动态监控；

（7）采用防坠落、防位移、防盗窃等技术手段加强对城市窨井盖的维护管理；

（8）建立专业管线信息系统，满足日常运行维护需要。

4）权属单位日常管线管理主要内容

（1）巡视管理

权属单位对其权属管线及附属设施进行周期性或临时性巡视，及时发现并处置危害管线及附属设施安全的行为，主要包括：施工场地周边管线看护及管线改移和保护措施的落实；管线与图不符处置、病害设备井、管线占压、管线私用、拆改管线等各类违法、违章行为的发现和处置。

（2）调度管理

组织实施地下管线信息化、智能化管理平台的规划和建设工作，条件允许的情况下投入运行以数学模型为依托的调度管理平台，据此实现管网及厂站的科学调度，进而不断提升管网运行科学性、稳定性及高效性。

（3）维护及更新改造

实施管线及附属设施周期性维护及隐患管线的及时更新改造，并建立专项业务运行机制、工作流程及标准等保障制度；在科学评估的基础上，部门权属单位已经组建了管线维护及更新改造的专职部门负责工作的具体组织实施。

（4）应急管理

城市地下管线在长期运行过程中不可避免由于自身建设质量或外界干扰等原因造成管线事故，特别是给排水、燃气等管线一旦发生严重破损将可能引发道路塌陷、人身及财产损失等次生灾害，危害城市正常生产、生活秩序，因此处置各类突发事故也是管线权属单位一项日常性的重要工作。以供水管线为例，因其为压力管线的特性，发生严重破损时易造成周边其他地下管线及设施的破坏，因而多数应急处置时需由政府应急事故管理部门进行协调，组织其他管线及周边设施权属单位配合进行供水管线抢修。

（5）重大活动期间的地下管线及设施服务保障

地下管线作为城市基础设施的重要组成部分，其安全稳定运行直接影响着城市的正常运转，特别是有些城市在举办各类重大活动期间的地下管线及设施服务保障则更显得更为重要，而此项服务保障工作也成为地下管线权属单位的一项重要的工作。以北京为例，近几年每年的服务保障天数均超过 200 天。

5.4.2 管理热点剖析

1）权属管理职责落实的难点及对策

伴随管理理念的不断提升及政府和企业间管线管理界定的明晰，管线权属管理工作成效已得到有效提升，但在某些具体环节仍然存在一些难点问题始终困扰政府和管线管理企业。

（1）职责落实的难点

①产权界限不统一

城市内地下管线种类繁多，且各类管线产权界限不统一，有些专业管线单位管理至终端用户，有些管理至计费表具，有些管理至小区建设红线，政府代管、管线专业单位管理、管线建设单位或用户自行管理等等情况复杂，造成管理标准、管理流程不统一、不规范，时常出现管线权属单位难以确定、管理职责不清等问题。

②法规不健全或执法难

城市地下管线即为城市的生命线又是保障城市正常运行的重要因素之一，但地下管线因城市建设等工程施工人为导致的管线破坏、管线占压及偷窃水电资源等违法、违规行为却时有发生。上述事故轻则造成资源浪费，重则将影响城市正常运转。但因法律、法规不健全，致使肇事单位违法、违规成本极低，且地下管线权属单位多为企业行为，无执法权，造成执法困难。对拒不配合的肇事单位，多数为保障周边用户的需求，自行将破损管线修复。

③各地管线运行状况参差不齐

因各地管理理念及经济发展状况等诸多因素造成各地地下管线管理水平差距较大，发展不均衡，东部及沿海等经济发达城市对下地管线投入较大，管理水平较高；西部偏远地区相对较差，甚至部分城市尚不具备规范化、专业化管理能力。

（2）解决对策

①完善法制建设，实施联合执法

政府各行业主管部门、属地政府部门及专项业务管理部门应从政府层面统一对管线管理进行监督、管理，建立健全地下管线安全管理相关法规、标准体系，明确执法部门，提高处罚额度，加强执法力度；同时，应建立相应机制保障，将地下管线管理单位纳入执法体系，对各类危害管线安全的违法、违章行为与政府相关部门进行联合执法。

②强化技术手段，实施规范化管理

加大技术创新，推进行业科技进步，提高专业技术水平和城市地下管线安全保障服务能力。充分运用现代化的技术加强对地下管线自身及其生存环境的检测、监测与分析；依托现有城市地下管线普查数据与信息系统，整合各专业管线信息资源，建立地下管线信息资源共享服务平台，完善地下管线应急管理和安全监管长效机制，加强各类地下管线安全评价及风险评估工作，掌握地下管线危险源，提高日常安全管理的自动分析、科学判断和决策水平；积极应用先进的地下管线施工、监测与监控技术，满足安全生产与应急工作需要。如北京市城市管理委员会 2011 年建立了“挖掘工程地下管线安全防护信息沟通系统”，严格管理，实现工程建设单位与各管线管理单位的对接沟通，有效地减少了施工外力破坏地下管线事故的发生。

③政府统一管理，明确各方权责

政府部门下设专职地下管线管理机构，明确各方权责综合管理城市地下管线，全面掌握区域内管线情况，充分利用地理信息系统，在做好保密工作前提下，做好地下管线的规划、建设、改造、信息等工作。各地下管线管理单位按照专业性特点，报备规划、新建、改建等方案，由专职管理部门统一协调规划、档案、地下管线、路政等部门。此综合管理模式自管线工程的规划到竣工结束，全面监管地下管线工程规划、建设、归档全过程，以实现对城市地下管线的综合监管和协调。

5.4.3 案例分析 / 创新举措

基于“北斗”的燃气管线巡查管理。国家发展改革委 2014 年通过的《2014—2016 年北斗卫星导航产业重大示范应用发展专项》，将城市地下管网安全列入重点支持领域。国家测绘地理信息局将北斗“百城百联百用”行动计划作为 2015 年度重要工作之一，在全国多个城市燃气行业建立了“北斗精准服务网”。在全国多个城市燃气行业建立了“北斗精准服务网”，为燃气管网的建设、日常管理、维护、应急抢修等提供了更精准的位置信息，为燃气行业应用物联网和大数据提供时空保障，对推动实现燃气管理的信息化和智能化起到积极的作用。

以北京燃气集团为例，从 2012 年起，燃气集团开始进行基于北斗精准服务的试点测试。2013 年 6 月，首座国家北斗精准服务网示范站建成，为首都燃气运营提供位置服务和技术保障。如今巡检人员只要手持一台加装了定位模块的平板电脑，沿着管线线路就可以进行常规化的巡视，基于北斗系统的 5 厘米高精度定位，定位精度比民用 GPS 高了近百倍。

该单位采用的“北斗 +GPS”混合定位方式实现高精度的定位，除手持终端系统之外，北京燃气集团所有抢险工程车已安装北斗系统，一旦接到报警即可应用北斗导航快速准确到达事故地点，再利用北斗测绘系统精准定位燃气管线位置进行抢修。到 2020 年，北斗系统实现全球覆盖以后，北京燃气集团将全部采用北斗定位替代 GPS 定位，通过北斗精准服务应用于管网巡线系统、管网泄漏检测系统、应急指挥系统等各个环节，大幅度强化燃气管网管理的精细度和深入度，从本质上提高管网建设、运营、安全等业务的管理能力和水平，全力确保首都燃气运营安全。

第3篇

行　动　篇

第 6 章　基础保障体系

6.1　法律法规保障

美国、英国、日本等发达国家的地下管线立法工作起步较早，法律法规体系相对较为完善。美国出台了《天然气管道安全法案》(1968 年)、《管道安全改进法案》(2002 年)、《管道检测、保护、强制实施及安全法案》(2006 年)、《2011 年管道运输安全改进法》(2011 年) 等，英国出台了《管道法》(1962 年)、《管道安全条例》(1996 年)、《新公路与街道工程法》(1991 年) 等，日本出台了《建筑基准法》(1950 年)、《下水道法》(1958 年)、《共同沟特别措施法》(1963 年)、《大深度地下公共使用特别措施法》(2001 年) 等。

我国地下管线立法工作启动相对较晚。近年来，为加强地下管线建设管理，我国制定和出台了地下管线相关的规范性文件。2013 年国务院发布了《国务院关于加强城市基础设施建设的意见》(国发〔2013〕36 号)。2014 年国务院办公厅发布的《关于加强城市地下管线建设管理的指导意见》(国办发〔2014〕27 号) 是国家层面首部针对地下管线管理的规范性文件。此后，为完善我国地下管线法规体系，提高地下管线管理水平，我国启动了《城市地下管线管理条例》的立法工作。

6.1.1　立法情况

地下管线法律、法规是地下管线管理的重要依据和支撑。随着地下管线管理问题的显现及国家对地下管线管理的日益重视，我国加强了地下管线法治建设。国务院办公厅印发的《关于加强城市地下管线建设管理的指导意见》(国办发〔2014〕27 号) 要求完善法规标准，加大政策支持，研究制定地下空间管理、地下管线综合管理等方面法规，健全地下管线规划建设、运行维护、应急防灾等方面的配套规章，从国家层面上明确了地下管线法治体系，推进了我国城市地下管线的法治建设。

目前我国已出台的涉及地下管线的法律法规和政府规章较多，但涉及地下管线的内容较为零散，缺乏系统性。到目前为止，国家层面尚未出台针对地下管线的法律法规，《地下管线管理条例》处于编制阶段。在地方层面，部分省市结合各自特点和管理需要，出台了具有地方特色的地下管线法规和规范性文件。

1）国家层面

近年来，国家层面出台的几十部法律、法规及规范性文件中有涉及地下管线的条文。根据法律效力的不同，国家法律法规可分为法律、行政法规、部门规章和规范性文件。

地下管线相关的法律共有 19 部（表 6-1），涉及地下管线规划、测绘、建设、保护、安全生产、档案管理、应急管理等。法律主要为相关领域的综合性法律，尚未出台专门针对地下管线的法律。

表 6-1 国家层面涉及地下管线的法律

序号	法律名称	施行日期
1	中华人民共和国测绘法	2017.07.01
2	中华人民共和国档案法	2016.11.07
3	中华人民共和国水法	2016.09.01
4	中华人民共和国防洪法	2016.07.02
5	中华人民共和国节约能源法	2016.07.02
6	中华人民共和国环境影响评价法	2016.07.02
7	中华人民共和国城乡规划法	2015.04.24
8	中华人民共和国电力法	2015.04.24
9	中华人民共和国环境保护法	2015.01.01
10	中华人民共和国安全生产法	2014.12.01
11	中华人民共和国特种设备安全法	2014.01.01
12	中华人民共和国建筑法	2011.07.01
13	中华人民共和国石油天然气管道保护法	2010.10.01
14	中华人民共和国消防法	2009.05.01
15	中华人民共和国企业国有资产法	2009.05.01
16	中华人民共和国水污染防治法	2008.06.01
17	中华人民共和国突发事件应对法	2007.11.01
18	中华人民共和国物权法	2007.10.01
19	中华人民共和国土地管理法	2004.08.28

地下管线相关行政法规共有 22 部（表 6-2），涉及地下管线建设、运营、保护、安全生产、应急处置等各方面。与法律相比，行政法规主要侧重于行业管理，虽没有专门针对地下管线管理，但其内容包含了地下管线建设、运行、维护等内容。如，《城市供水条例》从城市供水水源、供水工程建设、供水经营、供水设施维护几方面进行规定，其中包含供水管网的建设、运行和维护等内容。

表 6-2 国家层面涉及地下管线的行政法规

序号	行政法规名称	施行日期
1	建设工程勘察设计管理条例	2017.10.07
2	建设工程质量管理条例	2017.10.07
3	城市绿化条例	2017.03.01
4	城市市容和环境卫生管理条例	2017.03.01
5	物业管理条例	2016.03.01
6	城镇燃气管理条例	2016.02.06
7	电力供应与使用条例	2016.02.06
8	中华人民共和国电信条例	2014.08.15
9	城镇排水与污水处理条例	2014.01.01
10	铁路安全管理条例	2014.01.01
11	危险化学品安全管理条例	2013.12.07
12	电力安全事故应急处置和调查处理条例	2011.09.01
13	公路安全保护条例	2011.07.01
14	城市道路管理条例	2011.01.08
15	电力设施保护条例	2011.01.08
16	特种设备安全监察条例	2009.05.01
17	生产安全事故报告和调查处理条例	2007.06.01
18	测绘成果管理条例	2006.09.01
19	电力监管条例	2005.05.01
20	建设工程安全生产管理条例	2004.02.01
21	广播电视设施保护条例	2000.11.05
22	城市供水条例	1994.10.01

相关地下管线行业管理部门根据行业管理的实际情况，制定了相应的部门规章。涉及地下管线的部门规章共有 19 部（表 6-3），主要涉及地下管线规划、建设、运营、保护、安全生产、档案管理等。其中，住房城乡建设部（原建设部）制定的规章有 14 部，涉及规划编制、建设工程勘察、排污许可、经营管理、工程档案管理等，其中《城市地下管线工程档案管理办法》（建设部令第 136 号）为专门针对地下管线档案管理的规章；国家发展与改革委制定的规章有 2 部，涉及电力安全生产监管、电信建设管理；国家安全生产监督管理总局制定的规章有 2 部，涉及特种作业人员培训、危化品建设项目安全许可；公安部制定的规章 1 部，涉及电力设施保护。

表 6-3 国家层面涉及地下管线的部门规章

序号	部门规章名称	发布部门	施行日期
1	市政公用事业特许经营管理办法	住房城乡建设部	2015.05.04
2	城镇污水排入排水管网许可管理办法	住房城乡建设部	2015.03.01

续表

序号	部门规章名称	发布部门	施行日期
3	市政公用设施抗灾设防管理规定	住房城乡建设部	2015.01.22
4	实施工程建设强制性标准监督规定	住房城乡建设部	2015.01.22
5	房屋建筑和市政基础设施工程施工图设计文件审查管理办法	住房城乡建设部	2013.08.01
6	城市地下空间开发利用管理规定	住房城乡建设部	2011.01.26
7	城市照明管理规定	住房城乡建设部	2010.07.01
8	建设工程勘察质量管理办法	原建设部	2007.11.22
9	建设工程勘察设计企业资质管理规定	原建设部	2007.09.01
10	城市排水许可管理办法	原建设部	2007.03.01
11	城市规划编制办法	原建设部	2006.04.01
12	城市黄线管理办法	原建设部	2006.03.01
13	城市地下管线工程档案管理办法	原建设部	2005.05.01
14	城市建设档案管理规定	原建设部	2001.07.04
15	电力安全生产监管办法	国家发改委	2015.03.01
16	电信建设管理办法	国家发改委	2002.02.01
17	危险化学品建设项目安全监督管理办法	国家安全生产监督管理总局	2012.04.01
18	特种作业人员安全技术培训考核管理规定	国家安全生产监督管理总局	2010.07.01
19	电力设施保护条例实施细则	公安部	2011.06.30

涉及地下管线的规范性文件出台时间相对较晚，大多在2013年以后。规范性文件主要有9部（表6-4），涉及地下管线规划、建设、普查、隐患排查、安全防护等。其中，2014年国务院办公厅发布的《国务院办公厅关于加强城市地下管线建设管理的指导意见》（国办发〔2014〕27号）是国家层面首部专门针对地下管线管理的规范性文件，内容涉及规划管理、工程建设、改造维护、隐患排查治理、管线普查、信息系统建设、法规标准等地下管线建设管理的各方面。该文件中关于地下管线管理的内容较为全面和系统。

表6-4 国家层面涉及地下管线的规范性文件

序号	规范性文件名称	施行日期
1	国务院关于加强城市基础设施建设的意见	2013.09.06
2	国务院办公厅关于加强城市地下管线建设管理的指导意见	2014.06.03
3	国务院安全生产委员会关于深入开展油气输送管道隐患整治攻坚战的通知	2014.10.29
4	国务院安委会办公室关于切实加强城镇地面开挖和地下施工管理保障油气等危险化学品管道安全的紧急通知	2014.07.09
5	国务院安委会关于开展油气输送管线等安全专项排查整治的紧急通知	2013.12.05

续表

序号	规范性文件名称	施行日期
6	国家安全监管总局国家发展改革委、工业和信息化部、住房城乡建设部、国家能源局关于加强城乡规划和建筑、管线工程设计安全管理工作的通知	2014.06.16
7	住房城乡建设部等部门关于开展城市地下管线普查工作的通知	2014.12.01
8	关于印发《城市轨道交通工程安全质量管理暂行办法》的通知	2010.01.08
9	工业和信息化部关于印发《通信建设工程安全生产管理规定》的通知	2015.11.16

2）地方层面

部分省市根据国家相关法律法规，并结合自身实际情况，开展了地下管线立法工作，制定并出台了针对地下管线的行政法规规章和规范性文件，为保障地下管线管理工作的顺利开展提供了重要依据。

根据文件涉及内容不同，地方法规、规章及政府规范性文件可分为三类：一是专门针对地下管线管理的文件，内容主要包括规划、建设、运行、档案信息等地下管线全生命周期管理；二是涉及管线规划、测绘、建设或档案管理等专项管理的文件；三是涉及地下管线各行业的管理文件，如供水、排水、供热、燃气等行业管理文件。

据统计，目前珠海、淄博、昆明、陕西等11个省市先后出台了地下管线管理条例（表6-5）。各省市出台的地下管线管理条例涉及地下管线全生命周期管理，主要包括管线规划、建设、运行维护、综合管廊、档案和信息管理等几部分内容。其中，《珠海市地下管线管理条例》是我国地方层面出台最早的针对地下管线管理的行政法规。

表6-5　地方层面涉及地下管线的行政法规

序号	地方行政法规名称	施行日期
1	淮安市地下管线管理条例	2017.11.01
2	宁夏回族自治区城镇地下管线管理条例	2017.09.01
3	淄博市地下管线管理条例	2017.01.01
4	重庆市城市管线条例	2017.01.01
5	长沙市城市地下管线管理条例	2017.01.01
6	青岛市城市地下管线管理条例	2016.11.01
7	河北省城市地下管网条例	2015.09.01
8	银川市地下管线管理条例	2013.11.01
9	陕西省城市地下管线管理条例	2013.10.01
10	昆明市城市地下管线管理条例	2013.03.01
11	珠海市地下管线管理条例	2009.08.01

其他部分省市虽未出台地下管线行政法规，但也积极制定了针对地下管线管理的政府规章，为地下管线管理提供了重要依据。据不完全统计，目前我国四川、辽宁、南京、合肥、深圳等18个省市出台了地下管线管理办法（表6-6）。各地出台的地下管线管理办法涉及地下管线规划、建设、施工、维护、档案和信息管理等内容。

表6-6 地方层面涉及地下管线的政府规章

序号	地方行政法规名称	施行日期
1	苏州市地下管线管理办法	2017.06.01
2	枣庄市城市地下管线管理办法	2017.05.01
3	梅州市城市地下管线管理办法	2017.03.01
4	四川省城镇地下管线管理办法	2016.05.01
5	郑州市城市地下管线管理办法	2016.04.01
6	东营市城市地下管线管理办法	2015.04.01
7	贵阳市城市地下管线管理办法	2015.03.01
8	深圳市地下管线管理暂行办法	2014.06.01
9	哈尔滨市地下管线管理暂行办法	2014.04.04
10	辽宁省城市地下管线管理办法	2014.03.01
11	东莞市地下管线管理办法	2012.10.01
12	武汉市城市管线管理办法	2012.05.01
13	南京市城市地下管线管理办法	2012.03.01
14	西安市城市地下管线管理办法（试行）	2012.02.04
15	无锡市城市地下管线管理办法	2011.06.01
16	徐州市城市地下管线管理办法	2011.05.01
17	合肥市城市地下管线管理办法	2010.05.01
18	拉萨市城市地下管线管理暂行办法	2009.07.01

与此同时，在其他相关领域的政府规章中也有涉及地下管线管理的内容，主要从行业管理、专项管理角度进行规定。如北京市发布的《北京市城市公共供水管理办法》《北京市排水和再生水管理办法》《北京市供热采暖管理办法》等，从行业管理的角度进行了规定；《北京市建设工程施工现场管理办法》《北京市城市建设档案管理办法》从专项管理的角度对地下管线施工现场管理、地下管线建设档案管理进行了规定。

此外，各省市还出台了地下管线相关的规范性文件，其内容相对较为具体，针对性更强。如各省市出台的落实国办发〔2014〕27号文件的实施意见，对地下管线普查、规划编制、工程建设、综合管廊建设、改造维护、日常工作机制建设等进行了规定。此外，部分省市制定了一系列地下管线运行管理的规范性文件，涉及地下管线安全防护、隐患排查治理、风险管理、应急管理、井盖管理等。

6.1.2 存在的问题

1）上位法缺失导致地方立法缺少有力依据

虽然国家层面出台了几十部涉及地下管线的法律法规，但是除了原建设部于2005 年颁布的《城市地下管线工程档案管理办法》（建设部令第 136 号）外，国家层面没有专门针对地下管线管理的法律、法规。地下管线的相关规定基本都是分散在其他相关法律、法规中，且仅有少数条文涉及地下管线管理，条文内容不够系统、全面，大多局限在地下管线规划、建设、施工、安全生产、档案管理等方面。如涉及地下管线建设的规定主要分散在《中华人民共和国建筑法》《建设工程质量管理条例》《建设工程安全生产管理条例》等建设工程相关文件，以及《城镇燃气管理条例》《城市供水条例》《城镇排水与污水处理条例》等各行业管理文件中。2014 年国务院办公厅发布的《关于加强城市地下管线建设管理的指导意见》（国办发〔2014〕27 号）虽然对全国地下管线建设管理具有重要指导作用，但由于其为规范性文件，法律效力仍不够。

由于缺乏国家层面的上位法，导致各级政府在地下管线立法和开展管理工作时缺乏有力的法律依据。目前，部分地方政府主要根据现有相关的国家法律法规，并基于自身实践探索和管理经验制定了地下管线管理行政法规和政府规章。但由于缺乏上位法依据，已出台管理文件的部分省市，其文件内容差异性较大，管理要求和重点也有所不同，各地管理水平参差不齐。此外，还有大部分城市未制定地下管线管理相关法规、规章，难以对地下管线相关政府管理部门和权属单位的管理行为进行规范和约束。

2）法律法规条文不协调造成执行困难

在国家及各省市的法律法规中，由于规定内容存在不协调的问题，导致相同要求在不同法律法规条文中存在差异，给法律法规执行和实际工作开展带来困难。例如，在《建设工程安全生产管理条例》中规定施工单位未对建设工程施工可能造成损害的毗邻地下管线采取专项防护措施的，由建设行政主管部门或者其他有关部门依照法定职权进行处罚。然而，在各专业的法规，如《城镇燃气管理条例》《城镇排水与污水处理条例》《电力设施保护条例》中规定的执法主体为各行业主管部门。在部分城市的地方法规对于执法主体又有不同的规定，如《北京市燃气管理条例》中规定由城市管理综合执法部门进行处罚。这就造成在实际的执法过程中，可能出现多执法主体执法或相互推诿的现象。

3）管理职责和管理内容不清晰制约管理水平提升

由于地下管线管理涉及多个环节、多个行业、多个部门，在日常管理过程中，往往需要各行业、各部门之间的相互协调和配合，以实现横向和纵向的完整管理。因此，需要加强地下管线综合协调管理，以解决涉及多类管线、多个部门之间的管理问题。然而，从目前我国地下管线法律法规看，虽然明确了地下管线综合管理部门（或综合协调管理部门），但其规定内容专业性、阶段性特征明显，而综合性、整体性不强，涉及综合协调管理的内容极少，难以为地下管线综合管理工作提供有力支撑。

地下管线行业管理部门对城市地下管线有直接的监督管理职能，然而目前我国大部分城市出台的法规中并未明确行业主管部门的具体职责和管理内容，对行业主管部门的约束力和指导性不强，导致地下管线行业管理较薄弱，主要体现在：（1）地方法规中规定了行业主管部门依法履责，但并未明确行业主管部门在地下管线行业管理中的具体职责；（2）地方法规中缺乏行业管理的具体内容，特别是地下管线运行阶段的行业管理内容，导致实际管理工作主要还是权属单位自行开展，行业监管作用较弱。（3）现有规律法规中未明确地下管线从起始到终端的全过程管理，导致地下管线行业管理范围覆盖不全的现象，如部分行业主管部门仅对本行业内规模以上的地下管线权属单位进行管理，或仅对一定区域范围内的管线实施监管，导致部分地下管线脱离行业管理。（4）各省市出台的法规中未明确行业主管部门对无主管线的清查和确责，导致无主管线脱离行业主管部门和权属单位的监管，存在安全隐患。

从属地管理看，各省市出台的法规中，基本没有属地管理的相关规定。法规中仅明确市级管理部门的职责，而未明确市级以下相关政府管理部门的属地管理职责及管理内容，这就导致地下管线属地管理缺乏依据，属地管理工作难以开展。

4）配套措施缺乏导致部分法律法规执行效果不理想

虽然国家和地方层面已经出台了地下管线管理相关的法律法规，但由于管理体制机制不健全，缺乏配套政策文件、人员、资金等原因，导致法律法规的贯彻落实困难，实际执行情况并不理想，难以有效发挥法律法规的约束作用。如虽然法规对地下管线建设施工活动进行了规定，但缺乏相应的约束手段，导致许多城市实际执行效力不足，政府监管薄弱，管线单位在建设管线时仍存在违法建设、野蛮施工、未按要求提交竣工资料等现象，给城市地下管线管理和运行带来了隐患；在各行业的地下管线管理法规规章中，虽然都提出了划定地下管线保护范围，但除《电力设施保护条例》《广播电视设施保护条例》外，其他法规规章中均未对地下管线保护范围划分标准进行规定，且未出台相应的配套文件予以明确，导致实际工作执行存在困难。

6.1.3 对策和建议

1）尽快出台国家层面法律法规

由于我国国家层面针对地下管线的法律、法规缺失，导致各省市在地下管线立法时缺乏有力依据，地下管线管理缺少支撑。因此，我国急需对全国地下管线管理体制和机制进行研究和梳理，加快国家层面地下管线法律法规的立法进程，并尽快出台实施，规范和指导全国地下管线管理工作，为各省市地下管线立法工作提供上位法依据，从而推进各省市的地下管线法制建设。

针对目前地下管线管理职责不清晰的问题，国家层面应对地下管线管理体系进行梳理，在地下管线相关法律法规中明确综合管理、行业管理和属地管理相关政府管理部门及其职责。在综合管理方面，应理清涉及多类管线、多个部门的沟通、协调与配合工作，构建地下管线综合管理工作机制，并在法律法规中明确和细化综合管理部门的职责和管理内容。在行业管理方面，应在法律法规中进一步明确行业主管部门的管理对象和管理边界，实现地下管线各行业从起始到终端的全过程、全覆盖管理。在属地管理方面，应在地方法规中明确地下管线属地政府管理部门及其职责，充分发挥属地政府的管理作用，实现地下管线的立体化、精细化管理，推进构建多级管理、共同治理的地下管线管理格局。

2）对现行法律法规进行梳理和修订

应从问题和需求两个方面对我国现行法律法规进行全面梳理和研究，并对存在问题的或不能满足需求的标准进行修订。首先，应查找地下管线相关法律法规中存在的条文不协调、规定内容不清晰等问题，并进行专题研究，适时对相关法律法规条文进行修改。其次，应根据地下管线发展态势及法律法规实施情况，对实施效果不理想、出台时间较早的法律法规进行分析，评估法律法规能否满足当前地下管线发展和管理的现实需求，对于条文较陈旧、适用性不强的法律法规应进行修订。

3）落实法律法规相关配套措施

各项配套措施落实是法律法规贯彻执行的重要保障。各城市应根据国家法律法规的要求，完善本城市地下管线管理体制机制，并落实相关配套措施。首先，各城市应根据要求完善地下管线管理体制，制定相关配套管理文件和工作制度，为法律法规的实施提供体制保障。其次，应理清综合管理、行业管理、属地管理之间的层级、关联和衔接关系，积极探索和研究地下管线综合管理相关管理主体的信息沟通、相互配合、协调联动、数据共享等工作机制，并在法律法规条文中进行明确。此外，地下管线权属单位还应按照法律法规要求，完善本单位地下管线管理制度，明确地下管线管理岗位及职责，合理配备地下管线管理人员和资金，保障本单位地下管线管理工作的开展。

6.2 标准规范保障

6.2.1 标准规范编制情况

标准是指为了在一定的范围内获得最佳秩序，经协商一致，制定并由公认机构批准，共同使用的和重复使用的一种规范性文件。标准以科学、技术和经验的综合成果为基础，以促进最佳社会效益为目的。

按照标准的使用范围，我国标准可分为国家标准、行业标准、地方标准和企业标准四个级别。按标准化对象，可分为技术标准、管理标准和工作标准三类。按标准的性质，又可分为强制性标准和推荐性标准。2015 年国务院印发的《深化标准化工作改革方案》（国发〔2015〕13 号）将政府主导制定的标准由 6 类整合精简为 4 类，分别是强制性国家标准和推荐性国家标准、推荐性行业标准、推荐性地方标准，市场自主制定的标准分为团体标准和企业标准。

目前我国已出台的地下管线相关标准较多，据统计，我国现行涉及地下管线的国家标准、行业标准共有 302 部（标准详见附录 1）。标准内容主要涉及管线术语、管线类型、管材及管件等，以及涉及管线全生命周期的管线规划设计、建设和运行管理。

1）国家标准

据统计，我国涉及地下管线的国家标准共有 209 部，主要涉及管线规划、设计、施工及验收、运行维护、信息化，以及管线术语、分类与代码、管线类型和材质要求、管件及附属设施要求等。

从标准内容分布看，国家标准主要集中在管线综合（规划、设计、施工及验收、运行维护）、管线类型及材质要求、管件及附属设施要求、管线规划与设计、运行维护、施工及验收等方面。其中，管线运行维护（检测、试验、评估等）标准 50 部，管线规划与设计标准 43 部，管线类型和材质标准 32 部，管件及附属设施（如井盖）标准 33 部，施工及验收标准 25 部，管线综合标准 14 部。另外，还有少数涉及管线测绘（6 部）、术语（3 部）、信息化（2 部）、分类与代码（1 部）方面的标准。在规划与设计标准中，《城市工程管线综合规划规范》GB 50289—1998 是我国最早发布的涉及统筹协调地下管线之间及地下管线与其他工程之间关系的管线综合规划标准。该标准于 1998 年发布，提出了城市道路有限空间内的工程管线综合规划设计及管理规定的统一技术标准，为我国城市地下管线规划设计和规划管理提供了重要依据，对提高城市地下管线设计与管理水平具有重要作用。近年来随着地下管线发展变化，为适应当前管线综合规划需求，我国于 2016 年对该标准进行了修订，增加了管线种类、调整了管线与管线之间及管线与建（构）筑物之间的最小水平净距、工程管线交叉最小垂直净距等。在管线综合标准中，2012 年发布《城市综合管廊工程技术规范》GB 50838—2012 是我国首部针对城市综合管廊的技术标准，涉及综合管廊及入廊管线的规划、设计、施工及验收、维护管理等内容，为近年来我国综合管廊的建设管理提供了重要的依据。“十三五”时期以来，随着我国城市综合管廊建设工程的大力推进及工程技术的发展，根据综合管廊建设管理实际需求，我国于 2015 年对该标准进行了修订。

从标准标龄分布看（图 6-1），国家标准标龄主要集中在 15 年以内。标龄小于 5 年、5 ～ 10 年和 10 ～ 15 年的标准数量分别为 53 部、89 部和 52 部，分别占国家标准总数的 25%、43% 和 25%。另外，还有少部分标准标龄 15 ～ 20 年之间，共有 15 部，主要为地下管线规划、设计标准。

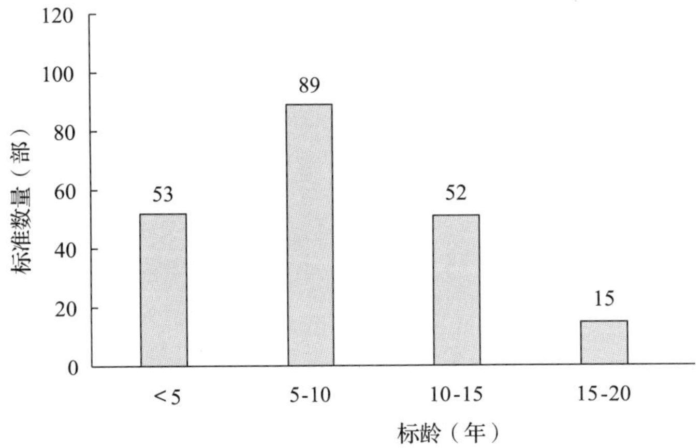

图 6-1　我国国家标准标龄分布情况

2）行业标准

我国涉及地下管线的行业标准共有 93 部，主要涉及管线设计、施工及验收、运行维护、应急抢修、档案信息管理，以及管线术语、管线类型及材质、管线附件及附属设施等。

行业标准主要为某行业地下管线的技术标准，燃气、供热、供水、排水、电力、通信行业都形成了本行业地下管线的标准体系。以排水为例，涉及排水管线的标准共有 17 部，主要为排水管道工程技术标准、运行维护标准、检测评估标准、检查井技术标准，涵盖了从排水管道规划、设计、施工、运行阶段的全生命周期管理。另外，还有部分涉及各行业管线的综合技术标准，主要包括管线要素分类与符号、管线探测、管线信息系统建设、档案管理等。

从标准内容分布看，行业标准主要集中在管线综合（规划、设计、施工及验收、运行维护)、管线规划与设计、施工及验收、运行维护、管件及附属设施要求、管线类型及材质等方面。其中，管线综合标准 41 部，管线规划与设计、管件及附属设施标准各 9 部，运行维护、管线类型与材质标准各 8 部，管线施工及验收 7 部。另外，还有少数涉及管线信息化（3 部)、测绘（2 部)、应急抢修（2 部)、档案管理（1 部)、术语（1 部)、管线分类（1 部)、管线标志（1 部）方面的标准。其中，由原建设部组织制定并发布的《城市地下管线探测技术规程》CJJ 61—94 是我国出台最早、行业领域内应用较广泛的管线探测行业标准，主要涉及管线探查、测量、数据处理与数据库建立、成果验收与提交等内容。目前该标准已修订了两版，最新版于 2017 年 10 月发布。最新版结合实际工作需求，重点针对地下管线探测精度要求、地下管线探测技术准备、成果报告书编制、数据处理与数据库建立等内容进行了完善。

从标准标龄分布来看（图 6-2），相对国家标准，行业标准更新较快，标龄相对较短，绝大部分标准的标龄在 10 年以内。标龄 5 年以内和 5 ～ 10 年的标准数量分别为 51 部和 36 部，分别占行业标准总量的 55% 和 39%。另外，有 6 部标准标龄介于 10 ～ 20 年之间。

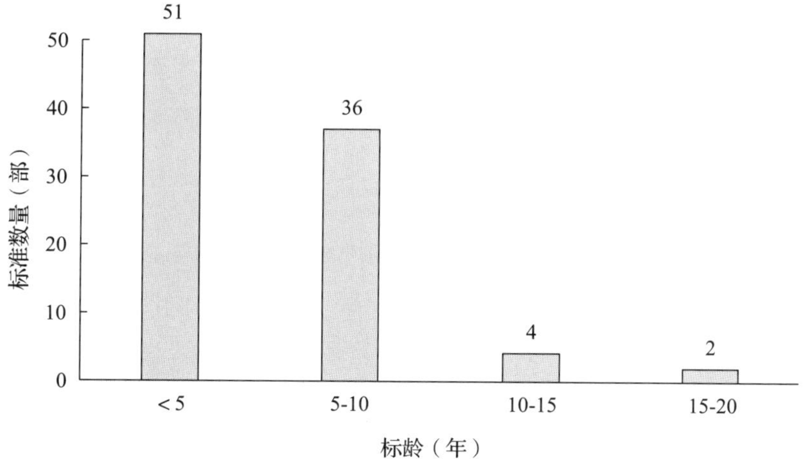

图 6-2 我国行业标准标龄分布情况

3）地方标准

目前，国内很多省市在国家标准和行业标准体系框架下，都纷纷制定发布了符合本地区要求的地下管线规划、设计、施工及验收、运行维护、探测、信息系统建设等方面的地方标准，用于实际指导本地的地下管线规划、建设、运行、普查、信息管理系统建设等相关工作。总体来看，地方标准基本都沿袭了国家标准和行业标准的大部分技术要求，并重点结合各地特色和管线类别的不同，进行了细化和调整。例如，在管线探测方面，各城市结合实际情况，对探测的地下管线类别、探测范围、探查属性项、管线数据精度等进行了细化；在地下管线数据管理方面，各城市主要结合实际应用需求，对地下管线数据库结构、数据组织和属性信息存储表达等做了较为详细的规定，以满足地下管线信息存储、管理和应用的要求。

针对一些特殊的管线施工工艺，比如非开挖技术等，有些地方标准也针对性地在地下管线数据采集、处理和表达等方面做了详细的规定，对于进一步补充和完善国家标准、行业标准具有一定的参考和借鉴作用。此外，目前国内一些发达城市（如上海市、北京市等)，针对城市综合管廊设计和运行维护、管线信息模型创建与应用管理等制定了相关技术标准规范，填补了国内在地下管线新事物、新技术领域标准规范空白，对于推动国家标准、行业标准的制定与完善起到了积极的作用。如，北京市在国家标准《城市综合管廊工程技术规范》GB 50838—2015 的基础上，根据北京市综合管廊特点，制定了《城市综合管廊工程设计规范》DB 111505—2017，明确了综合管廊总体设计、结构设计、附属系统设计、智慧管理系统设计及入廊管线设计要求。与国家标准相比，该标准提出了智慧管理系统、气力垃圾输送管道、入廊管线监控系统设计要求。为了适应城市综合管廊运营管理需求，2017 年北京市还启动了《城市综合管廊运行维护规范》的编制工作，在充分考虑综合管廊内部运行维护和外部防护需求，兼顾综合管廊设施独立运行维护和运行维护关联性特点的基础上，明确综合管廊本体、入廊管线、附属设施、智慧管理系统运行维护，以及应急管理、资料管理的技术要求。该标准的出台，将为综合管廊管理部门、综合管廊运营单位及入廊管线单位的运行维护管理提供重要的依据。

4）团体标准

团体标准是由具有法人资格，且具备相应专业技术能力、标准化工作能力和组织管理能力的学会、协会、商会、联合会和产业技术联盟等社会团体，按照团体确立的标准制定程序自主制定发布，由社会自愿采用的标准。

目前，我国出台和正在编制的地下管线相关的团体标准较多，涉及地下管线设计、施工、运行管理等各阶段。如，中国工程建设标准化协会制定了一系列涉及供排水管道设计、施工方面的技术标准，主要包括《埋地给水钢管水泥砂浆衬里技术标准》《城镇供水长距离输水管道工程技术规程》《水平定向钻法管道穿越工程技术规程》《给水排水工程埋地钢管管道结构设计规程》《埋地聚乙烯排水管管道工程技术规程》《埋地硬聚氯乙烯给水管道工程技术规程》等。在综合管廊标准方面，近几年相关社会团体积极组织编制了城市综合管廊建设和运行维护标准，如中国工程建设标准化协会开展了《城市地下综合管廊管线工程技术规程》《城市综合管廊工程防水材料应用技术规程》《城市综合管廊运营管理技术标准》的编制工作，浙江省产品与工程标准化协会编制了《城市地下综合管廊工程设计规范》等。

随着城市地下管线的发展和地下管线技术的更新，将来会有越来越多的社会团体参与地下管线的标准编制工作，团体标准将在地下管线管理工作中发挥越来越重要的作用。

6.2.2 存在的问题

1）地下管线标准体系需进一步完善

目前，地下管线相关国家标准、行业标准形成了涵盖地下管线规划、设计、建设、运行的标准体系，但在地下管线信息化系统建设、综合管廊运行管理等方面的标准仍较少，需要进一步补充和完善。

当前地下管线也逐渐进入智慧管线建设时代，地下管线管理逐渐与物联网技术紧密融合，通过射频识别、红外感应、全球定位系统、激光扫描器等信息传感设备，对地下管线进行识别、定位、跟踪、监控和管理，获取地下管线空间位置、属性、运行状态、隐患等信息，并通过信息化系统对各类管线信息进行集中智慧管理。因此，地下管线国家标准体系的设计和建设，应适应地下管线快速发展的需要，补充和完善在地下管线信息系统建设方面的标准。

近些年，国内很多城市已经开始规划和建设城市综合管廊，而综合管廊的建设和管理需要国家标准的规范性指导。然而，目前国家层面仅发布了《城市综合管廊工程技术规范》GB 50838—2015、《城镇综合管廊监控与报警系统工程技术标准》GB/T 51274—2017 用于规范和指导城市综合管廊建设，但在城市综合管廊运行管理、维护管理、安全管理、应急管理、数据采集以及信息系统建设等方面缺乏配套的标准予以指导，难以满足城市综合管廊全生命周期管理的需要。

2）现行标准仍不能完全满足现实需求

虽然我国出台了许多地下管线相关标准，但在某些方面仍不能满足实际管理的需求，如建筑红线内部地下管线（简称用户线）管理、管线资料的共享与利用等。

通过分析现行管线标准规范，发现其中大部分都是针对市政管线所进行的有关规定和要求，较少涉及用户线，特别是缺乏用户线运行维护、安全防护、信息获取与更新等方面的内容。地下管线作为城市重要的基础设施资源，除了市政道路上所敷设的主要市政管线之外，作为用户使用终端所敷设的大量建筑红线内部的地下管线，具有总量大、权属复杂、风险控制和隐患治理难度大等特点。因此，用户线应作为重点关注和管理的对象，在地下管线标准规范中应对用户线管理进行明确规定。

在管线资料的共享与利用方面，涉及的地下管线现状图、规划图及管线综合图文资料属于涉密资料，需要在数据生产、管理以及应用等环节做好保密工作。同时，地下管线资料又是关系到国民经济和社会发展的重要性基础成果，需要在一定的范围之内进行共享和应用。但如何准确把握保密与共享应用之间的关系，现行管线标准规范并没有明确相关内容，缺乏对管线资料共享与利用的指导。

3）涉及地下管线新领域、新技术和新方法的标准较少

近年来，我国地下管线不断发展，管线技术不断更新和变化，而现行标准滞后于发展，涉及地下管线新领域、新技术和新方法的标准比较少，主要涉及地下管线非开挖施工、BIM 技术、气力垃圾输送管道等。

在非开挖施工方面，近年来非开挖技术已经成为一种适时、先进的技术手段，是地下管线工程常规施工方法的重要补充。该技术在国外已广泛应用，在国内也逐渐普及。我国也出台了一些地下管线非开挖施工技术标准，但标准数量较少，主要涉及管道非开挖修复施工，竣工测量方面的标准较缺乏。。

随着近年来 BIM 技术在我国的推广应用，BIM 技术在地下管线领域的应用需求也逐渐增多。例如，在城市综合管廊建设过程中，若在设计阶段采用 BIM 技术，则可提供地下管线 BIM 数据，便于后期的管线建设和运行管理，有助于地下管线全生命周期智慧管理。然而，当前我国仍缺乏 BIM 技术在地下管线领域应用的标准。

另外，近几年随着城市的发展，气力垃圾输送系统在我国少数城市已逐步建成并投入使用，然而我国缺乏气力垃圾输送管道相关建设和运行维护技术标准，权属单位主要基于自身需要和相关经验进行管理。

6.2.3 对策与建议

1）结合新领域、新技术的发展，完善现行管线标准体系

当前，随着云计算、大数据、物联网、BIM 等新技术的快速发展，以及地下管线监测、管道电子标签、真空垃圾输送等新领域、新技术的出现，急需相应的标准规范对这些新技术进行指导和规范。这就客观上需要完善地下管线标准体系，不断补充、调整和更新地下管线标准规范，以适应新技术的发展需求，充分发挥标准规范的指导性作用，促进地下管线相关技术市场的健康有序发展。

2）根据实际管理需求，补充相关地下管线标准

针对用户线管理标准缺乏的情况，应对用户线建设和运行管理进行研究，特别是地下管线运行阶段的检查、评估、维护、更新改造等，并出台相应的用户线管理标准，为实际用户线管理工作提供依据。针对管线数据成果保密和共享应用之间的矛盾问题，应尽快开展地下管线数据共享与利用的专题研究，在技术上进行突破和创新，同时对现行有关标准规范进行针对性地补充和完善，以满足解决保密与共享矛盾，充分利用管线信息为管线管理工作提供支撑的现实需要。

3）进一步加强标准体系建设，适应地下管线快速发展的需求

当前，我国正在逐步建立和完善与新型标准体系配套的标准化管理体制，其中最重要的改革措施就是把政府单一供给的现行标准体系，转变为由政府主导制定的标准和市场自主制定的标准所共同构成的新型标准体系。应结合我国标准体系改革，对地下管线标准体系进行完善，鼓励地方政府、社会团体和企业根据标准体系架构和需求，制定出台地方标准、团体标准和企业标准。尤其是针对新领域、重大技术难题等内容，可先行通过制定地方标准、团体标准或企业标准进行试行，待成熟后再逐步总结和完善，进而上升为行业标准和国家标准。

6.3 基础信息保障

6.3.1 基础信息内容概况

地下管线基础信息是描述地下管线空间位置、关系及其他属性的各类信息，是地下管线管理的重要基础支撑。

地下管线空间信息主要包括地下管线的平面位置、走向、高程、埋深、偏距及与其他管线、建（构）筑物等的空间位置关系信息。地下管线属性信息主要包括地下管线的类别、规格、材质、载体特征、建设年代、埋设方式、权属单位等属性信息，其中各类属性信息又可细分为若干项，如地下管线类别可以分为大类和小类。

早在1994年我国就出台了《城市地下管线探测技术规程》CJJ 61—94，对实地调查的地下管线探测信息项进行了规定。为适应地下管线探查、测量及信息系统建设的实际需求，住房城乡建设部（原建设部）分别于2003年、2017年对该标准进行了修订。相对2003年版标准而言，2017年版标准对地下管线实地调查信息项进行了补充和细化：主要细化了给水、排水和燃气管线调查项（分为直埋和沟道敷设），管线类别中增加了综合管廊（沟）和不明管线。2017年版标准规定地下管线探测应查明地下管线的类别、平面位置、走向、埋深、偏距、规格、材质、载体特征、建设年代、埋设方式、权属单位等，测量地下管线平面坐标和高程，并明确了实地调查的地下管线属性项目，包括管线埋深、断面、孔（根）、材质、附属物、偏距、载体特征（压力、流向、电压）、埋设年代、权属单位等。

为规范地下管线数据交换格式和标准，解决跨地区、跨行业的地下管线数据交换问题，2013年我国出台了《信息技术地下管线数据交换技术要求》GB/T 29806—2013，规定了地下管线的分类及代码要求，明确了地下管线点数据、线数据应包含的信息内容：地下管线点信息包括标识符、名称、分类码、X坐标、Y坐标、地面高程、埋深、偏心距、旋转角等；地下管线线段信息包括标识符、名称、分类码、起点标识符、终点标识符、起点高程、终点高程、管线权属、材质、规格、埋设年月、废弃年月、埋设方式、数据来源、竣测工程号、采集日期等。

在 2015 年国家测绘地理信息局出台的《管线信息系统建设技术规范》CH/T 1036—2015 对地下管线信息内容进行了细化和补充。规范中将管线数据分为管线点数据、管线线数据、管线面数据及管线辅助数据和元数据等。管线数据又包括管线空间数据、空间关系数据和属性数据。其中，管线空间数据包括管线平面位置、高程、埋深；管线属性数据包括管线种类、材质、规格、埋设方式或类型、埋设时间、权属、要素代码等。管线属性数据可根据应用需求进行扩展，增加与管线运行相关的属性信息数据，如泄漏、腐蚀、堵塞、压力、流量、温度、管线安全保护线、维修时间以及附属设施的其他特征等专业属性信息。

地下管线基础信息是地下管线管理工作的重要基础，也是加强地下管线管理的重要支撑。目前，各省市在国家政策的指导下，积极开展了地下管线信息普查、收集整合工作，形成了地下管线基础信息成果，并服务于城市规划、建设、运行管理工作。总体来看，地下管线基础信息主要对城市地下空间规划、城市建设、管线运行管理等具有重要作用，主要体现在：

（1）地下管线基础信息可为城市地下空间规划编制提供重要参考

地下管线基础信息反映了城市规划区域内的地下管线存量、分布、埋深、走向等空间信息。在地下空间编制过程中，地下管线基础信息可为城市地下空间规划提供详实的地下管线现状信息，对于城市规划管理部门统筹规划地下空间，明确各类地下设施的规模、平面位置、竖向位置等具有重要的参考作用。

（2）地下管线基础信息可为城市建设提供详实的管线现状信息

现有国家法律法规要求，城市建设工程开展前，建设单位应获取建设工程毗邻区域的地下管线现状资料，查清地下管线现状。因此，基于地下管线基础信息形成的地下管线现状资料，是地下管线建设工程施工前必须掌握的重要基础资料。建设单位可通过已有的地下管线现状信息，合理进行施工方案设计和实施，避免施工过程中对现状地下管线的破坏。

（3）地下管线基础信息是管线运行管理的重要基础支撑

地下管线运行阶段的巡查、检查、维护、更新改造等工作计划制定和开展需要以地下管线基本情况和运行状况为重要依据。地下管线基础信息反映了地下管线的规模、分布、重要程度、结构状况、功能状况、健康状况等管线现状，对于政府部门准确掌握全市地下管线运行、安全状况，对于管线权属单位科学制订地下管线运行维护计划，及时管控风险、排查治理隐患具有重要的支撑作用。在地下管线事故发生时，地下管线基础信息还是应急指挥、抢险决策、现场抢修的重要参考资料。

6.3.2 信息化建设情况

1）地下管线基础信息采集

地下管线基础信息采集是采用探查、测量等技术手段获取地下管线空间位置、空间关系和属性的过程。

地下管线信息采集主要采用的方式有普查、详查、竣工测量及统计等。

地下管线普查主要是采用适当的技术方法，查明制定区域内的地下管线现状，获取准确的管线相关数据，编绘管线成果和建立管线数据库的过程。地下管线普查分为综合地下管线普查与修补测、专业地下管线普查、厂区或住宅小区地下管线普查。地下管线普查主要采用探测的方式进行，地下管线探测工作主要包括技术准备、地下管线探查、地下管线测量、数据处理、建立数据库、编制技术总结报告和工程质量检查与验收等。

地下管线详查主要是为了满足工程建设规划、设计、施工的需要，采用适当的技术方法，对指定区域内的地下管线进行详细探测的过程。相对普查，详查区域范围较小，采集的地下管线空间信息的精度更高。

地下管线竣工测量是在地下管线竣工验收时，为获得工程建设后地下管线的平面位置、高程等资料而进行的测量工作。地下管线竣工测量工作内容包括前期准备、控制测量、管线点测量、内业计算、成果资料整理、产品质量检验和成果提交等。

近年来，国家层面推进了地下管线基础信息普查工作，并加强了对地下管线基础信息普查工作的指导。2014 年国务院办公厅发布的《关于加强城市地下管线建设管理的指导意见》（国办发〔2014〕27 号）中要求各省市开展地下管线基础信息普查和隐患排查，要求“基础信息普查应重点掌握地下管线规模大小、位置关系、功能属性、产权归属、运行年限等基本情况；隐患排查应全面了解地下管线的运行状况，摸清地下管线存在的结构性隐患和危险源”。

各省市根据国家文件和相关标准的要求，积极开展地下管线普查和信息化建设工作。部分省市结合本地实际情况，制定出台了地下管线普查、探测及信息化建设的地方标准，对涉及的地下管线信息内容进行了补充和细化。如北京市地方标准《地下管线探测技术规程》DB11/T 316—2015 对地下管线实地调查项进行了补充和细化：增加了已用管孔数、管线建构筑物、附属物、使用状况、井盖状况属性项，细化了管线井、小室的埋深、材质、尺寸属性项。

此外，一些城市也根据实际地下管线管理需要，开展了地下管线基础信息统计工作。相比普查和探测，统计工作具有易于开展、信息收集时间短、覆盖面广、数据时效性强的优点。如北京市于 2011 年在全国首次开展了地下管线基础信息统计工作，统计方式主要通过市级专业管线权属单位统计跨区的地下管线基础信息，各区城市管理委统计本区内除市级专业管线权属单位之外的区域管线权属单位的地下管线基础信息。统计的地下管线基础信息内容主要包括：按材质、压力、管径、建成年代等指标划分的地下管线长度，按服役情况、权属情况、运行维护情况、建成年代划分的管线长度，井盖类设施种类（五防井盖、附加防护装置井盖、水箅等）及数量，地下管线和井盖类设施的区域分布情况；地下管线巡查、事故处置、井盖丢失和损坏、建设管理资金投入等情况。统计的基础信息成果对于掌握北京市地下管线现状、科学决策和加强管理具有重要支撑作用。

2）地下管线信息化系统建设

地下管线信息系统是指在计算机软件、硬件、数据库和网络的支持下，利用 GIS 技术实现对管线信息输入、编辑、存储、查询、统计、分析、维护、更新和输出功能的计算机管理系统。管线信息系统分为综合管线信息系统和专业管线信息系统。管线信息系统是管线信息化建设的重要支撑，是实现管线数字化、信息化管理的有力工具。

国务院办公厅发布的《国务院办公厅关于加强城市地下管线建设管理的指导意见》（国办发〔2014〕27 号）对地下管线信息系统建设和应用提出了要求：各城市要在普查的基础上，建立地下管线综合管理信息系统，满足城市规划、建设、运行和应急等工作需要；行业主管部门和管线单位要建立完善专业管线信息系统，满足日常运营维护管理需要；综合管廊信息系统和专业管线信息系统按照统一的数据标准，实现信息的即时交换、共建共享、动态更新；推进综合管理信息系统与数字化城市管理系统、智慧城市融合。该文件的出台，对于各城市地下管线信息化系统建设具有重要指导作用。

为规范和统一城市综合地下管线信息系统技术要求，促进城市地下管线信息系统建设发展，我国制定出台了《管线信息系统建设技术规范》CH/T 1037—2015、《城市综合地下管线信息系统技术规范》CJJ 269—2017，对城市综合地下管线信息系统架构、功能、数据库建立等进行了规定，是地下管线信息系统建设的重要依据。

目前，我国许多城市在地下管线普查成果的基础上，建立了地下管线信息系统。各地的信息系统虽存在一定差异，但在系统架构、功能、模式和使用用户等方面相差不大。

（1）系统架构

地下管线信息系统通常包括数据层、服务层、应用层和用户层四层技术架构。

数据层是存储和管理地下管线基础信息的各类数据库，包括管线现状数据库、管线三维数据库、管线历史数据库和管线元数据库，以及地形数据库、地名数据库等。

服务层是提供管线功能接口服务，包括管线图库管理、输入编辑、数据检查、查询统计、管线分析、更新维护、元数据管理、输出、历史回溯、网络发布、三维建模与可视化显示、权限管理等。

应用层提供可操作的各项功能，包括管线信息输入与编辑子系统、管线信息管理与应用子系统、管线信息员数据管理子系统、管线信息数据服务与分发子系统。

用户层提供管线信息系统的各种终端应用，包括服务器端、网络端和移动端的应用。

（2）系统模式

根据地下管线信息系统网络 GIS 功能设计不同，地下管线信息系统可分为两种模式：局域网下的客户端 - 服务器模式（C/S 模式）和三层或多层体系结构的浏览器 - 服务器模式（B/S 模式）。

C/S 模式分为客户端和服务器端。客户端的主要功能是管理用户接口，处理应用的逻辑，并对服务器发送数据库的操作请求，获取服务器反馈结果。服务器是通过数据库管理应用程序需要调用的各种数据。

B/S 模式将 Web 浏览器作为客户端，将数据管理层和应用层布设到服务器端。客户端通过 Web 浏览器访问的方式向服务器发送请求。B/S 模式可分为三层结构和多层结构模式。三层结构模式包括“客户端——应用服务器——数据服务器”，客户端主要实现地下管线信息的表达，应用服务器则是处理地下管线数据，数据服务器负责地下管线数据的管理。

（3）系统功能

地下管线信息系统功能主要包括数据管理功能、数据应用功能、数据服务功能和系统管理功能。

数据管理功能包括图库管理、数据输入、数据检查、数据更新、数据备份与恢复、历史数据管理、元数据管理等。

数据应用功能包括管线查询、管线统计、空间分析、图形浏览、辅助工具等。

数据服务功能包括提供数据查询、数据浏览、分发下载等基本功能。

系统管理功能包括用户线管理、权限分配、日志管理、系统配置等。

（4）系统使用用户

系统使用用户主要可分为四类：系统管理人员、政府管理部门管理人员、企业管理人员、社会公众。

系统管理人员负责对整个系统的管理，可使用系统的所有功能，包括对系统进行检查、审核、修改等。

政府管理部门管理人员主要包括地下管线规划、建设、运行管理部门（包括综合管理部门、行业管理部门、属地管理部门等）。不同管理部门根据管理需求，具有对不同阶段、不同行业或不同区域地下管线信息的管理权限，可对管理权限内的地下管线信息进行统计、修改、审核、分析和发布等。

企业管理人员主要包括地下管线权属单位、工程建设单位、施工单位等。地下管线权属单位可通过信息系统对本单位的地下管线基础信息进行管理，如地下管线基础信息的录入、检查、更新、报送等。工程建设单位、工程施工单位可通过信息系统查询施工区域的地下管线现状信息资料，避免在施工工程中对周边地下管线造成破坏。

社会公众可通过地下管线基础信息系统查询部分地下管线信息，如地下管线类别、管线长度等公开信息。

6.3.3 信息动态更新

保证地下管线基础信息的现势性和准确性是地下管线基础信息管理的基础，也是地下管线信息有效利用，服务于城市管理的前提，因此，及时对地下管线信息进行更新维护，保证地下管线信息的现势性和准确性尤为重要。

由于地下管线埋设于地下，难以像地上设施一样能够直接确定其所在的位置，需要在管线建设工程覆土前进行竣工测量，或对已覆土的地下管线进行修测、补测，以获取地下管线信息并进行更新。目前，我国地下管线基础信息动态更新方式主要为竣工测量和修补测两种。

1）竣工测量

地下管线竣工测量是在新（改、扩）建地下管线及附属物在覆土前通过直接测量方式确定地下管线的空间位置和属性信息，并进行数据处理的过程，包括地下管线及其附属设施的平面位置和高程测量、地下管线属性信息调查、地下管线图和成果表编绘、入库前的地下管线数据整理等工作。竣工验收后，建设单位和地下管线单位及时向城建档案管理机构提交管线档案资料。城建档案管理机构根据提交的管线档案资料，对地下管线信息进行更新。

在我国的相关行政法规和标准中对地下管线竣工测量及信息更新进行了规定。2005 年原建设部发布的《城市地下管线工程档案管理办法》（建设部令第 136 号）规定：地下管线工程覆土前，建设单位应当委托具有相应资质的工程测量单位，按照《城市地下管线探测技术规程》CJJ 61—2017 进行竣工测量，形成准确的竣工测量数据文件和管线工程测量图，并在竣工验收备案前，向城建档案管理机构提交档案资料。管线单位应及时向城建档案管理机构移交地下专业管线图。同时要求城建档案管理机构根据地下管线专业管线图等工程档案资料和竣工测量资料及时更新地下管线综合图，并输入到地下管线信息系统。

《城市地下管线探测技术规程》CJJ 61-2017 对竣工测量程序进行了规定：地下管线竣工测量包括前期准备、地下管线控制测量、管线点测量、内业计算、成果资料整理、产品质量检验和成果提交等。

从我国地下管线竣工测量实施情况看，虽然法规、标准中对地下管线竣工测量和信息更新进行了规定，但在实际工作中由于缺乏有力的约束，造成建设单位未开展竣工测量或不提交管线竣工资料，给后期管线信息管理带来麻烦。针对这种情况，部分城市积极研究和探索地下管线竣工测量及信息更新机制，积累了丰富的实践经验。

上海浦东新区为了实现对地下管线工程情况的全面、准确掌握，及时进行跟踪测量，建立建设单位登记与行政管理部门审批信息通报并行的“双线”建设信息采集体系。一是建立建设单位登记制度，明确管线建设单位、代建单位登记项目开工信息的责任，明确登记时限和登记信息内容要求，并对管线单位进行业务培训，大大提高了管线权属单位实施跟踪测量的积极性；二是设立地下管线跟踪测量受理窗口，在地下管线项目规划行政许可过程中，要求建设单位到测管办窗口进行项目登记和合同查验，并出具“跟踪测量接收单”，将其作为规划行政许可的前提条件之一，保障了规划许可管线项目的全面掌握；三是建立审批信息通报制度，在区规土局、区环保市容局、区建交委、区公安分局等部门的密切配合下，采用业务数据查询、系统对接等方式，实现了规划审批、掘路计划、掘路审批、施工备案等多个审批环节信息的汇总。通过上述三项措施，除非开挖敷设管线、应急抢修工程等特殊情况外，基本实现了全部新建、改建地下管线工程的及时掌握、跟踪测量及成果汇交入库。

宁波市以市规划局为主导，制定了与管线工程跟踪测量相配合的法规规章和规范性文件，以行政管理制度为措施，以数据库技术和 GIS 技术为支撑，形成“报建审批——竣工测量——现状信息”的工作机制解决管线信息动态更新的问题。地下管线跟踪测量主要由市测绘院负责，该院与多个权属单位及相关施工单位建立了长期合作关系，并初步形成了“有管必报、有报必测”的良性竣工测量机制。同时，该院与市城管局、建设局、规划局等地下管线审批和管理部门建立信息共享机制，定期从上述管理部门获取地下管线工程规划、建设、巡查等多方面的地下管线施工信息。此外，市测绘院制订了管线实地巡查制度，对各区域内开工的地下管线项目定期进行巡查，对发现的不明管线工程及时进行跟踪测量。

合肥市出台了《关于加强全市城市地下管线竣工测量管理工作的通知》（合建〔2018〕92 号）、《合肥市地下管线工程竣工数据建库标准（试行）》对地下管线竣工测量、数据建库及数据动态更新进行了规范，建立了地下管线竣工测量动态考评机制，通过购买服务的方式委托第三方检测机构对地下管线竣工测量行为和测量成果进行监督和考核，保证了地下管线竣工测量成果质量。

2）修补测

虽然《城市地下管线工程档案管理办法》（建设部令第 136 号）要求建设单位和管线单位向城建档案管理机构提交管线档案，但在实际工作中，部分工程项目建设单位和管线单位普遍存在“重建设，轻管理”的现象，在工程结束后，存在资料管理缺位或未提交管线资料的情况，使城市地下管线档案无法有效更新，造成地下管线档案资料不全、信息不准等问题。

目前对于未提交竣工资料的问题，各城市主要采取的地下管线信息更新方式是通过对发生变化的地下管线进行修测、补测，修改或补充地下管线信息，从而保证地下管线信息的准确性和现势性。

我国地下管线修测、补测工作主要依据行业标准《城市地下管线探测技术规程》CJJ 61—2017 开展。修测、补测工作程序包括收集资料、实地踏勘、地下管线探查、地下管线测量、地下管线图编绘、成果整理提交等。

基于地下管线探测标准，我国部分城市因地制宜，建立了地下管线修测、补测工作机制，加强了未竣工测量管线的修测、补测，对地下管线信息进行了及时动态更新：

北京市规划国土委西城规划分局与市、区城市管理委、区城市管理监督指挥中心建立地下管线信息沟通机制。区城市管理委负责占掘路审批和监督管理工作，掌握地下管线工程建设信息，定期向西城分局提供占掘路工程信息；区城管监督指挥中心具有巡查频率高、全覆盖的特点，及时与区规划分局发现的地下管线工程信息进行共享，及时掌握地下管线相关工程开展情况。对于发现的未进行竣工测量的地下管线工程，西城规划分局安排测绘单位进行探测，并及时完善到地下管线数据库中，实现地下管线信息系统数据的更新。

南京市采用专人定期巡视和查漏纠错原有管线的模式，建立了地下管线信息常态维护更新机制。南京市按照区域道路网格化管理的思路，采用专人、专区域、即时动态的模式，在主城区的各个分区设立了一个维护组，通过维护组人员的持续巡视，发现地下管线变化情况，并及时进行补测。另外，对以前完成的地下管线数据所涉及的主次管道进行大面积修测更新。采用分期分批按修测标准对原有管线进行查漏和纠错的方式，对近年内道路范围新增和变化的管线进行修测，补充和更新相关管线数据。对完成修测的道路进行持续巡视，进入正常动态维护状态，及时动态更新管线信息。

6.3.4 信息共享与利用

信息共享是在信息标准化和规范化的基础上，按照法律法规，依据信息系统的技术和传输技术，信息和信息产品在不同层次、不同单位之间实现交流与共享的活动。其目的是将信息与其他人共同分享，更加优化资源配置，提高信息资源利用效率，节约成本，可避免在信息采集、存储和管廊上重复浪费。地下管线信息共享与利用可以充分发挥地下管线信息的价值，为各相关单位的地下管线管理工作提供支撑。

在国家政策文件中对地下管线共享和利用提出了要求。《国务院办公厅关于加强城市地下管线建设管理的指导意见》（国办发〔2014〕27号）要求地下管线综合管理信息系统和专业管线信息系统应按照统一的数据标准，实现信息的即时交换、共建共享、动态更新。为支撑跨地区、跨行业地下管线数据共享与交换，国家标准《信息技术地下管线数据交换技术要求》GB/T 29806—2013中对地下管线数据分类及代码、数据元素要求、数据交换格式等内容进行了规定。

与此同时，在现行国家法律、法规中也明确了地下管线信息资料的保密要求。《建设工作中国家秘密及其密级具体范围的规定》（建办〔1997〕49号）将“涉及城市电力、电讯、给排水、供热、供气、防洪、人防各专业工程的整体规划、现状图及管线的综合图文资料”划为“秘密级”。在2017年出台的《住房城乡建设部 国家保密局关于印发〈住房和城乡建设工作国家秘密范围的规定〉的通知》(建办〔2017〕36号）中将“标有各专业管线位置、高程等敏感信息的管线现状图、规划图、综合图等图文资料”纳入“住房和城乡建设工作国家秘密目录”。

基于地下管线保密的考虑，在地下管线信息交换或共享过程中应处理好共享与保密的关系，采用必要的保密措施，如物理隔离或通过保密专网进行信息交换；根据不同的使用对象和使用需求，明确不同的使用权限和信息内容等。

目前，地下管线信息共享方式主要分为离线式和在线式两类。离线式共享是信息使用单位采用移动硬盘、光盘等存储介质从地下管线信息管理单位获取地下管线信息的方式。这种方式具有与物理隔离、保密性强等优点，但存在信息共享效率低，时效性较差等问题。在线式共享主要是采用加密传输方式，通过局域网、政务网、专用网等为相关管理部门和单位提供管线信息的共享、访问、查询等服务。在线式共享具有效率高，时效性强等优点，但由于信息通过网络传输，更容易受到病毒感染或网络入侵导致信息泄漏，所以对信息加密技术和网络安全性要求较高。

目前，我国已有一些城市在地下管线信息共享与利用方面做了大胆尝试和创新，提升了地下管线信息服务于政府、企业和社会的能力。我国地下管线信息共享和应用方面的举措主要有以下几方面：

（1）对用户进行分级分类管理

由于在地下管线规划、建设、运行、普查探测等各环节产生的各类地下管线信息中，既有涉及地下管线位置和属性信息的管线图，又有地下管线施工信息、运行管理信息、管线测量信息、管线属性信息、运行管理信息等，各类文件的保密要求存在差异。在实际中，部分城市根据使用用户需求，从管线类别、范围、位置敏感性等方面对地下管线信息进行了分类分级管理，建立了科学全面的地下管线数据保密分类体系。地下管线信息管理单位根据用户性质、地下管线信息类别及保密级别，赋予各类用户不同的使用权限和使用范围。如昆明市基于地下管线信息服务平台，采用面向服务（SOA）的架构，以门户网站的方式发布管线数据信息，以 Web 服务的方式提供功能共享服务。为保证数据的安全，平台根据用户的性质不同，灵活配置用户数据期限、功能权限和接口权限等，并采用图片或加密 XML 技术进行数据交换。

（2）采用有效的信息保密技术

部分城市运用信息加密技术、信息传输技术等，实现了地下管线信息系统中的地下管线数据在政府部门、管线单位之间的共享与利用。如合肥市采用涉密机与内网隔离、管线数据脱密、三合一单导盒保密设备、数据加密软件以及 VPN 传输通道等多种有效方式，确保了管线数据安全，实现管线数据在市、县、区和部分管线单位之间的共建共享，实现管线业务在线查询、申请、提交，新建道路和道路挖掘敷设管线业务的网上登记、监管，利用移动终端现场查询管线信息等应用功能。

6.3.5 存在问题

1）信息更新仍存在困难

虽然在法律法规中要求地下管线建设工程应进行竣工测量和数据更新，一些城市也探索建立了数据更新机制，但部分城市在数据更新方面仍缺乏有效约束，导致管线单位在管线工程建设完成后未及时提交管线信息。如管线工程建设完成后，管线单位不按要求提供竣工测量资料，且缺乏相应的处罚措施；小型管线建设工程、管线隐患治理工程、非开挖管线建设工程等施工时间短，监管难度大，部分建设单位未按要求办理施工审批手续，未提交竣工测量资料，造成此部分管线资料缺失。

2）信息价值挖掘仍不够

目前，很多城市虽建立了管线信息系统，实现了信息系统的基本功能。但从信息价值利用的角度看，信息利用仍停留在管线查询、管线统计、空间分析、图形浏览等简单的应用功能上，对于数据价值的深度挖掘和分析还不够，数据的应用仍显不足，存在“重建设、轻利用”的现象。如管线基础信息数据与日常运行维护数据、应急管理数据之间的相关性分析不够，基础信息数据难以为运行维护、隐患管理、应急决策等提供有力支撑。

3）信息安全制约信息共享与利用

信息安全包括商业秘密和管线空间位置、传输介质的秘密性，这是管线信息化发展面临的最大障碍和主要难题，制约了信息的大规模共享和开发利用。为了保障信息安全，部分城市采用不同的保密手段和方法，如物理隔离、专网、数据加密、数据监控等，但仍存在泄密的风险，还有一些城市在地下管线普查完成后，基于管线数据保密的考虑，仍未实现信息在相关单位之间的共享和利用，造成管线信息难以为相关单位的管理工作提供服务。

4）综合管理系统与专业系统融合较困难

受管理模式及信息应用需求差异的影响，城市相关政府管理部门、管线单位各自建立了地下管线综合管理系统和专业管线系统。但由于各系统主要基于自身管理需求建设，各系统之间的信息内容、数据结构、数据精度等存在差异，造成各系统之间的信息共享和系统融合存在困难，形成“信息壁垒”，特别是各系统的信息集成、交换、动态更新等难以实现。

6.3.6 对策与建议

1）完善地下管线信息更新机制

各城市应积极探索地下管线信息更新机制，如地下管线建设工程审批信息共享机制、建设工程监督机制、建设工程巡查发现机制等，对地下管线建设工程采取有效的约束或监管措施，实现地下管线规划、建设和运行管理各阶段协同管理，动态跟踪管线建设工程情况，及时发现未按要求提交信息的地下管线建设工程，并对未提交地下管线信息的建设单位、管线单位进行处罚。

2）加强信息的深度分析和利用

应加强对已有地下管线基础信息的深度分析和挖掘，采用科学的数据挖掘方法，并结合管线管理信息（如巡查、隐患、事故、应急信息等）和外部信息（如城市人口、城市运行监测信息等），对管线信息进行分类分析、预测分析、关联分析、聚类分析等，充分发掘地下管线信息的价值，实现地下管线信息的有效利用，支撑地下管线管理决策和实际管理工作。

3）破解信息保密与共享难题

探索研究先进的数据加密技术、数据传输技术、网络技术等，根据法律法规要求，在保障地下管线信息在不同层级、不同类型单位之间传输和使用安全性的条件下，实现各类管线信息在不同单位之间的及时、有效传输和交换，实现多元、异构管线数据的融合与分析，为管线信息共享和利用提供技术保障，提高地下管线信息管理效率，降低管理成本。

4）统一综合信息系统与专业信息系统技术标准

当前，我国出台的标准虽然对地下管线综合信息系统建设要求进行了明确，但侧重于政府管理部门的综合管线信息系统，而缺少专业管线信息系统建设标准。应根据行业主管部门和管线单位的管理需求，补充或制定专业管线信息系统技术标准，明确专业管线信息系统架构、功能及性能，以及管线信息标准、传输接口要求、共享要求等技术要求，指导和规范行业主管部门、管线单位开展管线系统建设、信息采集与更新、信息共享与利用等工作，为实现综合信息系统与专业管线系统融合，以及各单位之间的信息共享提供依据和技术支撑。

第 7 章　管理支撑技术

7.1　管线探查

7.1.1　关键技术

地下管线探查是确定管线平面相对位置和埋深的过程。经过多年的应用发展，物探因其便捷、快速、准确而成为地下管线探查的主要技术手段，在推进地下管线信息化进程中发挥了重要作用。目前，用于地下管线探查的物探方法主要有：频率域电磁法、探地雷达法、高密度电法、浅层地震法、惯性定位法、高精度磁法、声波测位法、井中探测法及全方位电法等。

1）频率域电磁法

频率域电磁法是利用电磁感应原理探查地下管线的物探方法，又被称为金属管线仪探测法、电磁感应法、电磁法、低频电磁法、电磁剖面法。因工作简便快捷、经济，该方法已成为目前金属管线探查最为常用的探查方法。

频率域电磁法按场源性质可分成被动源法和主动源法。被动源是指工频（50 ～ 60Hz）及空间中存在的其他电磁波信号；主动源法是指通过发射装置建立的场源，按照建立场源的方式不同分为直接法、夹钳法、感应法、示踪法，每种方法适用的条件不同，可根据任务要求和地下管线的种类、材质、管径、埋深、出露条件进行选择。被动源法和主动源的直接法、夹钳法、感应法适用于金属管线或带有金属骨架的非金属管线探查。

2）探地雷达法

探地雷达法是利用电磁波反射原理借助雷达仪，探查地下管线的物探方法，亦称透地雷达法、地质雷达法。该方法是通过发射天线向地下发射高频电磁波，经过研究所接收的来自于目标管线的反射电磁波特征规律，而判读管线位置和埋深，如图 7-1 所示。探地雷达法可用于地下金属管线和非金属管线的探查，因其施工作业便捷，且探查精度较高，可以做到无损探测，目前已成为地下管线探查尤其是非金属地下管线探查的一种主要物探方法。

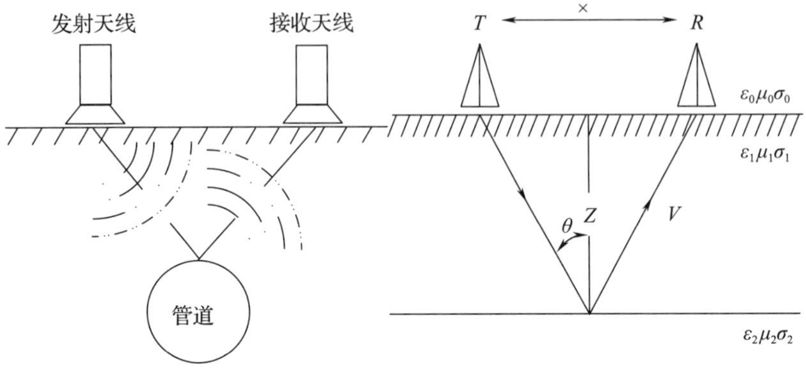

图 7-1　探地雷达探测原理图

3）高密度电法

高密度电法即高密度电阻率法，是集成电剖面和电测深为一体的一种电阻率法勘探技术，其优点是采用高密度布点，进行二维地电断面测量。高密度电法的物理前提是地下介质间的电阻率差异。其原理和常规电阻率法一样，也是通过 A 极、B 极向地下供电流 I，然后在 M、N 极测量电位差Δ V，从而可求得该点（M、N 中点）的视电阻率值 $\rho_s=k\dfrac{\Delta V}{I}$。与常规电阻率法不同的是，在实际观测时，首先是一次性布好一个电极排列（一般为 60 个或 120 个电极），然后按特定的装置方式（如温纳 Wenner、偶极 Dipole-Dipole、微分 Differential 等）通过特定的电极转换装置依次测量该剖面上不同位置、不同 A、B 值（不同深度）的视电阻率值，从而可得到一条完整的二维视电阻率图剖面，因此提高了工作效率，也提高了探测能力，如图 7-2 所示。高密度电法在较大型的地下管渠探测中取得了良好效果，如图 7-3 所示。

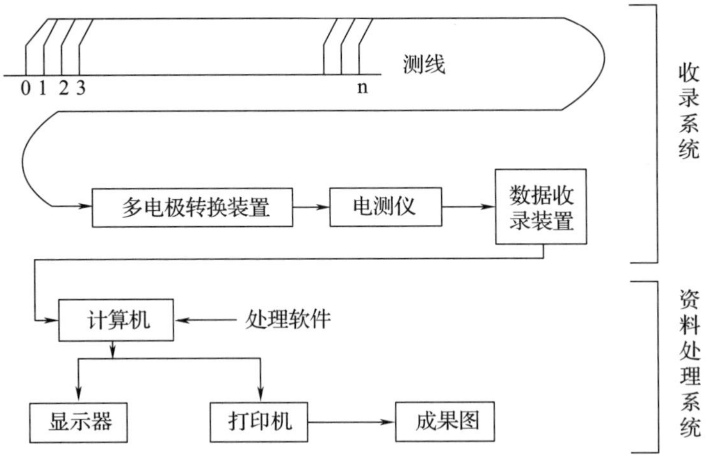

图 7-2　高密度电阻率法工作系统示意图

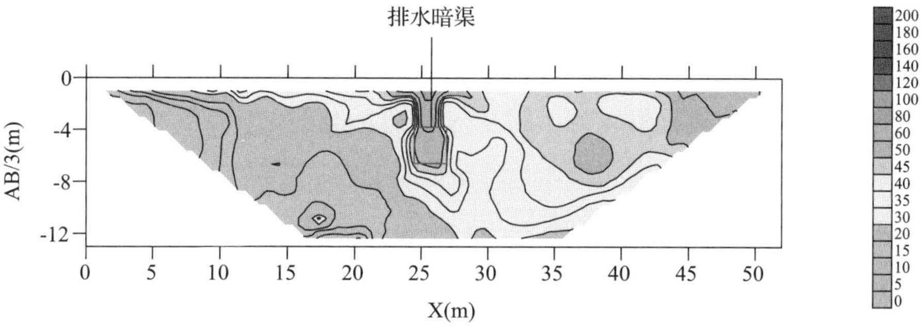

图 7-3 排水渠探测的视电阻率等值线断面图

4）浅层地震法

浅层地震法是以不同介质之间的波阻抗值（介质密度σ，弹性波速度V）差异为物性前提，采用专用的浅层地震探测仪，通过人工激震，分析接收到的弹性波，从而达到探查地下管线的目的。

浅层地震法，应在地表利用人工震源进行激震，激震点附近的土层产生弹性震动，形成弹性波（通常称为地震波），在地下传播的地震波遇到不同弹性介质的分界面时（如地下金属与非金属管线与周围地层的分界面）会产生反射、折射和透射，根据地震波的这些传播特性，分析研究其传播规律，可以确定地下目标体的存在位置。

根据所采用的弹性波，浅层地震法可分为反射波法、透射波法、折射波法、面波法等，在地下管线探测中，比较常用的探测技术是反射波法和面波法（瑞雷波法）探测。图 7-4 是浅层地震法探测成果，在图中第 9 道和第 35 道位置下方出现了明显的波形异常，经钻探与钎探验证，该位置有埋深 9.6m 的钢管（直径 3200mm）。

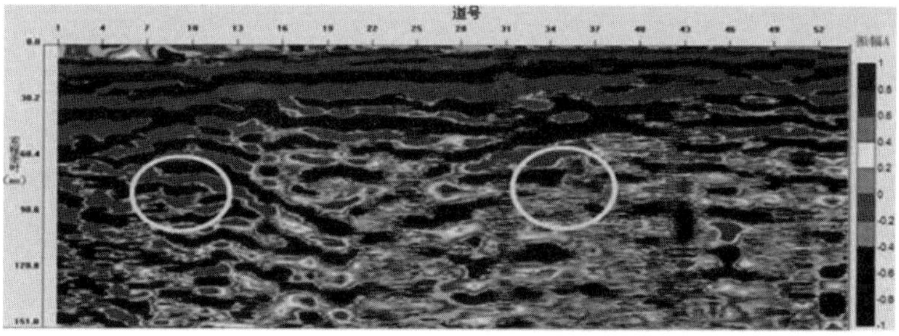

图 7-4 地震剖面实测图（管 1:9 道，管 2:35 道）

5）惯性定位法

惯性定位法是一种轨迹探测法，通过测量管道轴线轨迹而确定管道空间位置。惯性定位法可以获得管线准确位置，多用于非开挖敷设的地下管道定位探测。惯性定位法是利用惯导测量原理，借助管线陀螺仪的定位技术，通过三个相互正交的陀螺和三个相互正交的加速度计组成可以在管道内行走的姿态测量器（即管道陀螺仪），根据级联惯导原理将测得的数据解算得出的姿态角度结合行程传感器的路程数据通过空间几何计算得出被测管道的三维轨迹，如图 7-5 所示。

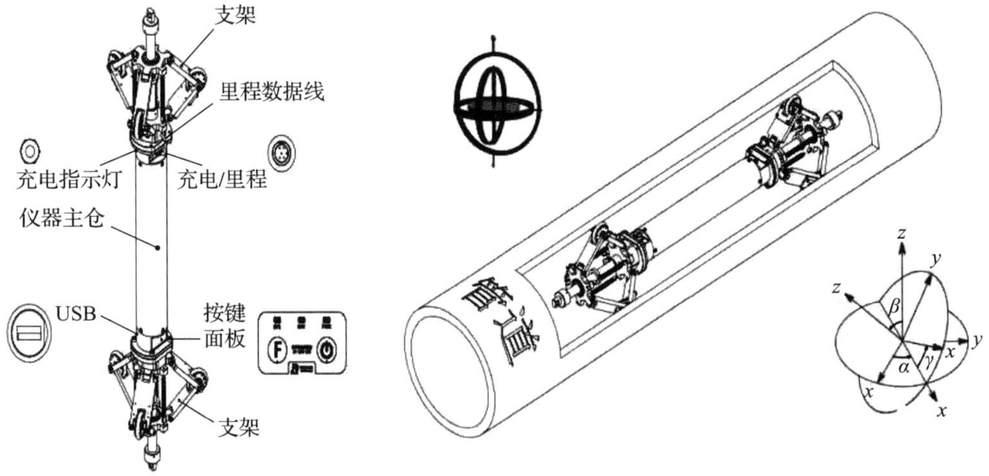

图 7-5　管线陀螺定位工作系统示意图

6）高精度磁测

高精度磁测是以地下管线与周围介质的铁磁性差异为主要物性前提。采用高精度的磁力仪，通过探测地下介质（土、石、砂、人工物质等）磁场的空间分布特征，根据其空间磁力线分布图像的不同，输入计算机分析，来判别地下隐蔽物是否有铁磁性物质的存在并探查其空间位置、几何形状等。由于地下金属管线、水泥管道中的钢筋均属于铁磁性物质，其与周围介质存在明显的磁性差异，因此，可以采用高精度磁法进行地下管道的探测。

7）声学测位法

声学测位法是近年来应用于地下管道定位探测的一种新型技术，利用声音在介质中传播特性来探测和定位目标。声学定位技术最早应用于供水管的漏水探查，通过探听漏水的声音进行漏水探查，应用的是被动源。此技术用于管道定位，则要采取主动源，即需向管道上发射声音。

声学测位法由震荡器（发射机）、震动器、接收机、探头（拾音器）、耳机等部分构成。由发射机发出一定频率的连续或间歇性的声波信号，该信号由与管线相连接的震动器传输到管道上（通过给水消防栓或其他出露的管线设施）并沿埋于地下的管道内部向远端传递，同时该声波信号传递到地面，由探头（拾音器）接收，以达到探测供水管道的目的，如图 7-6 所示。

8）井中探测法

井中探测法是对于超深的地下金属类管线，通过在管线附近钻孔的方式，并在孔中进行探查，以达到提升对超深管线的探查精度。在井中探查时，目前主要有两种方式：电磁法与高精度磁法。

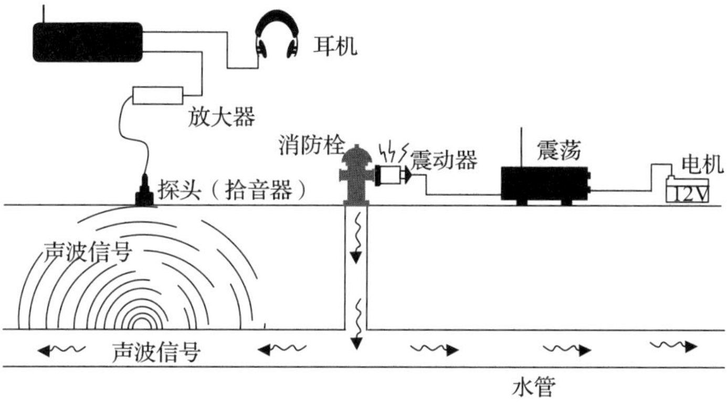

图 7-6　给水管道声波测位法示意图

井中电磁法探测（亦称竖直剖面法）基本原理：首先在地面上用水平剖面观测法进行初步定位，然后在预判目标管道旁侧 2 ～ 5m（在保证安全距离的前提下）钻孔形成一个竖直通道，再利用分离式电磁法探头，进行竖直方向的信号（电磁场的磁场信号或梯度异常）探测，并依据信号曲线推断探头至管线的水平距离（管道平面位置）和探头的峰值位置（管道埋深），如图 7-7 所示。

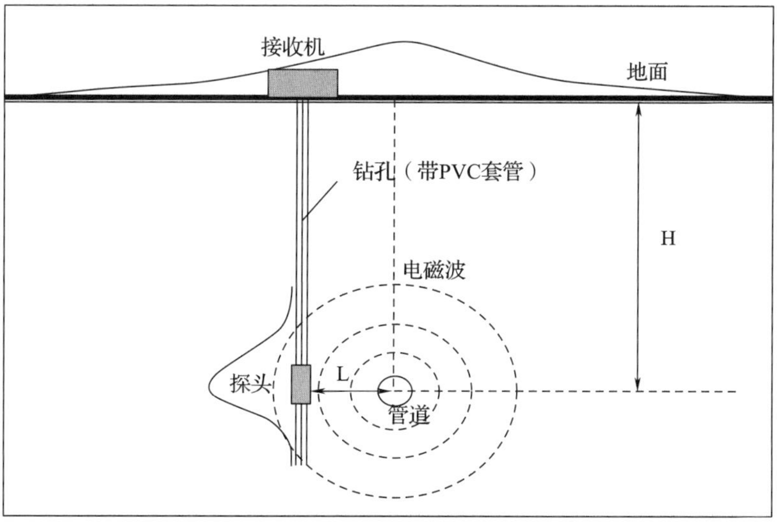

图 7-7　剖面观测法示意图

井中高精度磁法与井中电磁法探测的方法基本相同，只是在井中是采用的高精度磁法探头，探查的是具有铁磁性的管道的磁场异常。

9）全方位电法

全方位电法是直流电法的一种新型工作方式。该方法在场地中钻孔，利用钻孔开展电阻率的测量工作：通过在孔中供电，从 1m 至 200m 深处，采用接收仪器在其周边 0.5m 至 60m 的范围内进行探测；再在地表供电，采用接收仪器在孔中进行探测（图 7-8）。由于探测系统的高度精密设计，充分利用电阻率的各向异性特征，能有效提升探测精度。

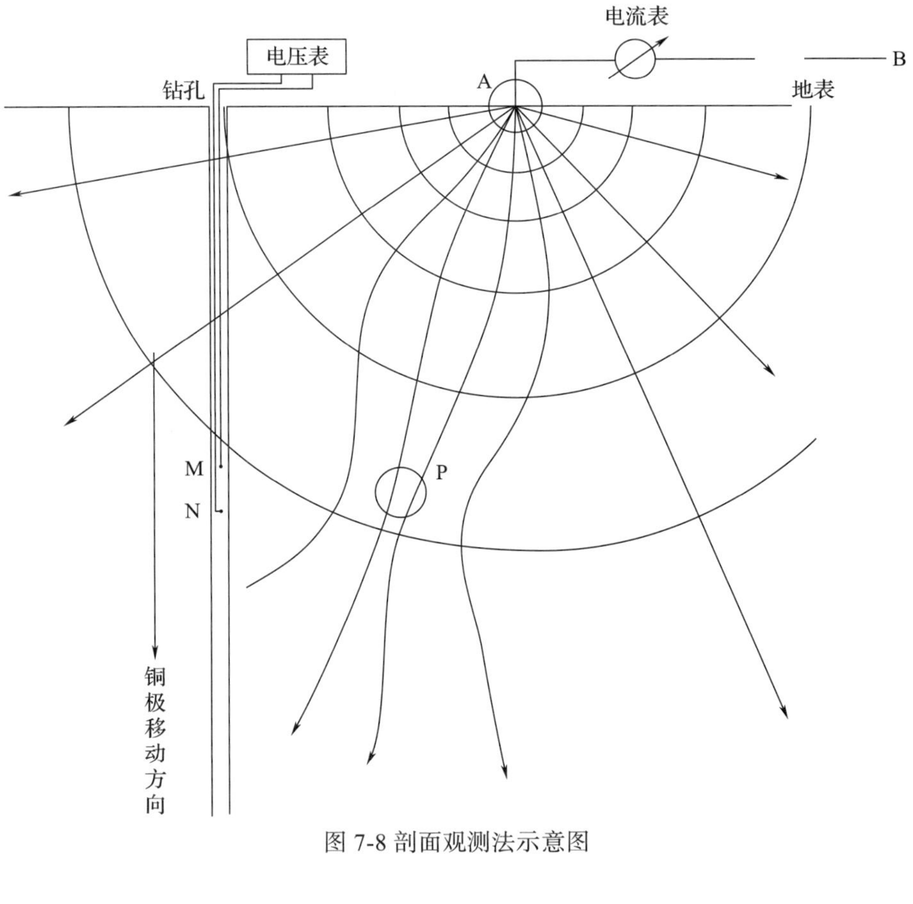

图 7-8 剖面观测法示意图

7.1.2 应用现状及存在的问题

1）应用现状

城市地下管线种类多，管线口径差异显著，同时管线材质、埋设方式等也对管线探查方法提出了不同要求，各种管线探查方法受其工作原理、仪器设备的制约，均有特定的适用条件，同时针对近间距并行管线、非金属管线、深埋管线等探查难度较大的管线，近年来也通过技术与实践创新，提出了相应的技术方法。

（1）常用管线探查方法应用现状

不同管线探查方法由于其工作原理各不相同，适用于不同材质、埋深、口径管线的探测，常用管线探查方法及其适用条件见表 7-1。

表 7-1 常用管线探查方法及其适用条件

名称	特点	适用条件	探测目标
频率域电磁法	探测精度高、抗干扰能力强、应用范围广、工作方式灵活、成本低、效率高等	①地下管线与周围介质之间有明显的电性差异；②管线长度远大于管线埋深	金属管线和电缆，通过示踪线、示踪器等探查非金属管道
探地雷达法	快速、高效、无损及实时展示地下图像等	了解管线的类型、走向和大致埋深，合理选择天线频率，设置最佳时窗和选择滤波参数，探测效果受天线频率制约	金属管线、非金属管线
高密度电法	采用高密度布点、进行二维地电断面测量	地下介质间存在电阻率差异	截面尺寸较大的地下管渠
浅层地震法	采用专用的浅层地震探测仪，通过人工激震，分析接收到的弹性波	界面两侧应具备明显的弹性波速度和波阻抗差异	埋设较深且口径较大的金属或非金属管道
惯性定位法	不受电磁干扰、地质环境和施工深度等因素的影响，使用范围广，应用前景大	姿态测量器可以在管道内行走	两端均有出入口的管道，对于非开挖埋设的大埋深管道和电缆（含通信缆线），如两端有出入口或还预留有空的套管
高精度磁法	根据物体磁场原理，探测仪器轻便，探测速度快，运用高精度磁法探测技术，能测到地下 50 ～ 60m 的人工建造物	以地下管线与周围介质的铁磁性差异为主要物性前提	金属材质的管道，周边无其他的磁场干扰异常时效果最佳
声学测位法	探测距离受到声音在管道介质上传播的限制	利用声波在介质中传播特性来探测和定位目标	有出露点的管道
井中探测法	探测精度与管线埋深没有直接关系，只与钻孔与管线的水平距离有关	通过在管线附近钻孔的方式，并在孔中进行探查	超深金属管道
全方位电法	①避免了传统的管道探测容易受到电磁波干扰，管道上下和左右重叠等干扰的影响；②有先进的外业工作和内业数据整理系统，探测的精度有效提升	在场地中钻孔，利用钻孔开展电阻率的测量工作，探测范围以钻孔为中心，半径达到 60m 的多角度方向，开展多方式和多角度的施测	各类管线，但探查所需的时间较长，仅适用于疑难管线的探查

（2）近间距并行管线探测

近间距并行管线是指管线埋深、走向基本一致，管线间距小于 2 倍埋深的管线。近间距并行管线构成形式多样且管线间距较小，电磁场相互感应和叠加产生的干扰强烈，加之城市交通环境、空间电磁以及工业电流和离散电流等诸多因素的影响，城市管线探测工作的难度逐渐增大，给管线的测深及平面定位造成了一定的误差甚至错误。在近间距并行管线探测工作中，主要采用的技术有电磁感应法、地质雷达法以及磁梯度法。

①电磁感应法是近间距并行管线探测的主要方法，通过不同的频率测试及压线方式可以选择恰当的方法及参数进行试验，进而得到理想的探测结果。

②地质雷达法是一种无损检测方法，对埋深较浅的管线探测效果较好，但是容易受环境的干扰，对于某些情况特殊的埋深管线无法得到理想效果。

③井中探测方法是一种验证探测管道深度可靠性的方法，但由于该方法成本较高，可能会对目标管线产生破坏，该方法通常作为管线探测的一种辅助方法和一种验证手段。

（3）非金属管线探测

非金属管线具有抗污染性强、不易结垢、造价低、安装方便、不易腐蚀、易于埋设和维修等优点，管线材质不断由金属材质逐步向非金属材质过渡，常见的非金属管线有信息管道、电信管道以及混凝土排水管道等。由于非金属材质的管线不导电、不导磁，且部分管道与围岩介质差异不大，不具备管线探测的物性前提，所以非金属管线探测已成为管线探测的一大难题。在非金属管线探测工作中，主要采用的技术有地质雷达法、瞬态瑞雷面波法、高精度磁测法以及电磁感应法。

①地质雷达法在探测非金属管线时具有较好的效果，但是受环境的干扰较大，只能对管线进行剖面探测，不能对管线进行追踪。

②瞬态瑞雷面波法利用瑞雷面波的频散特性，无论是平面位置定位，还是埋深测量，都具有比较好的应用效果，但是该方法受地层条件的影响较大，只有当地层分层一致、均匀时才能取得较好的效果。

③高精度磁测法能直观地确定磁异常的位置，对管线的定位有着较好的效果，但是该方法受环境干扰较大，需要进行背景磁场校正好才能进行反演。

④电磁感应法为非金属管线探测开辟了新的途径，通过非金属管道内穿入金属示踪导线，采用充电法或夹钳法均能达到探测目的，但是该探测方法相比金属管线探测较为繁琐。

（4）深埋管线探测

深埋管线又称超深管线或特深管线，是指由非开挖敷设管道技术的采用，使得管线埋深普遍大于开挖埋管的深度（其管顶埋深一般大于 3m）的管线。由于非开挖技术的种种优势，所以该技术已经在各类管线的敷设过程中广泛应用，由此产生了各种类型的深埋管线，在这类管线的探测过程中，除了受传统管线探测仪探测深度的制约外，还受到地下地质条件的影响。在深埋管线探测工作中，主要采用的技术有电磁感应法、地震映像法、瞬态瑞雷面波法、高密度电法以及井中探测法。

①对于深埋管线，采用电磁感应法有其独特的优势，采用导线穿越管线并且选择合适的电磁感应方法，一定程度上能够提高探测精度及效果。

②地震映像法在地下管线探测中是一种比较常见的探测技术，在利用该方法探测埋设较深且口径较大的金属或非金属管道时，探测效果较明显。

③瞬态瑞雷面波法是利用瑞雷面波的频散特性，无论是平面位置定位，还是埋深测量，都具有比较好的应用效果，但是该方法受地层条件的影响较大，只有当地层分层一致、均匀时才能取得较好的效果。

④高密度电法能够较为准确地测出地下非开挖管线的平面位置及埋深。但是对于中心城区管线而言，高密度电法测线布置受到很大限制，尤其是对埋深较大的非开挖管道，测线长度需更长，往往因为现场作业条件的限制而得不出理想的结果，同时对于中心城区，电极与地面尤其是道路的耦合效果是影响测试效果的重要因素。

⑤井中探测度法能够准确地测出非开挖金属管线的位置及埋深，是一种较为有效的方法。但是该方法探测精度受成孔质量影响，用该方法探测深埋管线时首先需其他方法配合确定管线的平面位置，避免过多的钻孔以及钻孔时破坏到管道。

2）存在的问题

近年来，尽管地下管线普查探测技术发展迅速，并且在实践中积累了丰富的工作经验，但由于地下管线的复杂性及仪器设备精度局限性，地下管线探测主要存在以下几个方面的问题。

（1）地下管线探测精度仍然不够

目前管线采集最重要的手段是金属管线探测仪探测、金属管线仪的品牌也越来越多，但其探查仍存在以下问题：

一是大埋深的管线探查，精度有待提高。埋深大于3m时，金属管线仪对深度的探查精度难以满足规程的要求；大于5m时，探查难度很大，较难探测到有效信号，探查到的信号精度也会出现较大的随机性，有时会出现非常大的偏差。

二是对于常规的普查管线探查，仪器在深度探查方面存在一致性、复现性难以保证的问题。一方面金属管线探测仪直接提供出的管线深度是直读法的结果，直读法应用的深度有限，在不足1m（甚至更浅）的深度范围才可保证准确性，且是在旁侧干扰较小的情况下。另一方面，大部分管线探测仪提供较准确的深度是需要采用比值法，由于增益数值的不同，读数取整、观测曲线不对称、人员操作习惯等原因，也易导致探查深度出现较大偏差。

三是在探测小间距并行管线、交叉管线、上下重叠管线时，由于管线相互间会产生干扰，且各管线中产生的感应电流的方向不同，其产生干扰的方式也不同。在实际工作中，需要特别注意管线中电流的方向。只有能针对不同电流方向产生的不同干扰，采用不同的激发方式与修正方法，才能满足探测精度的要求。

四是超深管线地面探查效果不佳。尽管超深管线的地面探查方法较多，但存在探查效果不佳或深度定量精度不高的问题，有待进一步地研究与开发。

（2）非金属管道的探测仍未完全解决

在地下管道中，非金属管线占据较重要的分量。但自对管线开展探查工作以来，地下非金属管道的探查就一直是非常重要的难题，至今未能很有效的解决。未来应解决如下问题：

一是示踪问题。在非金属管道建设时，应同时敷设示踪的电线，可有效地将非金属探查变为金属线的探查，大大提升探查的精度；亦可采用在关键点位埋设示踪片、示踪器等方式，采用专用仪器进行定位。

二是提升地质雷达的探测能力。地质雷达是非金属管线探查的主要手段，但也存在如下难题：探查工作对于雷达操作者的技术水平要求较高，应提升雷达探查者的专业技术素养；雷达对于探查的深度较为有限，特别是地下水位较浅的、地层中富水的地区，雷达探查能力较为有限；各种型号的雷达，均存在一定数量的管段，无法进行有效探查的现象，是制约雷达探测技术发展的重要瓶颈，需要进行研究、总结。

三是现有技术方法探查非金属管道具体较大局限性。高密度电法、全方位电法、浅层地震方法等技术，均是针对较大埋深、较大尺寸的管道，应用较为局限。声测法可探查较小管径的管线，但存在传播距离较短、无法确定管线深度等问题，严重制约了其探查范围。

（3）亟待加强大埋深管道探测的安全保障

近年来，在大埋深管道的探查方面，陀螺定位技术、孔中勘探方法逐渐成熟，并得到了广泛应用，但探测时需加强安全保障。一是对于大埋深、非开挖的地下管线，目前主要采用陀螺定位技术进行定位。对于新建管线，应在管线竣工时采用陀螺定位技术进行定位，保证定位精度。对于已投入使用管线，如确实需要准确定位，也应该采用陀螺定位技术进行定位，但应采用必要的安全措施，对于在用管线，需保证有效的停用措施，如给水、燃气管线阀门的关闭、电力管道停电等；特别是油气管道，在开挖开口时，还应采取相应的安全防护措施，避免出现安全事故。二是孔中勘探方法日益成熟，但在钻孔时，应注意对管道的安全距离，避免损伤管线。

（4）亟待推进施工前精细化探测

加强施工前详查，实现探测精细化，确保管线安全。管线安全最大的威胁是第三方施工的破坏，因此在场地施工前进行管线详查是行业应重点推进的一项工作。同时应提升管线详查的技术水平与成果质量，实现探测工作的精细化、准确化，提供准确可靠的现状数据，为设计、施工（含开挖、钻探、顶管等）提供准确的基础数据，从而保障管线的安全。

7.1.3 提升建议

现有的各种地下管线探测方法存在种种局限性，并且在原有基本原理上进行改进的潜力有限，因此工程上急需发展新的管线探测手段以满足实际测量的需求。

1）提升管线探测方法的准确性

对于金属管线探测，亟待提升金属管线仪探测法的准确性与复现性，加快新型智能化的管线探测仪的研制。研发能直接观测探查剖面并能即时采用反演模式的新型管线探测仪，是行业的发展方向。针对近间距并行管线、非金属管线、深埋管线等探测难题，亟需研发具体针对性的探测设备，不断提升探测精度。

2）研发抗干扰能力强的通用性管线探查设备

尝试通过管线探测的基本原理创新，研究基于管道的三维信息本身，而不受其他因素诸如管道材质、地质条件等因素影响的探查技术方法。研发具有较强的抗干扰能力的设备，在各种复杂的电磁、铁磁和地质环境下均能顺利进行探测，并取得满足工程需要的测量精度。研发通用性强的设备，可应用于各种常见口径、材质和埋深管道的探测，适用于各种地理条件。

3）提高探查设备的自动化和可视化水平

应用大数据、人工智能等先进技术方法，不断提高探测设备自动化程度，最大程度地降低人工作业强度和主观判断在测量过程中的比重，以提高工作效率和测量数据客观程度，并使得探测工作能够在某些人力无法企及的环境下（如水底）顺利进行。

研究管线探查设备与三维 GIS、BIM 等技术结合方法，实现探测结果的数据可视化，将地下管道三维数据通过实体造型技术在计算机中实时立体显示，从而有利于工程人员更加全面、直观地掌控信息。

7.2 信息系统建设

7.2.1 关键技术

为了更好地管理、应用地下管线普查数据，我国各城市相继建立了地下管线信息系统，应用 GIS 软件实现地下管线空间信息和属性信息的一体化存储与管理。随着计算机软硬件、地理信息系统、虚拟现实等技术的快速发展，地下管线信息系统正朝着面向数据库更新的内外业一体化、地下管线数据时态组织与管理、B/S 与 C/S 架构相结合、地下管线信息的数据挖掘、地上与地下一体化三维表达与展示等方向发展。

1）B/S 与 C/S 相结合的多层分布式技术

B/S 与 C/S 两种架构分别具有各自的优缺点，为了充分发挥 B/S、C/S 两种架构的优点，许多城市积极探索将两种架构结合方法，通过多层分布技术的应用实现优势互补，最大化地发挥各自优点。对于专业性较强的地下管线信息管理与应用工作，采取 C/S 架构开发，实现地下管线数据库的入库、更新、管理及高级分析与利用等功能；对于专业性较弱的工作，仅实现地下管线信息的浏览、查询、统计与简单分析等功能，可采取 B/S 架构开发。同时，在数据库设计过程中，将地下管线生产数据库与成果发布数据库在物理上分开存储设计，这样虽然在空间存储上造成了一点浪费，但可以为系统使用提供更好的安全保障。如当地下管线生产数据库在出现故障问题不能正常启动的情况下，成果发布数据库可正常使用，反之亦然。

2）面向数据库更新的内、外业一体化技术

城市地下管线信息系统建成后，需要进行数据库的动态更新，以保证数据的现势性、真实性和可靠性。为此，需要建立高效、合理的内、外业一体化技术体系，改变地下管线探测的传统作业模式。整体技术思路是：在统一技术标准的基础上，统一作业生产软件（含图形绘制、属性编辑、数据检查等）和数据入库的操作平台，并建立合理的作业流程，减少数据生产的重复操作环节，通过整合地图制图、GIS 等技术，实现在数据生产环节中图形和属性关联，从而保证图形和属性的一致性，实现快速入库的目的。其具体流程如图 7-9 所示。

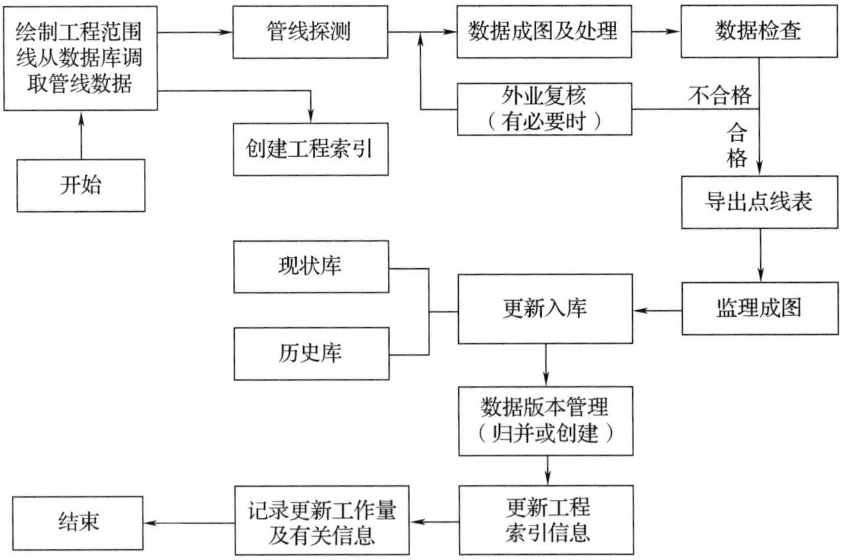

图 7-9 地下管线数据库动态更新技术流程

3）地下管线数据时态组织与管理技术

地下管线信息作为地理信息的重要组成部分，具有非常明显的时空特征。为更好地组织和管理不同时期、不同时刻的地下管线数据，在已有空间数据模型的基础上增加时间特征，从而实现对地下管线数据的时空管理。

在地下管线数据结构中，针对管点或管线属性表分别设置入库时间和更新时间。作为每个实体要素的时间戳标记。其中入库时间表示地下管线数据进入数据库的时间。一般作为地下管线数据的现势性说明字段；更新时间则是管线数据发生变化时，当存在已有管线数据被更新至历史库时所赋予的时间戳标记，表示地下管线数据被更新的时间。导致管线数据库中实体要素发生变化的情况主要有三种：一是因地下管线废弃或拆除等引起的变化；二是同一条管线由不同作业单位、不同时期探测或因地面沉降等因素导致的变化；三是针对数据库中重复和重叠管线等情况进行编辑时所导致的变化。一般情况下，第一种情况引起的变化所生成的管线历史数据与实际情况是一致的，参考和利用价值最高；第二种情况是因外在因素所导致的变化；第三种情况是由于数据库建设或管理过程中编辑操作引起的变化。

此外，除了以时间点为单位管理管线数据之外，还可以以时间段或工程为单位管理，也即版本管理。对每一个管线实体要素的生命周期进行多时态存储和管理，并记录其历史变更情况。在技术上采取事务逻辑和时间戳组合的版本管理机制，同时将管线现状数据与历史数据进行逻辑分离组织和管理。从而既满足了地下管线信息时态管理的要求，又最大限度地减少了数据冗余，提高了数据访问和系统功能使用的效率。

4）地上与地下一体化三维表达与展示技术

由于地下管线具有隐蔽性与三维空间等特征。采用三维可视化、虚拟现实等技术，将其在三维场景中加以表达与展示，可以得到更好的应用效果。因此，需开展三维场景制作及有关系统功能开发等工作。三维场景制作主要包括地上三维模型、地面模型和地下管线三维模型等内容。其中，地上三维模型主要包括重点道路、道路两侧主要建筑物、重点区域模型等；地面模型一般采用数字高程模型（DEM）叠加数字正射影像（DOM）的方式表现；地下管线三维模型中管线附属设施三维模型一般通过专业的三维模型构建软件制作，而管线段三维模型则一般通过研发响应的模型自动构建工具进行制作，重点需要考虑管线附属设施三维模型与其连接的管线段三维模型之间的衔接处理、管线段外观形状与埋设方式的表达、点模型与线模型的按比例表达等关键问题。

数字高程模型与地上三维模型、地下管线三维模型之间的冲突也是一体化三维表达的难点。一般通过对数字高程模型进行加密修正，提高其精度；若管线数据精度不高导致冲突，则需要重新复测。此外，也采用目前比较成熟的三维地理信息平台，将制作好的三维场景数据导入，利用其提供的二次开发接口，针对地下管线成果进行开发，实现地上与地下三维一体化表达、展示与利用，从而提高地下管线信息的利用价值。

7.2.2 应用现状及存在的问题

1）信息系统应用现状

1994 年，我国开始进行地下管线信息化建设。地下管线信息系统的发展与计算机技术、GIS 软件发展水平息息相关。近年来，随着信息化技术的快速发展和城市信息化建设的推进，城市地下管线信息化建设取得较快发展。截至 2017 年底，全国地市级及以上城市基本上都进行了综合地下管线普查，形成了地下管线数据库，并建立了地下管线信息管理系统。国务院办公厅下发了《关于加强城市地下管线建设管理的指导意见》(国办发〔2014〕27 号)，要求各城市要在普查的基础上，建立地下管线综合管理信息系统，满足城市规划、建设、运行和应急等工作需要。各个城市结合自身需求，积极探索地下管线信息系统应用。

（1）系统架构不断优化

为了更好地满足城市地下管线数据应用需求，目前地下管线信息系统多采用面向服务的体系架构（SOA)，该架构将各部分以松耦合的方式进行结合，通过服务间良好的接口和契约联系起来。

系统架构主要包括四层，分别是基础设施层、数据资源层、业务逻辑服务层、功能表现层。

基础设施层主要包括服务器主机、存储、网络、安全设备、路由设备、其他外围设备以及服务器虚拟化软件平台、操作系统、GIS 平台和数据库系统等。

数据资源层主要包括综合管线数据库和基础空间数据库。综合管线数据库涵盖综合管线数据、元数据、用户信息数据等；基础空间数据库一般包括矢量地图数据、影像数据、地形图数据、三维城市模型数据等。

业务逻辑层是重点结合地下管线各专项业务需求，有针对性地建立各专项业务子系统。在充分考虑用户需求的基础上将管理与应用有机分离，利用行业内领先的 WebGIS 开发技术，搭建服务于管线管理部门、行政职能单位、管线权属单位的一整套业务服务系统，从而实现地下管线从检测、入库、管理到共享应用的全生命周期管理机制。

功能层用于完成地下管线系统的具体操作，一般分为通用功能和专项应用功能。地下管线信息系统通用功能包括二三维一体化展示、数据检查、数据处理、共享服务、综合应用等；专项应用功能通常包括管网规划辅助分析、管网建设管理业务、管网日常监督管理、管网事故应急管理、消防辅助分析等，可以为决策层提供更多系统服务。

（2）地下管线数据维护与管理功能基本建立

城市综合管线信息化管理平台以计算机网络为基础，遵照国家有关标准及规范对地下管线数据进行科学地存储与管理，实现数据采集、校验、建库、查询、检索、更新、统计、空间分析、空间辅助决策以及资源共享。面向管线管理部门提供管线数据的日常维护、查询及更新。面向政府各职能部门提供必要的管线数据服务与功能服务。实现地下管线信息系统与各区县及权属单位的数据交换。实现各个用户请求的权限体系管理与维护。

实现基于已有的资源信息进行数据采集、立卷整理、档案著录、批量挂接、查询利用、统计打印、档案编研、档案销毁、档案保管和库房管理等功能。

（3）积极开展地下管线信息沟通与查询服务

为了便于地下管线信息的应用，目前我国多个城市积极开展地下管线信息沟通与查询服务研究，建立地下管线信息沟通平台，实现不同层级系统的互联互通。面向权属单位、施工单位以及社会公众，为其提供地下管线和城建档案等信息的查询服务。如北京市建立了挖掘工程地下管线安全防护信息沟通系统；昆明市建立了地下管线工程查询平台，可实现管线规划工程、在建工程、批后核查工程等信息查询；淄博市建面向管线权属单位、施工单位及社会公众的查询服务需求，建立了地下管线信息沟通平台。

（4）探索将管线系统监测数据纳入信息系统

在地下管线二维、三维地图或场景展示服务的基础上，读取并解译敷设于地下管线中的各类传感器，也可以通过与各个权属单位 SCADA 系统对接，调用 SCADA 系统中的监测数据，实现对供水管网（水压、流量、水质）、供热管网（压力、温度）、排水管网（水质 PH 值等）和燃气管网的实时监测、故障诊断、数据回放等功能。

2）信息系统应用存在的问题

利用地理信息系统技术建立城市地下管线信息管理系统，成为解决城市地下管线管理的重要手段。但是在城市地下管线信息管理系统的建设过程中，依然存在一些问题。

（1）数据的标准化和规范化不完善

对于地下管线信息管理系统的建设现状而言，各个城市的发展也不一样，在我国，沿海城市和大型城市比较发达，经济实力雄厚，因此信息化水平以及城市管理现代化水平比较高，对于数字城市的要求也比较迫切，其城市管网信息管理系统的建设起步比较早，也相对比较成熟。各管线专业部门为了方便工作，开发和建立本专业管线信息管理系统，但系统的数据格式、数据标准、信息平台等各行其是，形成相互间的信息壁垒，由于建立管网管理信息系统的部门不一样，缺乏相应的标准体系和协调机制，也就造成了各种管网管理信息系统的侧重点不同，因此各种管网管理信息系统的数据库建设以及功能体系结构也不尽相同。由于上述原因也就造成相关的管网空间数据的不一致，元数据标准不一致，尤其是管网的空间属性数据结构和拓扑结构，空间矢量数据的数据格式也是五花八门，严重影响了管网空间信息数据的资源共享。

（2）数据的实时更新与维护难

目前，在国内管线系统的建设过程中，着重解决了管线的图形可视化、横纵断面显示、管线三维显示、管线信息查询统计、三维地形以及爆管分析等，然而数据的实时更新问题却未能得到及时有效的解决。这主要是由于缺乏有效的动态更新机制，管线现势性受到挑战。由于缺少有效的动态更新机制，一些已进行地下管线普查的城市，政策不配套，动态更新难，对于数据的实时更新与维护没有跟上，过几年又要重新普查，造成浪费。城市建设飞速发展，新建管线不断出现，管线普查后应及时建立和实施动态更新机制，确保系统数据的现势性，保证管线数据信息的应用效益。

（3）地下管线数据共享程度低

城市地下管线信息系统建设中，由于统一规划、统筹部署与协调不力，资金投入来源不同，综合地下管线系统的硬软件设备、数据格式、数据标准等与专业地下管线系统不一致，造成信息共享率低。另外我国很多部门属于条状管理，跨部门协调困难，导致信息共享也变得艰难，由于部门利益的存在，导致为了维护某部门的利益或是维护本部门权威，不愿意将信息进行共享。如此出现了多头开发，重复投资，信息重复采集，浪费严重的局面。

管线共享是大势所趋，目前存在共享程度低，主要有两方面原因。第一，共享不一定在线，在线涉及涉密问题，涉密信息共享了也没办法使用。第二，我国很多部门都是条状管理，跨部门协调是很难的，导致信息共享也变得艰难。

（4）地下管线数据应用层次浅

目前，地下管线数据应用多局限于信息服务，缺乏对地下管线数据的深层次挖掘，随着大数据、云计算等技术的快速发展，亟待进行地下管线信息系统深层次应用探索，逐步推动数据应用由浅入深的应用。可以以地下管线安全风险为突破口，利用普查数据可以分析出管线和建筑物的安全距离是否合适，管道本身之间的安全距离够不够，管道的搭接情况如何，更好地利用相关信息来做好事故前的分析与评估，降低事故发生的可能性。

7.2.3 提升建议

地下管线信息化建设不只是技术问题，需要相应的法规和机制支撑，同时各级政府要加强沟通协调，做好统筹规划，强化顶层设计，从规划、建设、养护、管理等多个方面实现地下管线的全生命周期管理。

1）统一标准规范

信息系统建设需要一个相对开放和具有扩展性的GIS系统，并建立具有国家或行业水平的科学、规范、统一的相关系统及数据库建设标准，为城市综合管线信息管理系统的建设提供标准保证。使得管网管理信息系统具有很好的扩展性及可持续性，实现基础地理信息和管网数据信息数据共享。

2）各部门形成联动机制，建立长效更新机制

市政管理部门在管网数据标准指导下，制定相应的管线数据设计规范、管线审批规范、管线数据测量规范等，从管线规划设计开始，到管线规划审批、管线施工、管线成果测量等贯穿整个管线建设过程，加强基础管线数据和竣工测量的把关，并与建设单位、测绘单位形成联动机制，确保测绘数据及时更新入库。使系统能够获得规范的数据源，从而保证测量成果能够正常入库，从源头上解决管线数据的更新与维护问题。同时有关部门在地下管线普查结束后，应当把地下管线数据库更新维护费用列入每年财政预算，专款专用。

3）加强地下管线信息资源的共享

主管部门制定统一的数据标准、数据编码、交换格式和元数据标准，加强地下管线尤其是综合管线信息资源的共享程度。首先，从技术层面进行管线信息资源的整合；另外，加强部门之间的沟通协调，使分散存储在各管线权属单位，规划、建设、市政、城建档案馆、相关测绘部门等单位的地下管线资料能够得到共享，共同建立一个全市地下管线信息共享平台，最大程度地实现地下管线资源的共建共享，为社会提供更好的服务。

数据只有使用，才能发挥作用。在实施信息使用保密管理的基础上，应尽量扩大宣传，鼓励数据利用，方便管线权属单位使用城市地下管线数据库里的本部门数据，并向施工建设单位提供合理的管线信息服务；管线权属单位和道路建设单位加强数据更新速度并及时补充至城市地下管线数据库。这样管线普查、竣工测量、系统更新、用户使用才能实行动态管理，进入良性循环。

4）思想创新，用户优先

近年来，政府工作报告多次提到“互联网+”等创新理念，创新的前提就是思想创新。在互联网领域，目前我国的法律也不够健全，但互联网企业所有的立脚点都是用户，围绕用户来体现自身价值。在GIS与地下管线管理结合的这个领域，我们也应该站在用户角度考虑问题，解决他们的核心问题。具体而言，第一要建设资源管理系统，将资源动态管理起来；第二建立目录服务系统，对外发布，让社会用户知道具体有哪些内容；第三，建立数据交换标准，活用各种资源。各种系统应用在扩展深度和广度的基础上，站在用户角度解决第一手问题，推动地下管线管理信息化向一个新的、更深层次的应用水准发展。

7.3 数据安全技术

7.3.1 关键技术

随着数字化、信息化和网络化技术的飞速发展，各类数据的使用、访问、共享、复制、存储日益方便快捷，但数据安全问题也越来越突出。数据面临着单机环境下非法拷贝、窃取以及存储设备的破坏等，以及网络环境下的数据盗版、篡改、侵权、伪装等问题。

地下管线数据按照其数据范围、精度、类型等可以划分为绝密、机密、秘密、内部、公开等不同保密等级。地下管线数据保密一方面由于其涉及国家秘密，非法泄密或公开会严重影响国防安全和社会稳定；另一方面地下管线数据事关数据生产者、管理者的经济利益，用户通过非法途径获得的数据，无法使数据生产者、使用者和管理者获得合理的利益和回报，大大影响各方提供正常数据服务的积极性和秩序性。

随着大数据、云计算等信息技术的兴起，地下管线数据安全技术的重要性提高到前所未有的高度。地下管线数据的保密性、真实性、完整性、通信对象的可信赖性、个人隐私的保护、数据的版权等各类数据安全特性，更加受到关注和重视。针对地下管线数据安全问题，国家正在健全信息安全管理机制，加快形成完善的数据安全政策和法律体系，而管线数据的安全更需要技术上的支持和实现。先进的、可靠的安全技术，可以为管线数据的安全管理机制创造条件，能够促进管线数据的管理手段更加科学、有效。

目前，我国许多城市积极借鉴计算机科学、信息科学、地理信息安全等方面现有的安全技术，结合地下管线数据空间精度高、涉密数据多、数据分发管理复杂、数据组织结构多样、更新频繁等特点，积极开展地下管线数据安全技术的研究和应用。从技术实现方法和应用环境方面考虑，地下管线的安全技术可分为数据加密技术、数字水印技术、访问控制技术三类关键技术。

1）数据加密技术

加密是保障数据安全的一种方式，使用某种公开或者不公开的算法和密钥来隐蔽和保护需要保密的数据，将数据变成不可读的形式，防止数据在存储或传输过程中被泄露时造成数据内容的感知或获取，从而实现信息的保密性、完整性和可认证性。加密系统主要由明文、密文、加解密算法和密钥空间组成。一个加密系统的完整模型如图 7-10 所示。

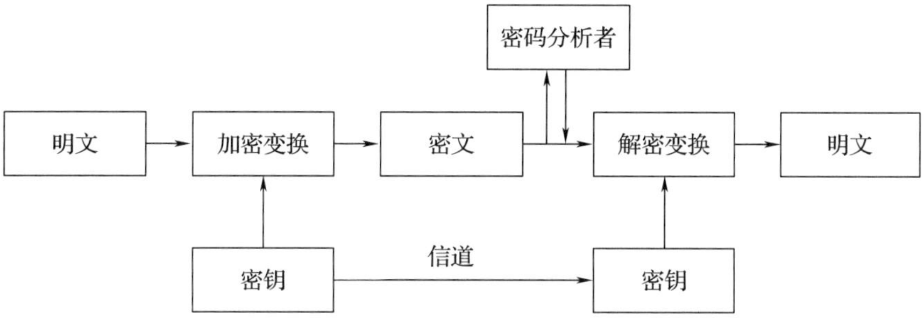

图 7-10　加密系统模型

在加密系统中，加密前的原始信息称为明文，是指用户能直接阅读并理解的原始信息；加密变换后的信息称为密文，是经过某种算法和密钥经过加密运算后，生成的不能直接被阅读、理解、认知的信息，只有持有正确密钥、掌握解密算法的授权人员才能解密密文，通过这种方式保护数据不被阅读和窃取。一般的，对明文进行加密时所采用的规则称为加密算法，该过程的逆过程称为解密，所采用的相应的规则称为解密算法；密钥是明文与密文相互转换时，加密或解密算法所需的数据，随机字符串是较为常见的密钥形式，而某一加密算法对应着所有可能使用的密钥集合称为密钥空间。

加密技术从使用的密钥角度可以分为两类，一类是对称加密算法也称单钥加密算法，加密和解密使用的是同一个密钥，任何有密钥的人都可以对加密后的密文解密；另一类是公钥加密算法，加密和解密用使用的密钥不相同。

公钥加密算法是基于数学函数的非对称加密算法，加密和解密所使用的密钥是不同的。这两个密钥在数学上有一定关系，但却完全不同。当用其中的一个密钥加密信息后，只能用对应的另一个密钥进行解密。为了区分这两个密钥，一般将可以公开的用于加密的密钥称为公钥，而不可公开的用于解密的密钥称为私钥。通常公钥用于加密和签名认证，而私钥用于解密与签名。公钥和私钥在数学上是相关的，但是知道公钥并不能推导出私钥，反之亦然。目前应用较广的公钥密码系统主要有 RSA 系统和 ECC 系统。

地下管线数据具有结构紧凑、矢量化、精度高、冗余度低等的特点，加密方法可以借鉴矢量地理数据的加密技术和算法。目前适用于地下管线数据的加密，有以下几种加密方法：

（1）基于密码学机制的加密技术

目前，地理信息系统大多使用成熟的密码学的方式保护数据，将通用的文件的加密算法应用到地图加密中，如 DES、三重 DES 算法等。此外，还可以在实际应用中采用混合加密，根据需求和环境结合使用，从而同时获得非对称加密体制的安全优点和对称加密机制的速度优势。

（2）基于混沌动力学机制的加密技术

在矢量数据的加解密方面，混沌系统也取得了很好的效果。混沌序列的加密方式，可以将矢量数据转成普通文本流与加密密钥进行二进制的异或实现加密，提高了加密算法的安全性。与传统加密算法相比，混沌加密算法具有密钥空间大、实现简单、加密速度快的优点，但是，混沌加密方法也存在不足之处，包括：（1）计算机数值精度的限制，一定程度上降低了安全性；（2）现有的混沌加密技术大多基于一维或二维混沌系统，容易受到相空间重构方法的攻击。

（3）感知加密技术

经典的加密算法是将明文信息作为二进制进行加密处理，加密处理后的密文具有不可感知性。但是，对于地下管线数据，这样的加密方式也意味着加密后的结果不包含任何意义。从应用环境上来讲，人们更希望对数据内容进行加密，而不是数据整体。因此，感知加密的出现较好地解决了这个问题。目前，针对矢量地理数据的感知加密技术已有一些研究和应用。例如，对矢量数据进行分块置乱、置乱点序列等，可以高效地实现对矢量地理数据内容的置乱加密。但是，置乱加密技术受置乱方法的限制，存在着密钥空间小、安全性相对较低的问题。非置乱的感知加密技术，例如对矢量地理数据特征的变换等，能够提供更大的密钥空间和更高的安全性。总体来讲，相比于经典的加密技术，感知加密技术由于算法效率更高，不改变数据结构，能适用于多种文件格式，因此对管线数据具有更好的应用前景和潜力。

2）数字水印技术

数字水印技术，就是将特定的信息（如版权信息、用户信息、序列号、日期、文字或图像标志等）嵌入到图像、音频、视频或软件等各种多媒体数据中，这些特定信息嵌入在数据中不影响原始数据的正常使用价值，也难以被人感知察觉，只有通过专门的信号检测器才能提取出特定的信息。该技术能够起到版权保护、使用追踪、完整性验证、内容保护等众多作用。

从数字水印技术的基本框架来看，数字水印的制作过程可以看作是将产权等信息作为附加的噪声融合在原始产品中。每个数字水印系统至少包含两个组成部分：水印嵌入单元、水印检测与提取单元。

根据载体作品中数字水印的可见性，可将数字水印分为两大类：可见水印和不可见水印。一个可见水印的例子就是电视画面上所特有的半透明标识，可见水印可以显著的标识版权、防止非法使用。不可见水印主要是隐蔽的在数据中嵌入不明显的水印，在视觉上是无法感知的。目前，可见水印的技术相对简单，例如通过图像的像素融合即可实现。数字水印主要的技术方向和热点是不可见水印。

不可见水印根据鲁棒性的不同还可以分为鲁棒的不可见水印和脆弱的不可见水印，如图 7-11 所示。鲁棒的不可见水印的目的是使水印在大部分攻击操作下仍然存在，是实现版权保护、来源追溯、用户跟踪的主要水印形式，也是目前水印技术的研究重点。脆弱不可见水印的特点是原始作品经任意程度的改变后，所嵌入的水印会被改变或破坏，以此来验证数据的完整性。脆弱不可见水印是用来证明数字作品的真实性，检测作品内容的改动部分。在嵌入脆弱水印的图像中，如果图像中的脆弱水印被发现有破坏，则证明该图像遭到了篡改。

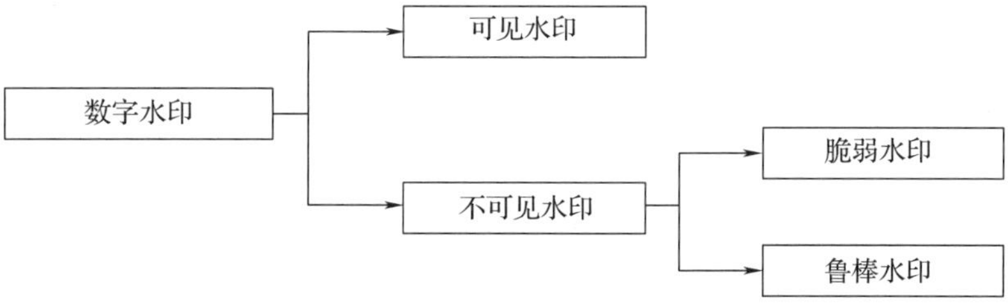

图 7-11　水印的可见性分类

根据地下管线数据的特点，数字水印应达到如下要求：

（1）高精度

水印嵌入后要保证地下管线数据的可用性和高精度性，水印的嵌入不能影响地下管线数据的使用精度和使用价值，其中空间定位精度、三维坐标精度等尤为重要。

（2）不可感知性

水印嵌入后不会引起地下管线数据在各种平台上的改变的察觉性或感知性，包括视觉失真和测量失真，即水印的存在不应该影响地下管线数据要素的视觉变形或影响数据的视觉效果。

（3）鲁棒性

水印要能针对地下管线数据经常会遇到的各种操作，如数据的增删、更新、节点的增减、旋转、平移、缩放、变形、格式转换等情况下，水印仍然能够正确的检测。因此要求嵌入数据的水印具有较强的抵抗攻击能力。

（4）安全性

未经授权的客户将无法推断出地下管线数据中水印的存在。对于已授权用户则必须能正确的提取水印，且密钥必须用于水印检测过程，以确保水印的安全性。

（5）容量

要求水印算法能够在数据中嵌入一定的水印信息量，能够保证水印信息的完整嵌入。若嵌入的信息量过少，则难以唯一地确认地下管线数据的版权所属。

（6）确定性

即不可抵赖性，要求水印检测后能够唯一确定的鉴别版权信息，避免与其他版权标识的混淆，即水印不能有歧义。

在地下管线数据中可以应用数字水印技术实现对数据的版权保护和追根溯源。版权保护是数字水印技术的核心功能，在地下管线数据分发时可以在数据中嵌入版权信息，例如：将“A 的数据”这一信息嵌入到 A 的地下管线数据中，生成的含水印的数据进行发布。在地下管线数据的使用中，如果发生版权纠纷时可通过对地下管线数据进行水印检测，根据提取出的水印信息进行版权验证，确定版权归属，保护生产者的权益，防止发生数据盗用或版权纠纷。另一方面，在地下管线数据的使用过程中，将数据的分发和用户信息作为水印信息同时嵌入到地下管线数据中。当发现违法管线数据时，可以通过提取数据中的用户信息，明确数据使用者，由此来确定违法责任，实现数据的可追溯管理。

3）访问控制技术

访问控制是可以对系统的访问进行控制、保护资源的机制。访问控制对需要访问系统及数据的用户进行识别，并检验其合法身份，根据一定的安全策略来进行限制系统中发生的操作，控制用户和其他系统和资源进行通信和交互，防止未授权用户对资源的使用和授权用户对资源的不合法使用，以达到保证信息的机密性、完整性、可审计性和可用性的目的。

（1）地下管线系统访问控制策略

访问控制策略基于最小特权、权能、认证、责任、利益冲突等多个层次设计，面向应用并可跨越多个计算平台。访问控制策略一般是动态变化的，与商业因素、政府规则、环境条件的变化密切相关。因此，系统必须按照动态变化的策略进行设计。目前可适用于地下管线数据的访问控制策略包括自主访问控制策略、强制访问控制策略和基于角色的访问控制策略。

一是自主访问控制策略。最早出现在 20 世纪 70 年代初期的分时系统中，自主访问控制（Discretionary Access Control，简称 DAC）是一种最普遍的访问控制安全策略，基本思想伴随着访问矩阵被提出。自主访问控制是目前计算机系统中实现最多的访问控制机制，其核心思想是：主体既是拥有者又是建立者，可以主动授权。DAC 的实现方法一般是建立系统访问控制矩阵，矩阵的行对应系统的主体，列对应系统的客体，元素表示主体对客体的访问权限。为了提高系统性能，在实际应用中常常是建立基于行（主体）或列（客体）的访问控制方法。访问控制表（Access Control List，简称 ACL）是实现自主访问控制的常用方法，访问控制系统通过检测 ACL 来决定访问是否被授权或拒绝，由于该访问控制机制的灵活性较强使信息安全性能有所降低。综合来看，自主访问控制存在一定程度上的不足：资源管理比较分散；用户间的关系不能在系统中体现出来，不易管理；最严重的是不能对系统中信息流进行保护，信息容易泄漏，无法抵御特洛伊木马（Trojan Horse）的攻击。

二是强制访问控制策略。由于自主访问控制不能抵御特洛伊木马的攻击，强制访问控制（Mandatory Access Control，简称 MAC）作为一种基于格（Lattice-based）的访问控制应运而生。强制访问控制通过比较主体与客体的安全属性来决定是否允许主体访问客体，安全属性是由系统自动或由安全管理员分配给每个实体的，它不能被任意更改。系统如果认为具有某一安全属性的主体不能访问具有一定安全属性的客体，那么任何人（包括该客体的主人）都无法使该主体访问该客体。即使存在特洛伊木马，强制访问控制也可以保证信息可以在安全属性的格中按一个方向流动，这就解决了自主访问控制的问题。但是，强制访问控制存在着应用领域窄的不足，在地下管线数据实施或应用时需要更多的考虑需求和环境。

三是基于角色的访问控制策略。角色访问控制（Role Based Access Control，简称 RBAC）于 1992 年美国国家标准技术局所举办的计算机安全研讨会中提出。角色是 RBAC 中最重要的概念，实际上是一组权限的集合，用户担当什么角色，它就具有那个角色的权限。RBAC 的基本思想是基于组织视图中不同的职能岗位划分角色，资源访问许可被封装在角色中，用户通过所属的角色间接地访问系统资源和对系统资源进行操作。

相比于自主访问控制和强制访问控制，基于角色的访问控制具有显著优点：首先，它实际上是一种与策略无关的访问控制技术；其次，基于角色的访问控制具有自动、批量管理的能力；此外，整个组织或单位的网络信息系统的安全策略在角色访问控制中更加容易实施。当然，基于角色的访问控制也存在一些不足：其技术尚且处于发展中，不十分成熟；比自主访问控制和强制访问控制实施起来更加复杂。

（2）地下管线数据访问控制技术实现

地下管线数据的访问控制技术实现，可借鉴相关的计算机和地理数据的访问控制技术，包括局域网内数据加密、基于文件过滤驱动的数据操作监控和防拷贝控制等技术。

一是局域网内数据加密。系统在后台会自动的强制加密局域网内的数据文件。操作人员在使用这些文件时，访问控制系统则自动将其解密，使用完后，数据文件重新被加密。在加解密的过程中，不需要输入密码，不会给操作人员带来额外的工作，兼顾了安全性和便捷性。在打开未加密地下管线数据时，系统对该数据进行自动加密，加密不会影响对该数据的正常使用；对于已加密的地下管线数据，用户在使用时，不需要解密或者输入密码，可以直接使用；同时，加密密钥具有独立性，确保不同单位加密的地下管线数据不能互相打开；并且加密信息与内部局域网信息关联，脱离了局域网环境，数据在其他地方无法打开；而授权管理员可以通过服务器管理控制台对自动加密的数据进行手工解密，保证对外交换文件可以在外部环境打开，也可以通过服务器管理控制台对未加密的文件进行手工加密。

二是基于文件过滤驱动的数据操作监控。相对于文件系统驱动，文件系统过滤驱动数据操作既可以位于文件系统驱动之上，也可以被插入到文件系统驱动和存储设备驱动之间。在访问控制系统中，I/O 管理器在发送操作请求到目标设备之前会检查是否有其他的设备附着于目标设备对象之上，若有则为该设备对象指定专门的文件过滤驱动程序。此后，I/O 管理器就会把要发送到目标设备的请求先发送到附加的过滤设备对象上，在该设备对象对应的过滤驱动程序中对原始请求加入附加的处理，从而实现对文件对象操作的截取、监控甚至替换。

三是防拷贝控制技术。根据应用环境的不同，防拷贝控制技术可分为针对数据使用单位的防拷贝控制和针对共享服务平台的防拷贝控制。其中，数据使用单位的防拷贝控制是在数据外发之前，事先由数据管理者对数据进行加密处理，数据使用者拿到处理后的数据，必须得到一个硬件形式或者软件形式的授权，才能正常使用数据，否则无法正常使用数据。通过这种将数据和授权绑定的方式加密数据，能够有效防止数据使用者对敏感数据进行无限制的拷贝。

针对共享服务平台的防拷贝控制，是在用户登录共享平台服务器请求数据的同时，对数据进行加密并将密文回传给用户单位。用户单位接收到的数据都是已经加密过后的数据，即在本地硬盘上的缓存文件也都是加密的，可以防止用户单位将数据随意拷贝。

7.3.2 应用现状及存在的问题

数据加密技术、数字水印技术和访问控制技术作为保护地下管线数据安全的有力技术，在城市地下管线的行业范畴和应用领域中起到越来越多的作用。

1）数据加密技术应用

安全通信是数据加密技术的主要用途。数据加密的目的是使在不安全信道中的通信以攻击者不能明白和理解通信内容的方式进行。这样通信者能够正确的获取需要传递的数据，而攻击者虽然能够窃听信道中的密文，但是无法知道其所对应的明文。地下管线数据的分发中，采用加密技术，能够将原始的明文地下管线数据变为密文数据，数据使用前再予以解密，从而保证数据在分发、传递、存储等过程中的安全性。但是存在的问题是数据一旦解密，数据就是明文，安全就得不到保证。

2）数字水印技术应用

在地下管线数据应用中，可以通过数字水印技术将数据的版权信息、用户信息等嵌入到数据中，实现对数据的版权保护和追根溯源。

为了保护管线数据的安全，我国部分城市探索采用数字水印技术对管线数据进行处理。水印管理系统包括Shp、Mdb、Fgdb、Tif等格式数据的不可见水印子系统、Bundle数据水印子系统、瓦片数据可见水印子系统、瓦片数据不可见水印子系统。水印系统在数据中嵌入版权、用户、时间等信息，能够有效地保护数据版权、区分不同用户、明确责任。水印管理系统一方面可实现静态的数据的水印信息的嵌入和管理，在数据对外提供时嵌入版权、用户等信息；另一方面可实现动态地图服务，即在动态地图发布服务前将水印嵌入到原始数据内，或者在数据将被下载前完成水印嵌入，使得数据在网络分发共享过后，依然在数据中包含版权、用户等水印信息，从而实现动态发布数据的版权保护和可追溯管理。

3）访问控制技术应用

安全控制作为访问控制技术的主要功能，能够对数据的使用者、使用环境、使用系统、使用时间等进行主动的控制。

地下管线数据安全控制系统实现一般包括Shp、Mdb、Fgdb、Tif等格式数据的安全控制。安全控制技术可通过接口函数的方式实现管线数据下载自动加密并规定数据的使用用途、环境、期限等安全信息（即通过管线平台从数据外发管理服务器下载到本地的数据已加密）。有效期限、授权平台可正常使用，但一旦数据过期或处于非法环境，数据则为密文状态无法正常使用，需要重新向管理中心申请数据的使用权，从而实现管线数据落地加密，有效地、主动地保护管线数据的安全可控，最大程度上保障了地下管线数据所有者的利益，促进了地下管线数据的共享和安全机制的建设。

7.3.3 提升建议

城市地下管线数据涉及政府部门、管线权属单位、建设工程施工单位、社会公众等多种类型的用户，地下管线数据保密也分为绝密、机密、秘密等不同等级，地下管线数据保密需要兼顾共享应用的实际需求，实施分类分级保密管理。因此，要充分考虑地下管线数据共享应用实际需求，结合数据安全各类技术特点，建立一套完整的地下管线数据安全技术体系，处理好地下管线数据保密与共享的关系。

1）健全管线数据安全防护体系

基于大数据时代的形势与特点，建立健全管线数据安全防护体系，加强数据防攻击、防泄露、防窃取等安全防护技术手段建设，强化数据安全监测、预警、控制和应急处置能力，构建管线大数据安全保障技术体系。

2）加强数据安全前沿技术应用

鼓励企业、机构研究开发同态加密、多方安全计算等前沿数据安全保护技术，同时推动数据脱敏、数据审计、数据备份等技术手段在大数据环境下的应用，提升大数据环境下管线数据安全保护水平。

7.4 信息共享技术

7.4.1 关键技术

地下管线空间信息共享与服务是指管线系统及管线数据库之间能够自由交换各种信息，并能相互调用功能程序，共同合作以实现用户的应用需求。实现跨平台、异构数据源和不同应用系统之间无损的数据共享，它应该具备简单、透明、开放、有效等特征。实现地下管线空间信息共享与服务的关键技术主要包括数据格式转化、分布式对象技术、网络服务（WebService）技术、云服务技术等。

1）数据格式转换

数据格式转换是最基本的空间信息共享方式，由专门的数据转换软件实现空间数据的转换。为规范化此类转换软件，许多组织机构和国家都制定了空间数据格式转换标准，如 ISO 和 OGC 推出的 GML 数据格式，美国的空间数据转换标准 SDTS，英国的 NTF，中国的 CNSDTF 等。这些数据格式标准为空间数据提供了一个公共数据模型和 ASCII 的文件格式。同时，很多商用开发的软件中专门提供了用于不同空间数据格式之间进行数据转换的功能，如加拿大的 FME、ESRI 的 ARC/INFO 的 SDTSIMPORT 和 SDTSIMPORT 模块等软件，这些软件为不同格式的空间数据提供了一种中间转换平台。其工作原理是：转换软件将不同 GIS 系统的数据转换为标准格式的数据文件，不同 GIS 系统之间依据同一标准读取该数据文件，然后再转换为其能够识别的内部数据格式。

数据格式转换是实现空间数据共享的最低层次，该方案一般是把整个数据集进行批量转换，只强调格式的转换，不考虑语义的翻译和空间数据的处理，因此，转换后不能完全表达源数据的信息，经常导致信息损失；此外，数据转换格式标准复杂、转换过程繁琐，数据更新困难，所以不是真正意义上的空间信息共享。

2）分布式对象技术

分布式对象技术是面向对象技术和计算机网络技术相互促进、相互协调而发展起来的。随着互联网技术的发展与推广，Internet 中不断出现新的数据资源和新的应用，网络环境变得越来越复杂多样，传统的技术无法满足异构的、开放的、分布式的Internet环境下资源共享的需求，需要新的技术和新的体系结构来实现异构网络环境下的互操作，而信息源之间的互操作能力是实现空间信息共享的根本解决办法。

分布式对象技术的核心内容是运行于不同的地址空间、不同主机上的对象能够相互通信。要实现互相通信就必须有一套独立于操作系统、硬件平台和编程语言的接口规范（模板）。目前，Microsoft的DCOM、OMG的CORBA（Common Object Management Group）以及Sun的JavaRMI/EJB是三大主要的分布式对象模型技术。

3）网络服务（Web Service）技术

Web Service是基于XML、开放的Web规范，此规范完全独立于操作系统、硬件环境和编程语言，是一套全新的采用统一的方法进行服务的描述、注册及查询的模式，使服务请求者和提供者之间能够保持松散的关系。基于Web Service技术而建立的可编程访问的Web组件被称为网络服务（Web Service），其核心是实现Internet上异构信息的服务共享和异构系统的集成。

Web Service通过把对象构件封装成单个实体并发布到网络上供其他程序使用，从而形成一个面向服务的功能集合，它是对象构件技术在Internet上的延伸，可以在HTTP协议上通过基于XML（可扩展标记语言）的消息传递机制进行访问。XML提供了一种与语言无关的方法进行数据的表示，目前，全球范围内大多数软件企业纷纷采用XML为网络环境下描述数据的标准技术，而Web Service技术正是建立在XML基础之上。因此，Web Service与其他空间信息共享技术相比，其最大的特点是“标准化”。除此之外，Web Service还具有松散耦合、粗粒度、以Internet为连接实体、支持远程过程调用等行为特征。网络服务技术的实现以XML、SOAP、WSDL和UDDI为技术支撑。

4）云服务技术

随着计算机多核技术的普及、网络服务和应用的广泛使用，云计算获得普遍的关注。云计算是继并行计算、分布式计算、网格计算之后一种新兴的计算模式，其原理是将互联网上异构的软硬件资源虚拟化为资源池，并在此基础上按照用户的需求动态地提供共享服务和网络资源等服务。

根据云服务平台的使用范围，可以分为公有云、私有云和混合云。公有云由云服务提供商通过因特网来提供云产品，用户通过付费的方式共享云服务。私有云由企业或组织等这样的开发者自行搭建的内部云平台产品，具有很强的专用性，其目的为了向本地用户提供其管理范围之内的私有、灵活的基础设施。混合云是两者兼而有之，多个团体或组织通过可靠的网络在公有云和私有云之间共享资源。

根据云服务平台的架构层次可以提供以下三种云服务形式：

（1）IaaS 基础设施即服务

IaaS 将服务器、路由网络、存储设备等 IT 硬件资源作为云服务通过网络对外提供。用户无需购买运维硬件设备，只需要将其基础设施的配置信息提供给 IaaS 层的服务提供商，然后通过租用的方式使用基础设施服务，其底层采用虚拟化技术构建虚拟的资源池，为用户提供动态、弹性的计算存储资源。其计费方式按照用户使用资源的数量和时间决定。

（2）PaaS 平台即服务

将应用程序平台作为云服务提供给用户以便进行各种应用扩展。它包括开发工具、管理中间件、应用程序配置工具等一整套 API，用户通过租用平台作为服务，根据自己的需要进行应用程序的开发，并可以通过互联网推广其应用程序。GAE、AWS 等多个云平台都提供此类服务。此外，PaaS 还具有高效的部署、调配及监控性能。

（3）SaaS 软件即服务

将云平台中的各种应用程序作为云服务。平台提供商根据使用者的需求提供集成的开发环境、服务器和硬件等资源，云端对各类应用程序进行统一管理、维护和更新，用户不仅仅省却了在本地计算机上安装软件并更新版本的繁琐工作，而且还可以随时随地获取和使用最新的应用服务。

7.4.2 应用现状及存在的问题

1）基于元数据的管线空间信息数据集成

采用基于元数据的管线空间数据集成方式，有利于形成“数据分散存储、服务逻辑统一”的系统服务环境，元数据是解决多源异构信息资源集成和共享的有效手段，并为提供空间信息资源门户设计了空间元数据的存储和集成框架。

根据管线空间信息数据模型，在管线空间信息共享基础设施平台中，管线空间数据表现为：栅格影像数据、矢量数据和统计数据。基于元数据的管线空间数据集成建立在这些基础数据库上，根据对用户的数据请求的解析，通过元数据管理，确定满足条件的元数据库数据项，进一步确定数据库的存储格式和网络地址并调用相应软件处理对应的数据。

基于元数据的管线信息数据集成由空间元数据管理系统和空间元数据服务系统组成，以 XML、J2EE 为技术支撑，采用基于元数据的设计思想（包括数据库构建及管理、网络发布、分布式检索等），具有分布式、跨平台、异构数据源兼容等特点，通过元数据模式管理、元数据建库、元数据录入编辑、数据缓冲管理和分布式检索支持等功能完成管线空间信息数据集成。

2）地下管线共享平台建设

地下管线共享平台是基于GIS技术建立的集地下管线基础资料输入、编辑、管理、分析、共享于一体的综合管理信息系统，能够实现对各种类型的地下管线信息资源的整合与共享，同时，为政府部门和各专业管线单位提供强有力的管线信息资源服务和应用支撑服务。

共享平台项目的设计主要包括四个方面：1）设计城市综合地下管线资源体系（数据标准、管理标准、安全标准），形成全市统一的地下管线基础数据标准、管理制度、共享数据规范和数据保密制度；2）设计综合管线数据库，为共享平台提供数据基础；3）设计数据共享、服务共享接口（平台），包括管理模块、服务器端收发模块、管线权属单位数据收发模块和加密处理模块；4）设计城市综合地下管线共享平台，包括共享利用平台管理模块、用户利用申请接口及相关服务接口、利用申请审核模块和数据展示模块。

整个共享平台基于GIS平台开发，包含五个子系统，分别是城市地下管线数据交换平台、综合管理子系统、查询利用子系统、共享服务平台、专题图应用子系统。前两个系统采用C/S架构，满足数据管理部门对管线数据的更新、维护、交换的需求，后三个系统采用B/S架构，为各政府管理部门和管线权属单位提供基于管线数据的查询利用和应用服务，方便与各有关单位自身的业务应用系统实现无缝集成。

共享平台可实现各种管线信息以及与之相配套电子地图、高分辨率影像等基础地理信息的综合管理，能够对多源、多种管线数据进行分类、标准化、更新入库、管理和分发，实现城市地下管线的信息检索、查询统计、空间分析、辅助设计与信息输出等方面的综合应用，达到规范化、科学化管理地下管线信息的目的。既为城市规划、建设、管理，以及突发事件的应急反应和救援预案制定提供了服务，也为各个地下管线权属单位的专业管理提供了支持。该系统的开发建设，有效地推动城市地下管线动态管理和信息化建设工作。

7.4.3 提升建议

1）丰富和规范管线地理空间信息共享交换内容与方式

针对当前管线信息共享领域所面临的问题，从制度建设、标准规范、平台建设等方面开展管线信息共享交换体系和策略研究，形成全面的顶层设计方案，通过分析和梳理各管线单位在管线信息应用领域的需求和系统建设情况，提出一套具有一定科学性和适用性的共享交换思路，以指导共享交换平台建设，从而丰富和规范管线地理空间信息共享交换的内容与方式。

2）基于共享系统平台的管线应用

应用大数据、云计算、物联网、GIS 等技术开发的管线共享系统平台适用于管线管理部门、建设单位、管线专业公司、设计单位，可以形成基于业务应用集成模式，建设综合地下管线信息系统。在功能上预留开发接口，逐步实现任意断面生成、网络分析、管线工程规划综合、管线工程辅助设计等复杂的具有空间决策支持和专家系统雏形的分析和设计功能，不断拓展管线应用的分析。共享系统平台还要向深度的、具体的业务管理方面发展，并进一步和国内外先进实用的综合管线系统相结合。

7.5 大数据技术

7.5.1 技术概述

云计算、物联网、社交网络等新兴服务促使人类社会的数据种类和规模正以前所未有的速度增长，大数据时代已经到来。就学术界而言，《 Nature 》早在 2008 年就推出了 BigData 专刊，《 Science 》在 2011 年 2 月推出专刊“ DealingwithData”，主要围绕科学研究中大数据的问题展开讨论，说明大数据对于科学研究的重要性。国务院也于 2015 年印发了《促进大数据发展行动纲要》，系统部署大数据发展工作。《纲要》指出“大数据是以容量大、类型多、存取速度快、价值密度低为主要特征的数据集合，正快速发展为对数量巨大、来源分散、格式多样的数据进行采集、存储和关联分析，从中发现新知识、创造新价值、提升新能力的新一代信息技术和服务业态”。

大数据从字面来看，表示数据规模的庞大，但是仅仅数量上的庞大显然无法看出大数据这一概念和以往的“海量数据”“超大规模数据”等概念间有何区别。国外学者从技术上对大数据给出了描述：大数据是一种极为巨大复杂的数据形式，传统的数据处理应用或管理方法无法应用在大数据上。对于大数据尚未有一个公认的定义，不同的定义基本是从大数据的特征出发，通过这些特征和归纳试图给出其定义。在这些定义中，比较有代表性的是 3V 定义，即认为大数据需要满足三个特点：规模性（ volume)、多样性（ variety）和高速性（ velocity)。除此之外，国际数据公司（ International Data Corporation，IDC）认为大数据还应当具有价值型（ value)。受益于计算机处理能力的日益强大，大数据挖掘与分析能力也得到了显著提高，我们可以从大数据中获取的价值也就越多。而由于大数据体量巨大且类型繁多，造成数据价值密度低，如何通过强大的数据分析方法更迅速地完成数据的价值提取，也成为目前大数据背景下各行业亟待解决的难题。

地下管线信息化建设工作经过了几十年发展，管线资料成果内容已经不仅仅只包含传统的管线普查数据，还包括管线规划、建设、运维、报废等全生命过程中的各项管理资料与实时状态资料，数据体量已经由早期的MB、GB级别增长到TB、PB级，囊括了管线关联的地上、地表、地下各项要素空间位置、静态属性和实时状态等信息。成果表现形式也不局限于传统的纸质或电子图纸，还包括文字、图像、视频影音流等多媒体形式。随着智慧管网建设的持续深入，通过多源传感器、物联网设施获取的管网实时运行信息更加快速，致使管线数据规模增长更加迅速。同时，通过汇聚的多源、海量、实时管线数据成果挖掘有用信息，为管线自动化管理、精准维护、快速应急提供更加智能、便捷的解决方案的需求更加迫切。可以说，管线的大数据时代已经来临。

大数据带来的不仅是机遇，同时也是挑战。传统的数据处理手段已经无法满足大数据的海量实时需求，需要采用新一代的信息技术来应对大数据的爆发。我们把大数据技术归纳为五大类，见表7-2。

表7-2　大数据技术分类

大数据技术分类	大数据技术与工具
基础架构支持	云计算平台
	云存储
	虚拟化技术
	网络技术
	资源监控技术
数据采集	数据总线
	ETL 工具
数据存储	分布式文件系统
	关系型数据库
	NoSQL 技术
	关系型数据库与非关系型数据库融合
	内存数据库
数据计算	数据查询、统计与分析
	数据预测与挖掘
	图谱处理
	BI 商业智能
展现与交互	图形与报表
	可视化工具
	增强现实技术

1）地下管线信息云平台技术

由于地下管线信息系统涉及政府部门、管线单位、工程建设单位、社会公众等多种类型的用户，为了更好地提供地下管线信息服务，我们积极探索将地下管线信息系统云平台建设。地下管线信息云平台技术通常利用现有时空云平台中的云环境、数据引擎、物联网引擎、业务流引擎、知识化引擎等成果，整合地下管线空间数据、属性数据、运行状态与实时监测数据等，面向管线规划、建设、运维、档案管理等实际需求，采用企业服务总线（ESB)、SOA 架构、服务式 GIS、信息化映射等技术，实现管线空间图形与属性、业务运行、健康状态等各类信息的共享，解决城市地下管线在不同单位之间的共享交换问题。一是提供统一的基础设施服务，地下管线信息云平台通过云计算和 GIS 技术的融合，为各类系统用户提供网络资源、计算资源、存储资源、内存资源等服务，可根据用户业务应用实际使用需求，动态调整 GISServer 站点内的计算和存储节点的个数；二是提供数据服务引擎，将业务流程中的工作，按照逻辑和规则以恰当的模型进行表示并对其实施计算，实现业务的自动化处理；知识化引擎，通过提供不同层次能力的大数据分析工具，帮助用户完成数据的深度挖掘，实现决策支持；服务引擎，以灵活的方式实现服务彼此通信和转换的连接中枢，并与开发环境、编程语言、编程模型等无关，一般包括服务地址编目规则、服务地址转换与编目、服务通信、服务围栏等功能。地下管线信息云平台一般可提供入口门户、基本服务功能、按需服务能力、运维管理能力、数据同步服务能力等。

2）地下管线数据挖掘技术

我们把与数据查询、统计、分析、预测、挖掘、图谱处理、BI 商业智能等各项相关的技术统称为数据计算技术。数据计算技术涵盖数据处理的方方面面，也是大数据技术的核心。

随着城市地下管线普查工作的持续推进，我国城市逐渐积累了全面、丰富的地下管线现状信息，同时地上基础地理信息、城市运行数据、人文经济统计资料、管线日常运行实时监测数据等与城市地下管线密切相关的各类数据不断积累，为地下管线数据挖掘提供了数据基础。我国学者针对地下管线规划、建设及运行的实际需求，开展了地下管线数据挖掘探索。一是管线运行状态评价，通过对规划、设计、建设、运营、管理等全过程，进行有效的感知、监控和管理，提供环境、秩序、服务、管理的信息，在查明已有管线现状和及时获取新建管线相关信息的基础上，建立管线基础信息数据库，集成规划设计的地质环境、建（构）筑物、气象条件、技术标准、法律法规信息，集成管线及环境的实时监测、监视信息，通过建立相应模型和相关数据融合分析，得到能客观反映管线运行状态的结果数据。二是管网承载力，是指在一定时期，市政管网系统结构完善与功能正常发挥的前提下，输送生活用水、能源、信息和排除雨水、污水的水平对城市居民生活及经济社会发展的承载能力。通过对各类市政管网承载能力计算，以专家打分法统筹区域类综合管网承载能力计算与分析，客观反映管网的资源获取、输送能力和安全可靠程度，评估城市管网现有的开发利用强度和进一步满足经济社会发展需求、提供基础服务的潜力，科学辅助管网规划决策。

3）地下管线数据展示与交互技术

数据展现与交互在大数据技术中也至关重要，因为数据最终需要为人们所使用，为生产、运营、规划提供决策支持。选择恰当的、生动直观的展示方式能够帮助我们更好地理解数据及其内涵和关联关系，也能够更有效地解释和运用数据，发挥其价值。在展现方式上，除了传统的报表、图形之外，也可以结合现代化的可视化工具及人机交互手段，甚至是基于最新的如Google眼镜等增强现实手段，来实现数据与现实的无缝接口。

7.5.2 应用现状及存在的问题

1）辅助地下管线综合规划编制

地下综合管网规划作为城市综合规划的重要组成部分，由于长期缺乏基础数据支撑，致使各大城市老城区地下管线布设混乱，区域管线敷设密度相差极大且和人口密度无法吻合，不仅导致城市生活资源无法有效运输，更由于混乱敷设造成了地下空间资源的浪费和隐患风险的产生。通过地下管线普查数据与地上建筑物分布信息、人口密度信息、管网权属单位统计资料等结合，分析区域地下管网承载力与风险等级，为综合管网规划的编制提供依据。以管线缓冲区分析为例，结合管线本体数据与环境数据能够分析出高危压力管线周边多少范围内禁止进行施工活动等知识，对城市规划编制、工程施工等进行指导。

2）辅助地下管线更新维修决策

在管线普查时，各类管线的种类、管材、管径、埋设年代等信息都已查明，而由于缺少管线周围环境数据以及科学的腐蚀程度计算方法，仅凭管网维修人员经验无法准确判断地下管线更新维修周期，造成大量的人员和物资的浪费。通过管线大数据，综合考虑管线基本信息、周围环境数据和全生命周期管理资料，根据不同管材的管线建立相应的腐蚀速率计算模型，预测各管段的更新维修周期，为制订管线科学管理提供参考依据。

3）提升城市地下管线防灾能力

地下管线承担着气、水、电、信息等能源或生活资源的日常输送，为保障资源输送安全，及时发现管道损毁事故，各管线权属单位大多在管网主节点安装有状态监测设备，用以保障地下管线运维与安全。地下管线普查获取了城市地下综合管网详细的空间位置信息，依托地下管网综合管理系统，将权属单位安全监测设备、城市管理部门的视频监控设备以及公安部门的房屋住户信息与地下管线普查数据整合，实现基于“地理位置+”的地下管网空间位置和各类相关附属信息的集成，利用大数据挖掘模型实现动态发现地下管网泄漏、破损的同时自动分析计算管网泄漏影响范围、最佳救援和疏散路径，并自动化通知应急、卫生、公安等部门启动应急预案，辅助公众开展自救逃生，减少人民生命财产损失，提升城市地下灾害防治水平。

开展洪涝灾害推演，即在地下管线数据、基础地理信息数据以及降雨等专题数据基础上，采用暴雨洪水管理模型，实现城市雨量估算、排水模拟与城市各区域可能发生内涝的等级情况的功能，同时根据排水管线流量（压力）监测数据（图 7-12），为城市排水能力评估提供技术支撑，辅助城市洪涝灾害应急决策，提高城市防洪减灾管理水平。

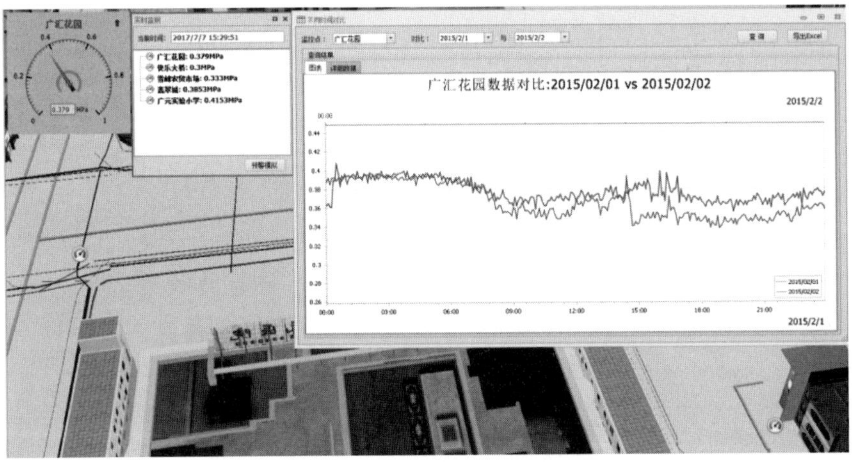

图 7-12　管线流量（压力）监测

辅助燃气泄漏事故处置。通过研究的大气扩散机理，深度分析燃气管网实时流量、风速、风向、气候、气压、泄漏源等因子对气体扩散的影响，采用高斯烟雨扩散模型模拟研究不同条件下有毒有害物质扩散规律，结合灾情态势影响和最优路径分析，实现灾情事故的影响范围和将会影响到的企业周边环境、设施、建筑等红线圈定以及影响范围划定，并为受灾地区提供应急救援的解决方案，如图 7-13 所示。当火灾发生时，基于给水管网传感器数据集成与分析，可实时掌握火灾现场中心 1 公里半径范围内给水管道压力监测值，筛选并定位满足消防救援需求的就近消防取水点，有效提高救援效率。

7.5.3　推广应用建议

1）推动地下管线信息化向智慧化发展

目前，地下管线行业对于管网数据的利用程度较低，仅限于简单的管理和分析，只利用了管线成果的表层信息，未对数据信息进行更深层次的挖掘。管线大数据不仅是获取数据和处理数据，更重要的是要让数据“说话”，让数据实时“告知”在何处有何种管线、何时敷设、属于谁管理、有无泄漏、附近有何建筑物等等。面对日益庞大的地下管网系统，推动管线大数据建设，借助物联网、大数据、云计算，实现数据的深层次利用，为管网科学管理和安全运行提供保障。

图 7-13 燃气泄漏模拟

2）支撑地下管线管理科学决策

传统管网管理决策大多以管网管理人员经验和管网历史资料为主，以管网信息化成果为辅，决策科学性无法得到保障。近年来，随着城市快速发展，地下管线管理水平不高的问题凸显，造成的安全事故严重影响了人民群众生命财产安全和城市运行秩序。管线大数据具有收集、处理、整合海量信息的能力，通过有效的大数据分析与挖掘方法，面向应用层提供及时、准确的信息，可以为决策提供更加丰富的信息支持，有效提高管网管理决策的科学性和准确性。

3）保障地下管线安全运行

消除事故隐患，保障地下管线安全运行一直是地下管线建设管理至关重要的一环，而当前地下管线安全监督与监理工作仅停留于制度层面，并没有科学有效的安全检测与潜在危险源排除的方法。管线大数据利用管线建造、施工、操作、运行、失效、检测等各类数据，作为潜在影响因素，对管线状态和管线危险源进行分析，给出潜在影响因素的重要度排序，对管线潜在威胁和管线状态进行预测。全面的利用管线大数据，能够帮助管线管理部门分析管线安全运行情况，为管线危险预警提供数据支持，切实保障地下管线安全运行，消除安全隐患。

7.6 BIM 技术

7.6.1 技术概述

建筑信息模型（Building Information Modeling，以下简称“BIM”）是近年来迅

速发展成型的一项革命性技术，它基于计算机辅助设计技术，将传统的二维设计建造方式变革为三维数字化设计建造，并通过参数模型整合各种项目的相关信息，实现建筑工程全生命周期过程中信息的共享和传递，具有可视化、虚拟化、协同管理、成本和进度控制等优势，可在提高生产效率、节约成本和缩短工期方面发挥重要作用。BIM 研究的目的是从根本上解决项目规划、设计、施工、维护管理各阶段及应用系统之间的信息断层，实现全过程的工程信息管理乃至建筑生命期管理（Building Lifecycle Management，BLM）。国际协同工作联盟（IAI）推出的 IFC（Industry Foundation Classes）为 BIM 的实现提供了建筑产品数据表达与交换的标准，标志着 BIM 概念的成熟。BIM 已成为当前建设领域信息技术的研究和应用热点。

BIM 技术是一种多维（三维空间、四维时间、五维成本、N 维更多应用）模型信息集成技术，可以使建设项目的所有参与方（包括政府主管部门、业主、设计、施工、监理、造价、运营管理、项目用户等）在项目从概念产生到完全拆除的整个生命周期内都能够在模型中操作信息和在信息中操作模型，从而从根本上改变从业人员依靠符号文字形式图纸进行项目建设和运营管理的工作方式，实现在建设项目全生命周期内提高工作效率和质量以及减少错误和风险的目标。

BIM 的含义总结为以下三点：

（1）BIM 是以三维数字技术为基础，集成了建筑工程项目各种相关信息的工程数据模型，是对工程项目设施实体与功能特性的数字化表达。

（2）BIM 是一个完善的信息模型，能够连接建筑项目生命期不同阶段的数据、过程和资源，是对工程对象的完整描述，提供可自动计算、查询、组合拆分的实时工程数据，可被建设项目各参与方普遍使用。

（3）BIM 具有单一工程数据源，可解决分布式、异构工程数据之间的一致性和全局共享问题，支持建设项目生命期中动态的工程信息创建、管理和共享，是项目实时的共享数据平台。

1）地下管线及管廊建模数据规则

（1）地下管线

通过对既有地下管线探查成果数据的分析，制定相应的数据规则，主要包括信息分类与编码、地下管线属性规则、模型创建等部分。

信息分类与编码采用层次码结构，由 4 层、10 位阿拉伯数字组成，代码结构如图 7-14 所示。

注：第一层为“地下管线信息模型主代码”，用于地下管线信息的代码均为“02”；

第二层为“地下管线模型分类代码”；

第三层为“模型对象代码”，表示某一地下管线的具体类型；

第四层为“地下管线构件编号或补位代码”，表示某一类型地下管线的构件编号，如地下管线无独立构件，则该层为补位代码。

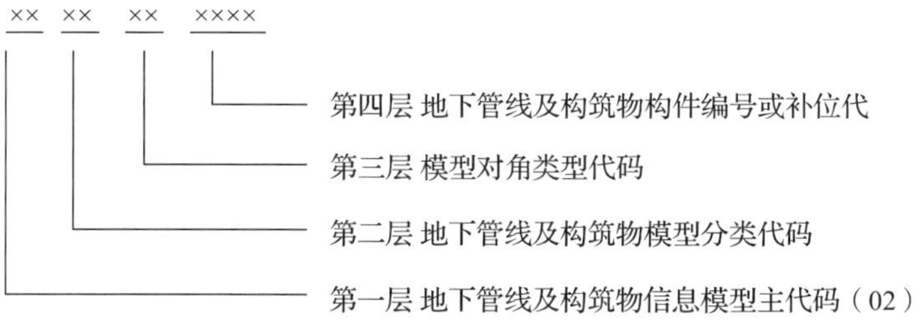

图 7-14 地下管线信息模型的代码结构示意图

地下管线属性主要包括几何信息和非几何信息，其中地下管线几何信息包括管线形状、截面尺寸、连接逻辑关系、管点坐标等信息；非几何属性包括管线种类、数据来源、管点信息、权属单位、施工方式、技术参数、载体特征、材质信息以及建设年月等信息。

（2）地下管廊

城市综合管廊作为地下管线一种特殊敷设形式，在结构上具有线型特征，也具有一般地下结构的点状特征，其内部还分布各种类型管线，所以城市综合管廊信息可以分为外部管廊信息和内部管线信息。

外部管廊主体呈长条状展布，采用线型信息表达，管廊节点，如吊装口、交叉口、管线分支口、通风口等，形态结构较复杂，采用面状信息表达。几何信息通过 BIM 模型表达和查询。

管廊内部管线是地下综合管廊所容纳的对象，从信息管理的角度考虑，重点关注管线类型、规格以及数量等。管线信息可以 BIM 模型或文本的形式展现，属性信息以关系型数据存储在数据库中，制定内部管线属性信息。

2）整套带参数管线附属物及管廊标准族库设计

BIM 建模中的族是通过一系列参数定义的三维构件，参数保存了数字化构件的所有信息。参数化族允许用户自定义或修改任意参数，并且修改信息可即时体现在族构件模型上。任意视图上发生的所有变更都能参数化地、双向地传播到所有视图，以保证所有图样的一致性，无须逐一对所有视图进行更改，从而提高了建模效率和建模质量，保证了模型的标准化。

族的信息化体现在其所携带的信息上，管线信息模型区别于普通的三维模型，信息模型除了数据可视化之外，还需根据实际需求及发展模式来进行数据信息的展示和管理。因此，在制作族时，需要针对某个特定族相应的使用内容，在制作过程中输入相应的信息，并利用参数驱动族，以便在以后的建模过程中真正实现自动化、参数化建模。

根据上述地下管线及管廊建模数据规则和建模对象的实际形状，设计并创建全套管线附属物及管廊的标准族库，它们的长、宽、高及方向受控于所创建的参数，可根据实际情况而调整。图 7-15 为创建的部分地下管线附属物及管廊自适应族。

（a）雨箅　（b）消防栓　（c）水表　（d）综合管廊标准段自适应族

图 7-15　典型地下管线附属物及管廊结构件族

3）地下管线及管廊 BIM 建模软件的开发

城市综合管廊标准段线型模型建立包括管廊走势线建立和管廊自适应族放置两部分，管廊走势线建立和管廊自适应族放置均采用 Revit 中的 Dynamo 插件。

Dynamo 是一种可视化编程插件，它通过一系列封装好的电池组件及电池组件之间的逻辑连接关系来完成一系列重复性的、复杂的建模过程。通过 Dynamo 插件，可以实现完全由数据和逻辑关系建立模型，并且它还解决了非软件专业的土木工程师开展软件二次开发的问题。

基于 Autodesk Revit 平台，开发的地下管线建模软件一般包含三层构架，分别为数据层、逻辑层及应用层。数据层涵盖数据导入功能，使得地下管线的探查成果数据能够顺利导入软件。逻辑层集成了基于数据驱动的地下管线精细化的快速建模、三维动态显示、三维模型交互、信息查询与分析、地下管线与施工结构的碰撞检测、数据库分析等功能，据此可实现地下管线模型的快速创建。应用层可使本建模软件与外部第三方软件及系统进行交互与对接（图 7-16）。

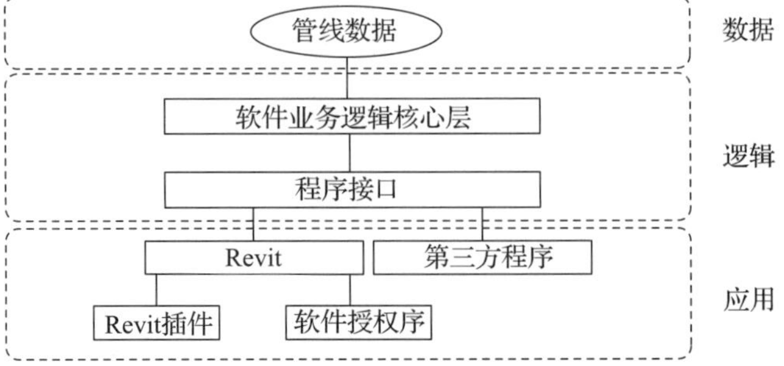

图 7-16　地下管线 BIM 建模软件构架

软件功能一般分为四大模块，分别为管线创建、管线检查、管线编辑和修改、管线数据库管理功能。管线创建主要是通过对项目信息、带参数的标准族库加载、物探数据加载等信息进行设置，以实现管线数据的快速建模。管线检查主要是对已创建模型进行三维空间的碰撞检测与检查，以确定管线的空间位置、逻辑连接关系的正确性。管线编辑和修改主要是对存在碰撞的管线、与实际情况不符的管线、以及相关属性信息进行编辑或修改。管线数据库管理主要是对数据、格式及整体信息等进行管理操作。

7.6.2 应用现状及存在的问题

1）初步开展地下管线及管廊 BIM 建模研究

目前，BIM 技术在地上建筑及可见设施的建模中应用已较为广泛，且有较为完整的建模数据规则及技术标准；而 BIM 技术在既有地下管线建模方面的应用研究相对较少，尚处于起步阶段，主要集中于地下综合管廊系统平台、地下建构筑物、地下管线设计与管理等地下建模研究方面的尝试。

地下管线的信息化建设已成为城市管理的一项重点工作。传统的地下管线探查成果通常以二维 CAD 图纸展示，CAD 图中管线主要以点、线配合解释文字的方式呈现，据此仅能显示地下管线及附属设施的平面位置，对于管线在三维空间是否存在碰撞无法进行检查，且由于二维图纸所携带的对象属性有限，属性信息与管线间关联度较差。由于工程建设过程中，地下管线的迁改、保护及避让是一项基于管线信息的多专业参与的系统工程，目前物探、设计、施工及管理单位之间通过二维 CAD 图纸沟通的效率较低，无法实现全局分析，且经常出现成果的误读，影响后续工程实施，因此迫切需要引进更为先进的三维建模和协同管理技术。BIM 技术在数据模型的建立、属性数据的管理、三维可视化表达以及协同作业等方面具有明显的优势，可以更好地解决地下管线信息模型应用的实际问题，若地下管线的探查成果以 BIM 形式进行展示，可真实地显示地下管线的三维空间分布，视觉效果直观，便于进行三维空间碰撞检查和全局分析。

2）积极开展地下管线及管廊 BIM 建模标准化建设

目前我国尚缺乏地下管线及管线 BIM 建模相关标准。2017 年安徽省住房和城乡建设厅发布了地方标准《综合管廊信息模型应用技术规程》DB34/T5074—2017，对综合管廊设施设备分类与编码、构件创建、模型创建、设计应用、施工应用、运行维护应用等进行了规定，提出综合管廊 BIM 应用宜覆盖综合管廊工程项目设计、施工、运营维护等阶段。2014 年，上海申通地铁集团有限公司制定了企业标准《城市轨道交通地下管线信息模型数据规则》，明确了城市轨道交通工程中的地下管线 BIM 信息模型的数据规则。自2014年开始，上海勘察设计研究院（集团）有限公司基于BIM技术在既有地下管线建模中的实际应用需求，针对地下管线BIM建模技术开展了系统研究，通过对地下管线及管廊探查成果数据特征进行分析，建立了地下管线及管廊BIM建模标准化的数据规则及技术标准，设计并创建了成套地下管线附属物及管廊族库，研究地下管线建模方法，形成了一整套基于物探成果数据驱动的地下管线一体化BIM建模流程，可实现既有地下管线BIM信息模型的自动化、规范化和标准化。

另外，上海、天津等城市也正在积极开展相关标准制定。上海市起草了地方标准上海市工程建设规范《岩土工程信息模型技术标准》，对地下管线BIM信息模型的分类、编码、属性规则、模型创建、模型交付、模型集成与应用进行了明确的规定。2017年，天津市开展了天津市地下综合管廊BIM信息管理技术标准、BIM技术在城市地下管线信息管理中的应用、天津市地下空间信息数据标准体系等研究工作。

7.6.3 推广应用建议

BIM在城市管线及综合管廊方面具有广阔的应用前景，通过BIM技术应用有助于进一步提升地下管线及管廊规划建设、运行维护管理水平。

1）推动BIM技术辅助规划设计决策

在城市地下管线及综合管廊项目的规划、设计、施工、运维等阶段，利用BIM的可视化、模拟性、优化性等优势，对各阶段出现的问题进行可视化展示，使各方能够全面、准确地掌握相关的实际情况，支持决策层做出相对合理的判断；同时，对各决策方案进行模拟验证，并对存在问题进行优化，最终得出相对合理、经济、可实施、安全、适用、先进的决策方案，为项目全程顺利开展提供可靠保障。

基于BIM可以实时输出相关的工程量，及时可靠地预算出地下管线及管廊在规划、设计及施工各阶段，不同的决策方案下工程项目的造价投资。通过BIM对各环节进行投资变更监控和调整，可以有效的将管线及管廊项目的整体投资控制在预期范围之内。

2）应用BIM技术推动地下管线及管廊安全风险控制

施工管理是项目进展中风险最大的环节之一。在施工实施之前，对拟定施工组织方案、施工工序等，通过BIM模型进行模拟预演，验证可行性和风险。如发现问题及时优化调整施工方案，并进一步模拟验证，确定安全、可行后再批准实施。确保施工过程无拆改、无返工、无安全事故。通过BIM模型（3D）集成时间维度（4D）和成本维度（5D），项目管理团队可以直观地查看拟定实施方案下人、材、机的安排，分析并优化给出最优的实施组织方案，使现场的劳务、物料、资金等的总体安排得到合理、经济、平衡的规划，使施工现场管理由传统的粗放式转向精益化，将项目实施整体风险降到最低。

3）应用 BIM 技术进行城市综合管廊智慧运维

综合管廊工程的设计使用年限一般为 100 年，所以，在城市综合管廊项目的全部生命周期中，绝大部分的投资投入、管理工作及其本身创造价值等的一系列事情，是发生在运营维护阶段的。通过 BIM 使其实现智慧化运行维护，是 BIM 在综合管廊项目中应用的最重要的目标之一。以 BIM 指导施工并实时更新 BIM 成果数据，能够实现包括隐蔽工程资料在内的项目竣工信息大集成。将此信息大集成的 BIM 成果数据通过与互联网、物联网、GIS、RFID、大数据、数字运维管理平台等有效结合，可以极大地提高运维管理的智能化、智慧化。

4）提升地下管线（管廊）协同工作水平

协同工作包括了内部协作和外部协作的全部协调工作内容。城市地下管线及综合管廊在设计和施工过程中，存在大量复杂的内外部协作。信息化的虚拟工程实体是 BIM 实施的重要载体，其能够提供全面、实时、联动、可视的全方位的项目发展信息。面对越来越复杂的城市地下交通、地下综合体、复杂综合功能的道路交叉口，以及管线（管廊）自身庞大的附属工程系统等因素带来的协调难度大、效率低、效果差的一系列困难和问题，通过合理的基于 BIM 的协同工作手段，能够获得最优的解决途径和方案。

第 8 章 安全保障技术

8.1 管道检测技术

8.1.1 关键技术

1）管道泄漏检测技术

管道泄漏检测是一种故障诊断技术，它的任务是了解和掌握管道输送系统在运行过程中的状态，并判断它是否正常工作即有无发生异常现象，以便及时发现其泄漏故障并进行精确定位。

（1）红外热像技术检测法

红外热像技术检测法（Infrared Thermography）是利用检测目标和背景温度的不同，在检测目标与背景环境的热交换过程中进行的红外检测。

基本原理：在自然界里的任何物质无不向外界辐射红外线，本身的温度不同，辐射的红外线的波长就存在差异，用红外检测仪器可以发现不同波长红外线的分布，从而推测出检测环境中物体的分布情况，该特性可以很方便用来检测管道的泄漏。当管道发生泄漏时，泄漏点周围土壤的温度场会发生变化。利用热红外成像技术，记录日常情况下管道周围的红外图像，建立管道周围不同季节、不同时间段的环境信号的数据库。利用红外检测设备周期性地对管道周围环境进行红外检测，并与数据库作对比，一旦管道周围环境温度场发生变化，一般是发生了泄漏，根据泄漏的分布可以推测出泄漏点。一般用此方法检测埋深较浅的管道。

（2）负压波法

负压波法是指根据设置在管道两端的压力传感器压力信号的变化以及负压波传播到上、下游的时间差判断管道泄漏，并对泄漏进行定位的技术。基于负压波的泄漏检测定位方法是近年来迅速发展起来的一种新的检测定位技术。

基本原理：当管道发生泄漏时，在泄漏处会有物质损失，并引起局部密度减小，进而造成压力降低。此时，泄漏的部位会产生一个同时向上游和下游传播的减压波，此减压波称之为负压波。负压波法是一种需要持续不间断地指定和检测压力信号的在线检测方法。

（3）基于声信号处理的泄漏检测与定位方法

基于声信号处理的泄漏检测与定位方法是指对泄漏声信号进行处理，从而实现管道泄漏检测与定位。

基本原理是：当管内高压介质从管道泄漏处向外喷射时，由于介质和管壁，以及介质冲击管外土壤等埋设介质，在管道泄漏处引起声振动，通过在管道或地面拾取该声信号，并进行相应信号处理实现管道的泄漏检测与定位。

（4）激光甲烷遥测技术

激光甲烷遥测技术的基本原理是利用甲烷气体对某一特定波长激光的吸收特性，通过采用红外分光检测技术，使用激光二极管作为激光源，当探测仪目标检测区域发射测量激光时，将从目标物反射回散射的激光。探测仪接受到反射回的激光并测量其吸收率。根据吸收率的变化判断是否产生泄漏。

（5）光学甲烷检测技术

光学甲烷检测基本原理是检测仪发射出一束红外线，照射到位于探测器前的光学滤镜上。由于滤镜只允许对甲烷敏感的特定波长的红外线透过，当有甲烷存在，光波受到影响，波长发生变化，从而产生声信号和视觉信号。

特点：灵敏度高，响应速度快。微量泄漏的快速检测，可用于车载检测。

适用范围埋地管道泄漏检测。

（6）激光检测定位技术

激光泄漏检测是TDLAS技术对气体检验的一种方法，TDLAS是半导体激光吸收光谱技术的简称。该技术是利用激光能量被气体分子“选频”吸收形成吸收光谱的原理来测量气体浓度的一种技术。具体来说，半导体激光器发射出的特定波长的激光束穿过被测气体时，被测气体对激光束进行吸收导致激光强度产生衰减，激光强度的衰减与被测气体含量成正比，因此，通过测量激光强度衰减信息就可以分析获得被测气体的浓度，从而对气体进行定性或定量分析。

2）管道腐蚀缺陷检测技术

（1）瞬变电磁法

瞬变电磁法（Transient Electromagnetic Methods，TEM）是一种新型的无损检测技术，属于时间域电磁法。瞬变电磁检测是以法拉第电磁感应为基本原理，利用被测目标区域内地下介质电导率的不同，对被测目标体进行分析的一种电磁方法。

其工作阶段主要分为四个阶段：第一个阶段，原始激励信号发射传感器对其探测区域发射一定频率的原始激励信号，如图8-1（a）所示。第二个阶段，具有导电性质的被测目标体接收到原始激励信号后，产生感生涡流场，当原始激励信号发射传感器内的加载电流关闭后，衰减的感生涡流场会产生衰减的磁场，如图8-1（b）所示。第三个阶段，信号接收传感器接收被测样本产生的衰减磁场信号如图 8-1（c）所示；第四阶段，根据被测样本电导率等材料性质的不同，以及信号接收传感器接收信号的时间长短，通过数学计算推出被测样本的一些物理参数，对样本的某些物理性质进行解释。

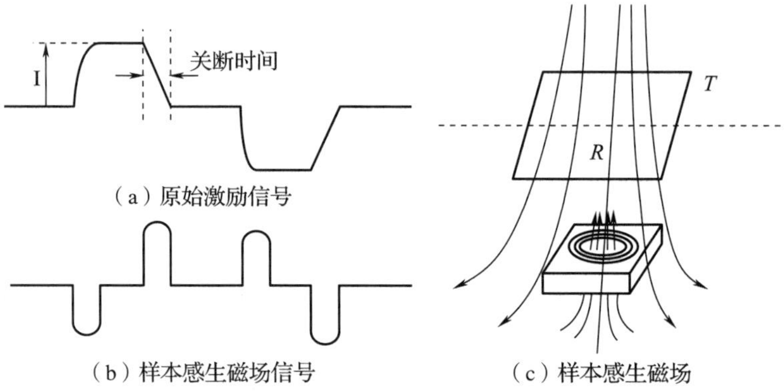

图 8-1　瞬变电磁发 - 收信号图

（2）CCTV 检测技术

CCTV 检测（Closed Circuit Tele Visioninspection，中央控制工业管道内窥摄像）技术是指采用远程采集图像，通过邮箱或无线传输方式，对无需人员直接到达的内部状况进行显示和记录的监测方法。

基本原理是摄像机和照明装置被专门承载器具带入对管道内部进行全程摄像检测，对管道内的锈层、结垢、腐蚀、穿孔、裂纹等状况进行探测和摄像，实现管道内部长距离检测，实时观察并能够保存录像资料，将录像传输到地面，检测人员在地面上远程操作仪器，从不同视角观察和获取管道内部空间的表层清晰影像，对于一些特殊结构和疑似缺陷部位进行重点详细放大拍摄。专业的检测工程师对所有的影像资料进行研读，运用专业知识和专业软件对管道现状进行分析和评估，有效地查明管道内部防腐质量、腐蚀状况及涌水管道、涌水点的准确位置。获取图像的同时，一起自动记录时间和承载器移动的实时距离。部分仪器还能实时记录坡度。地面检测人员通过协调操控承载器的动力系统、照明系统和摄像系统，依据有关技术标准的操作要求，完成现场检测。现场检测完成后，由专业人员编写管道检测报告，为管道的定点修复、新铺管道的竣工验收以及管道修复前的方案设计、修补过程中的施工监测、修补后复测等提供经济、有效的检测方法。

CCTV 管道内窥检测系统是由三部分组成：主控器、操纵线缆架、带摄像镜头的“机器人”爬行器。操作员通过主控器控制“爬行器”在管道内前进速度和方向，并控制摄像头将管道内部的视频图像通过线缆传输到主控器显示屏上，操作员可实时的监测管道内部状况，同时将原始图像记录存储下来，做进一步的分析。

（3）声呐检测技术

声呐检测（Sonar Inspection）是指采用声波检测技术对管道内水面以下的状况进行检测的方法。

工作原理为声呐主动发射声波“照射”目标，而后接收水中目标反射的回波时间，以及回波参数以测定目标的参数。有目的地主动从系统中发射声波的声呐称为主动声呐，可用于探测水下目标，并测定其距离、方位、移动速度、移动方向等要素。主动式声呐发射某种形式的声信号，利用信号在水下传播途中障碍物或目标反射的回波来进行探测。由于目标信息保存在回波之中，所以可根据接收到的回波信号来判断目标的存在，并测量或估计目标的距离、方位、速度等参量。

声纳利用自身装置向水中发射声波，通过接收水下物体的反射回波发现目标，目标的距离可通过发射脉冲和回波到达的时间差进行测算；声纳检测系统在计算机及专用软件系统的支持下对接收的反射声波信号进行自动处理，以测定检测目标的各种参量，达到进行管道运行状况检测的目的。声纳系统可辨认并定位管道内部的沉积物、凝结物，同时对变形、破裂等缺陷进行判断，

（4）潜望镜（Quickview）检测技术

潜望镜为便携式视频检测系统，操作人员将设备的控制盒和电池挎在腰带上，使用摄像头操作杆（一般可延长至 5.5m 以上）将摄像头送至窨井内的管道口，通过控制盒来调节摄像头和照明以获得清晰的录像或图像。数据图像可在随身携带的显示屏上显示，同时可将路线文件存储在存储器上。该方法对窨井的检测效果非常好，也可用于靠近窨井管道的检测。其适用管径为 150 ～ 2000mm。

（5）超声导波检测技术

超声导波检测技术是一种新型的高效在线管道检测技术。其基本原理是将脉冲信号（一般为 5 ～ 10 周期正弦信号）经放大后通过激励传感器施加在管道表面，形成入射导波，导波沿管道传播，当遇到缺陷时，会产生反射回波，这些反射回波将被接收传感器转化为电信号，通过一定的信号处理从而实现管道缺陷的定位，如图 8-2 所示。

3）防腐层检测技术

管道外防腐层是保护管道不被外部环境腐蚀破坏的第一道屏障，其作用是将管道与土壤等腐蚀环境隔离开，从而抑制管道表面腐蚀电池的发生，最终达到腐蚀控制的目的。对管道外防腐层进行腐蚀性检测对管道的正常运行有重要作用。以下所述的外防腐层检测方法均能实现不开挖、不影响管道正常工作和运行的情况下，对管道进行外防腐层破损点的检测。

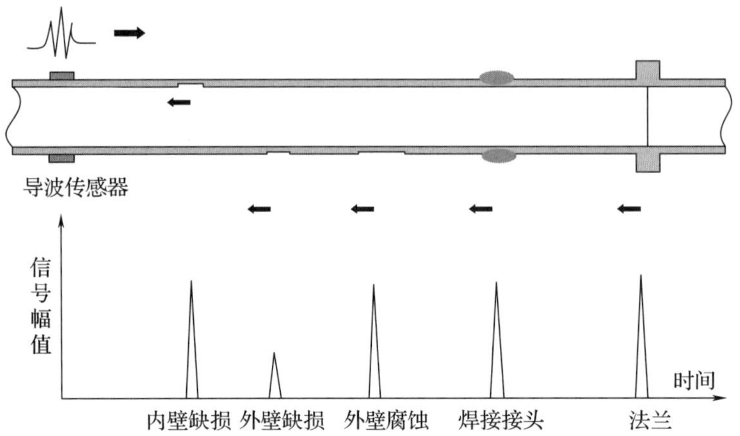

图 8-2　管道超声导波检测原理图

（1）直流电位梯度法

直流电位梯度法（DCVG）是一种通过检测管道周围土壤中直流电位的变化，来检测和确定管道外防腐层破损点的位置和破损大小的方法。

基本原理是向钢质管道施加一个直流信号，直流信号沿着管道流动。当管道防腐层在管道某处发生破损时，会有较大的电流信号从破损点处流出，在破损点周边土壤中会产生一个电位梯度分布。在实际检测时，采用高阻抗毫伏表测量破损点周围地面上两个硫酸铜参比电极之间的电位差，进而通过检测电压梯度场总的电压梯度就能检测并确定防腐蚀层破损点的大小及位置，可根据检测数据判定破损的严重程度。

（2）多频管中电流衰减法（PCM）

多频管中电流衰减法（PCM）检测技术即交变电流梯度法，基本原理是向管道中施加电流信号，信号电流在管道中流动时，根据电磁感应原理电流会沿管道产生相应的磁场，磁场的强度与电流大小成正比。在实际检测时，在地面上沿着管道的位置走向检测这种交变电磁场的强度。根据检测到的磁场强度可以换算成管道中实际的电流大小，从而可以找出管道发生破损的位置。

（3）皮尔逊法

皮尔逊法（Person）即交流电流法。基本原理是向管道加入一个特定频率的交变电流信号，电流信号沿着管道无限传播下去。当管道的外防腐层保持完好时，电流信号会随着管道传播，电流大小会有规律的衰减。如果管道外防腐层在某个位置发生了破损，在破损处就会有电流流出，流出的电流在周围土壤产生一个电势场，在破损点处的电位最大。采用高灵敏度的电位差计对土壤中电势场进行检测，找到电势场的中心位置就可以确定管道外防腐层破损点的具体位置。

8.1.2 应用现状及存在的问题

近几年，在国内很多大中城市，CCTV 检测技术和潜望镜检测技术用于排水检测发展迅速，已成为检查管渠的必备工具。

声呐检测技术目前已广泛应用于国内外市政管道、燃气石油、电力、电信和野外侦查、灾难搜救等检测领域，常用于过水不畅时，断面损失位置的初步判断、淤泥深度的测量、水面下管道连接位置的确认。

超声导波技术能够快速、长距离、大范围、相对低成本的无损检测技术，被广泛应用于蒸汽管道、压力管道和燃气管道等长距离管道的检测。最近十年，基于导波技术的基础研究，各种商业导波检测系统逐步面世，极大地促进了超声导波技术在特种设备、石油化工等行业的应用。目前关于导波检测技术的研究和产品已在相当程度上替代了传统超声体波检测的市场，并仍在快速增长中。低成本高精度的检测系统开发将是今后管道超声导波检测的发展方向。

常用管道检测技术适用情况见表 8-1。

表 8-1 常用管道检测技术适用情况

名称	特点	适用性	探测目标
热红外成像技术	对光照敏感	与可见光图像相比，缺少层次和立体感； 管道埋深不能太深	可检测管道的泄漏、绝热层的恶化等
负压波法	关键在于区分正常操作与泄漏带来的负压波	适用于检测突然发生的较大规模泄漏，但对于持续性、小规模的泄漏以及多分支、多节点管网泄漏检测不灵敏	金属管道泄漏检测
激光甲烷遥测技术	灵敏度高，可实现远距离不接触检测，相应速度快	适用于不易接触的燃气设备设施的泄漏检测	架空管道泄漏检测
光学甲烷检测技术	灵敏度高，响应速度快	微量泄漏的快速检测，可用于车载检测	埋地管道泄漏检测
激光检测定位技术	短时间定位、定位精度高	适用于大气中多种痕量气体的检测以及地面的痕量气体和气体泄漏的检测	管道泄漏检测
瞬变电磁法	检测灵敏度高、对低阻层有较强的分辨力与灵敏度、受其他电磁场干扰。	距离信号收发装置很近的地方会存在检测盲区；电磁噪声会使接收到的特征信号末期信号造成干扰，影响探测能力	金属管线内腐蚀检测
CCTV 检测技术	远程采集图像，通过邮箱或无线传输方式，无须人员直接到达	管道内部防腐质量、腐蚀状况及涌水管道、涌水点的准确位置	污水、雨水、合流的管道功能状况和部分结构缺陷的检测
声呐检测	检测结果不能作为评估的直接依据，只能用作粗略判断或某种针对性的检测。	适用于检测垂直于轴向且外轮廓变异类的缺陷，如淤泥、变形等	有水的条件下检查各类管道、沟渠、方沟的缺陷、破损以及淤泥状态

续表

名称	特点	适用性	探测目标
潜望镜检测技术	拍摄盲区较多；无法进行定位或定位不准确	适用管径为 150 ～ 2000mm。不能检测水面下的情况；管段拍摄很难保证完整	窨井、靠近窨井管道的检测
超声导波检测技术	快速、可靠、经济的无损检测	长距离管道的在线管道检测	金属管道
直流电位梯度法	检测精度高，不易受到外界环境变化的影响，操作简单、检测结果准确	可以估算出防腐层破损点大小，无法检测防腐层是否剥离，检测速度慢，不适于柏油路面	管道防腐层检测
多频管中电流衰减法	检测设备的功能多	可检测防腐层绝缘性能和管道定位、防腐层破损点位置	管道防腐层检测
皮尔逊法	检测速度快，漏点定位准确	不适于柏油路面	管道防腐层检测

8.1.3 提升建议

近年来，管道安全问题越来越引起有关部门的重视，但我国与世界先进水平相比还有较大差距，管道检测工作尚属于起步阶段，由于各方面原因，某些管道经营管理者对管道检测的重要性认识不足，没有充分认识到管道事故的危害性。从管理和技术两个方面对管道检测技术提出建议：

在管理方面，加强管道检测重要性的宣传，政府部门应尽快制定管道安全监测的有关法规，根据优选方案制订全国管道检测计划，建立管道检测信息数据库，从中找出各条管道的腐蚀规律，从而对管道现状及未来安全状况做出科学预测，采取有效措施，避免管道事故的发生。

在技术方面，提高对小泄漏量的定位精度、多泄漏点定位中的诸多问题、多类型缺陷检测、检测方法与传感器技术、模式识别技术、信号处理技术、神经系统等人工智能技术相结合等方面将是今后需要研究的课题，另外要加快智能检测器国产化的步伐，尽快赶上国际管道检测先进水平。

8.2 管线监测技术

地下管线监测是为了保障管线设备设施安全与周边环境稳定，及时发现和预测事故发生，对地下管线设施设备状态和运行状态的监视与测量。对管线设施设备状态的监测包括对管线设施设备的腐蚀、老化、变形、泄漏现象进行实时动态监控，从而保障关键设施安全稳定状态；对管线所处环境进行监测，包括对土壤或空气中的湿度、盐分含量、酸碱度等环境参数进行监测和度量，并用来辅助分析管道发生腐蚀泄漏的风险。

8.2.1　关键技术

1）传感技术

（1）传统传感监测技术

地下管线设施设备的腐蚀老化是一个缓慢的过程，一般始于微小的破损或裂缝等，所以城市地下管线监测的目标就是针对这些微小破损，进行长期稳定观测，预测其发展变化趋势，评估潜在危险等级，及时采取适当措施修复破损。

传感技术是目前对于地下管线安全保障领域内应用广泛、发展成熟的监测技术。其主要采用的传统监测技术有：应力传感器（应变片）法、振弦式传感器法、裂缝标志监测法、超声波监测法、常规大地测量仪器测量法、听漏仪。

①应力传感器（应变片）法：应变片是用于测量物体应力与应变的元件，当被测部件受外力变形时，敏感栅随之变形，敏感栅的电阻值会产生相应变化（图 8-3）。该方法广泛应用于建筑物应力监测中，但需要预埋使用，更换维护比较烦琐。

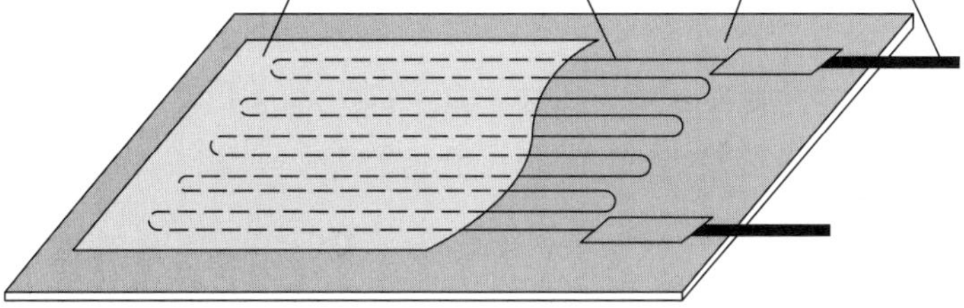

图 8-3　应变片传感器结构图

②振弦式传感器法：其原理是根据弹性体振动理论，一根金属弦在一定的拉应力作用下，具有一定的自振频率，当其内部的应力变化时，它的自振频率也随之变化，金属丝振动频率与张力的平方根成正比，通过测量频率的变化，即可得知被测物理量的变化。该方法稳定性好，结构简单，适用于建筑物的形变和裂缝监测，但安装使用比较繁琐，振弦式倾角测量仪传感器结构如图 8-4 所示。

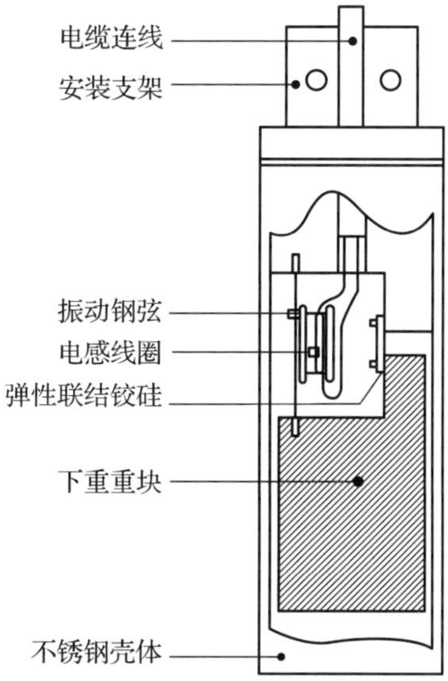

图 8-4　振弦式倾角测量仪传感器结构图

③裂缝标志监测法：通过观测标志监测裂缝变化，包括石膏标志和金属标志。对于面积较大且不便于人工测量的多裂缝，宜采用近景摄影测量方法；当需要连续观测裂缝变化情况

时，还可以采用裂缝计或传感器自动测记方法。裂缝标志监测法可用于建筑地上部分监测，但无法对建筑地下部分进行监测。

④超声波监测法：该方法多用于混凝土结构物变形监测和裂缝监测，可通过直接测量超声波在混凝土结构中的波速比，进而推测混凝土结构的强度及变形性能。该方法不需开挖安装，但设备成本较高，不适合作长期、持续观测。

⑤常规大地测量仪器测量法：该方法常用于位移、挠度、倾斜、沉降观测，主要使用经纬仪、水准仪、测距仪、全站仪等常规测量仪器测定点的变形值。该方法能够提供变形体整体的绝对变形信息，但布点受地形条件影响，不易实现自动化监测。

⑥听漏仪：听漏仪用于地下管线泄漏监测，包括薄膜听漏仪、电子听漏仪。仪器采用在沿管线或配件处拾取泄漏声的方法，确定泄漏地点。泄漏声受环境影响大，通常是大致确定泄漏位置，做人工精确辅助定位用，如图 8-5 所示。

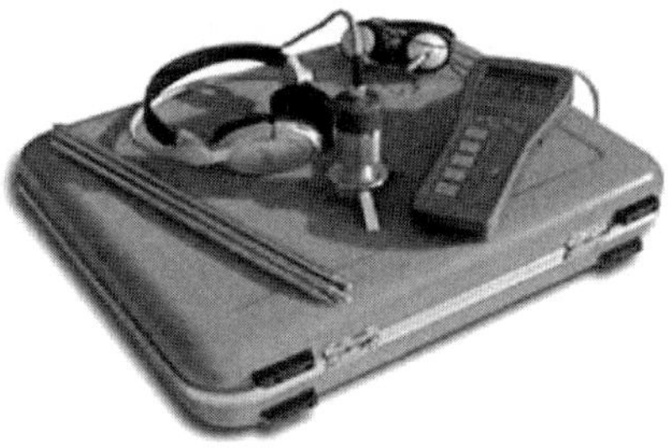

图 8-5　听漏仪

（2）光纤传感监测技术

光纤传感技术以光纤作为信息的传感和传输媒介，信号光作为信息的载体，通过外界物理量变化直接或间接的改变光纤中光波的振幅、相位、频率、偏振态或波长等参量，从而实现对外界物理信息的感知。光纤传感器由光源、入射光纤、出射光纤、光调制器、光探测器以及解调制器组成，一般分为强度调制光纤传感器、干涉型光纤传感器、布拉格光栅传感器和分布式光纤传感器，如图 8-6 所示。

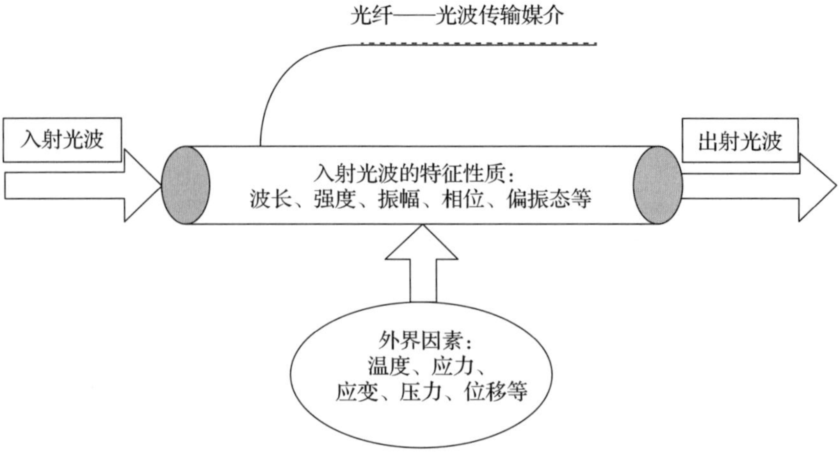

图 8-6　光纤传感原理图

①分布式光纤监测技术伴随着光导纤维及光纤通信技术的发展而迅速发展起

来，光纤技术可以准确地测出光纤沿线任意点的检测量，光纤既作为传感器，又作为传输介质，结构简单，不仅方便施工，潜在故障大大低于传统技术，可维护性强。

②布拉格光栅传感器是一种波长调制型管线传感器。其原理是在一根光纤的纤面刻出一个光栅，通过应变与衍射条纹的变化之间的关系得到这一微小区域的应变值。在光纤的长度上分布一系列不同波长的光栅，从而可以获得多个测量点的信息，因而布拉格光栅传感器可进行准分布式测量。

③干涉型光纤传感器基于相位调制的原理，利用待测体敏感单元的作用，使在其中传播光路的相位发生变化，两光线发生干涉作用，检测干涉条纹的变化来计算相位变化量，进而得到被测对象的信息。其最大的优点是灵敏度高，适用于局部测量。常用的传感器为马赫 - 泽德（Mach-Znhnder）干涉型光纤传感器、麦克尔逊（Michelson）光纤干涉仪和法布里 - 珀罗（Fabry-Perot）应变传感器（FPI）。

④强度调制光纤传感器基本原理是待测物理量引起光纤中的传输光光强变化，通过监测光强的变化实现对待测量区域的监测。而接受光纤所收集到的光强随外界物理扰动而变化，其光强响应特性曲线是这类传感器的设计依据，大多与光纤出射光场有关。强度调制的方式很多，大致可分为反射式强度调制、透射式强度调制、光模式强度调制以及折射率和吸收系数强制度调制等。

2）物联网技术

物联网是指经过无线射频识别（RFiD)、红外感应器、GPS、激光扫描器等信号传感仪器，根据约定的协议，把介质和互联网连接起来，完成信息互换与通信，以实现智能化识别、定位、跟踪、监控和管理的一种新型网络。物联网主要解决物品与物品（ThingtoThing，T2T）、人与物品（HumantoThing，H2T）、人与人（HumantoHuam，H2H）之间的互联。它是一个基于互联网、传统电信网等信息承载体，让全部可以被独立寻址的普通物理对象实现互联互通的网络。其具有普通对象设备化、自治终端互联化和普适服务智能化等几个重要特点。其主要包括无线传感器网络、ZigBee、M2M技术、RFiD 技术、NFC 技术、低能耗蓝牙技术。

基于物联网技术的管道泄漏检测原理是首先通过传感网络感知管道内实时状态，然后传回当地的节点控制器进行简要的处理，并通过微波通信技术送至远程监控中心进行信号分析处理，最后通过监控中心发出控制命令执行相关操作的一个物联网系统。

3）红外监测技术

（1）红外热成像监测技术

红外热成像监测技术原理是基于自然界中一切温度高于绝对零度的物体，每时每刻都辐射出红外线，同时这种红外线辐射都载有物体的特征信息，利用这一特性，通过光电红外探测器将物体发热部位辐射的功率信号转换成电信号后，成像装置就可以一一对应地模拟出物体表面温度的空间分布，最后经系统处理，形成热图像视频信号，传至显示屏幕上，就得到与物体表面热分布相对应的热像图，即红外热图像。在电力行业中，电力企业通过监控系统将红外热图像数据传输到红外测温网，将电力线路红外监测记录与诊断报告统一管理，搭建红外诊断与专家数据库，实现对异常状态的及时报警与处理，分析设备缺陷与故障情况。

（2）红外测温技术

红外测温技术的基本原理与红外热成像监测技术基本相同，是利用对物体表面敷设的红外线进行探测，根据物体表面的温度场来准确判定所测物体的温度。红外测温技术相对于传统的接触式测温技术来说，其优势表现在：红外测温技术可以不直接接触物体，实现远距离测温，且具有比较好的效率。红外测温技术还可以对不同物体实施同时测温，例如对高温高压物体在高速运转的情况下进行温度场测量时，这种方式能够很好地弥补接触测温方面的不足。另外通过红外测温技术进行测量时，红外测温技术的温度不会由于被测物体环境的问题变化而发生变化，这样就能够最大程度上保证温度测量结果的准确性。

8.2.2 应用现状及存在的问题

1）传感监测技术应用情况

传统的传感监测技术已积累了丰富的经验，成熟可靠、使用流程完备，但存在着监测设备安装复杂、维护繁琐、监测成本高、不易实现自动化监测等问题。加之油气管道经常会穿越较为危险的环境区域，某些自然灾害或恶劣条件带来的危险会严重影响到管道的设施设备安全以及公共安全，传统的传感监测不能满足长距离传输管道的监控或者不能提前预报泄露隐患。而光纤传感器具有轻质、耐腐蚀、耐高温、防水防潮、抗电磁干扰等一系列优点，开始普遍应用于长距离油气管线、骨干通信光缆等领域，对管道变形、泄漏、腐蚀监测以及管道周边环境等方面进行监测。

在应用过程中主要存在以下几方面的问题：

（1）监测系统的定位精度和实时性较差，不能满足实际应用的要求，需要研发复合式传感新技术、新理论、元器件、新定位方法等，以实现超长距离、超高精度的管道泄漏检测。

（2）监测系统性能不高，如稳定性、抗干扰能力等，需加强优化光电器件的工作特性，实现系统的集成化、一体化、智能化。

2）物联网监测技术应用情况

物联网监测技术通过在管线设施中埋设电子识别器，在电子识别器中记录管线设施的详细信息，包括管线类别、空间坐标、管径、材质、建设时间等属性信息。在管线日常监测过程中，如发生突发事故，运维人员可以通过手持识别仪读取管线属性信息，并通过网络快速传输到综合管理平台中，这样就能够及时做到针对性的事故处置。目前，物联网监测技术主要应用于污水排水的泄漏监测以及燃气石化有害气体的安全监控方面，还应用于井盖监测方面，例如基于物联网技术的智能井盖检测系统，设计多传感器的采集节点，实现对井盖角度、可燃气体浓度、水位高度等数据采集，结合 ZigBee 技术和 GPRS 技术，实现该数据的无线传输，最终通过监测中心平台实时监测城市井盖情况。功能指标包括井盖位移报警、井下温度监测、井下水位报警、井上车流量监测、地表环境监测等。

在应用过程中主要存在以下几方面的问题：

（1）监测准确度不高

物联网实时泄露监测输出的监测值是流量值（单位为 sccm（即标态下每分钟泄漏多少毫升）），与传统 LDAR 检测值（单位为 μmol/mol）单位不同，但能通过美国 EAP21 或《石化行业密封点 VOCs 排放速率核算办法》的相关方程式法间接换算；对于低于 500μmol/mol 的低泄漏，相关方程式法的准确性是否足够，尚需进一步比对验证，对低于 50μmol/mol 的混合可挥发性有机物的微泄漏，物联网泄漏率监测仪的重复精度和准确性也需要进一步测试验证。

（2）监测成本较高

物联网实时泄漏率监测仪及无线系统的成本目前还比较高，还只能用于危险和重要的设备管线，难以检测密封点泄漏监测和预防，大规模推广还有待于政府环保部门的认可和自身性价比的大幅提高。

（3）监测危险性较高

物联网泄漏检测，仍然需要大量的人工作业，因此不适合全天候连续监测、不能有效消除高空等难以检测密封点带来的潜在安全隐患；对于危险的有毒有害介质泄漏点，还需要人工近距离检测，还存在危害一线检测人员身心健康的风险。

（4）监测设备不足

地下管线物联网监测技术的实现需要构建一个密集的以物联网为基础的地下管线智能监测网络，而目前市场上缺少适用于地下管线全方位检测的传感器，在物联网技术方面的研发水平还有待提高，这制约了物联网技术的广泛应用。

3）红外监测技术应用情况

红外热成像监测技术在供热管线监测中得到广泛应用。供热管线一般直埋敷设，受到地面沉降和热胀冷缩等因素的影响，再加上外力损害因素，易引发供热管线的破裂或泄漏，直接影响供热效果，引发能源浪费。一旦发生破裂，供热设施周围的热水高温使得抢修人员无法准确接近损坏点。红外热成像监测仪可以对泄漏点区域进行扫描，从而能够准确快速对供热管线损坏点进行定位，方便及时检修，减少能源损耗。

随着生产技术的不断发展，机器设备的复杂程度越来越高，对运行设施设备的温度测量要求也越来越高，需要的测温点越来越多。接触式的测温方式可能由于高温高压等危险环境的影响，不利于对设施设备进行实时监控。因此采用红外测温监测技术，能够实时对电气设备、高速运转设备以及高温高压环境的设备进行动态温度测量。例如，在输电线路运维中采用红外测温技术，主要采取绝对温差法和警戒升温法。

目前，红外监测技术存在问题主要是由于技术发展水平的限制，无法实现对设施设备的动态监测，不能对设备未来的运行状态进行预警，高温天气或者大风大雨天气条件下可能对监测结果形成干扰。对于布设在野外的输电线缆，可能受到大风的影响，使得红外导线节点位置发生位移，红外点射线连接设备发生误报，以及晚上空气湿度较大或者亮度低等原因都会对设备的辐射效果产生影响，测量数据会产生一定的误差。

8.2.3 提升建议

1）研发管线监测新技术和新设备

随着光纤传感器应用范围的逐渐扩大，其应用环境愈加复杂，不同环境参量之间的交叉敏感特性愈加突出，研究可实现多参数同时测量的传感技术成为当务之急。综合光纤传感器发展历程，未来光纤传感器的发展趋势主要为智能化、微型化、多参数实时化、高精度、高灵敏度以及网络化。

基于物联网技术应用自动化检测手段实现排水管网的管理成为管网监测的主要发展方向，如全国联网、便携式终端、自动化智能分析与决策以及自动病害处理等功能。

危险区域物联网阵列监测也是实时监测技术的一个未来发展方向。在危险区域内重要泄漏源邻域及其边界泄漏介质经过的部位非均匀网格化部署易燃易爆、有毒有害气体智能无线监测仪阵列，利用气体扩散模型、大数据分析和机器学习技术，智能追溯泄漏源的大致方位并预测泄漏等级，安全预警。

2）加强管线监测专业队伍建设

随着目前我国的科学技术水平的不断提高，管线监测技术含量也在不断提高，在管线状态监测和故障诊断中，不仅需要加强管理工作，还要重视技术应用水平。传统监测方法与现代技术进行有机结合，实现对管线的全面监测和诊断，确保监测结果的科学性、可靠性与直观性。为了更好地保障管线的运行稳定，还要提高工作人员自身的技术水平和专业素质，保障管线监测技术的应用水平。

8.3 管道修复技术

8.3.1 关键技术

管道修复是对破损、泄漏的输送管道采取各种技术使其恢复正常的使用功能。技术进步为城市地下管道提供了更多可利用的修复方法，在计划修复之前，需要针对自身的管道状况，选择合适的修复技术。管道修复的关键技术主要包括：在役焊接修复、微孔开挖修复、复合管道修复、穿插法、爆（碎）管法、机械式螺旋缠绕法、原位固化法等。

1）在役焊接修复技术

根据管道修复的实际条件，在役焊接修复技术主要有两种修复工艺：套管修复和安装支管焊接修复。

（1）技术原理

①套管修复法采用两段半圆管对接套在待修复管道外壁，然后将半圆套管焊接在管壁上并将两个半圆套管对接，使之与运行管道形成一体。该方法适合对管线发生腐蚀减薄的局部区域进行加固。但当管线上某一段发生比较严重的腐蚀或由于人为因素造成较大范围的破坏时，宜采用安装支管焊接修复法对被破坏的管段整体更换，如图 8-7 所示。

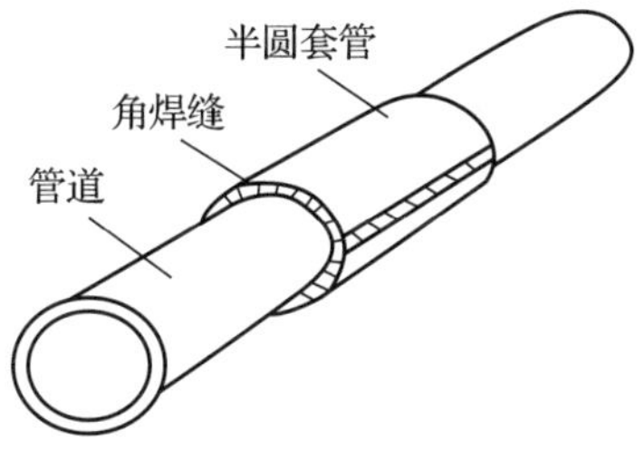

图 8-7 套管修复示意图安装支管焊接修复

②安装支管焊接修复的原理是在出现问题管段的前后各焊一段带法兰的管外套筒，然后通过法兰孔用特制的刀具在管上开孔，通过前后两个法兰连接分流旁路，管内介质从分流旁路通过，然后将出现问题的管段切除，重新焊接上一段管子，焊好后介质再由主管线通过，将分流旁路撤除。整个过程管道不停输，必要时可降低管内压力。该方法也适用于根据输送工艺要求在主管线上不停输安装分输管线以及根据外界环境等因素的需要对管道进行改线等情况，如图 8-8 所示。

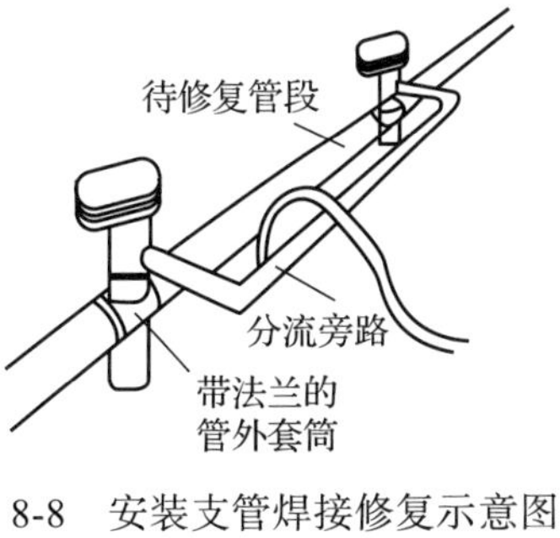

图 8-8 安装支管焊接修复示意图

（2）技术特点

①在役焊接修复不需要停输，可以保证管线正常输送油气的连续性；

②施工后，导流的旁通管和阀门可继续使用；

③在役焊接相对于冷焊接，施工时间短、修复速度快、作业方便；

④可用于穿（跨）越管道工程中的管道焊接修复。

2）微孔开挖技术

（1）技术原理

通过真空吸尘和切割挖孔相结合的方式开挖路面，然后利用特殊工具对地下管道进行修复和改造。微孔开挖以空压机为动力源，采用钻芯机在水泥或沥青路面上旋转切割路面，路面上出现一个圆形切割缝和圆形芯块，切割至底后将芯块取出；对路面下的土壤层进行真空挖掘直到露出地下管道，对管道进行修复；土壤回填，放回芯块进行快速粘结，修平路面并清洁后即可恢复使用，如图8-9所示。

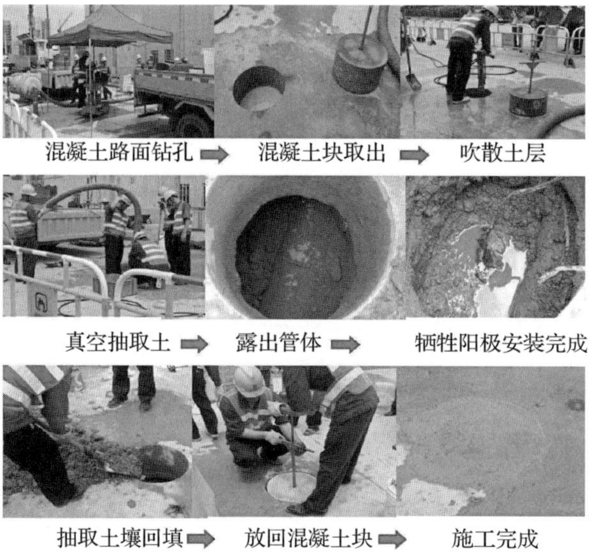

图8-9 微孔开挖系统的工作流程

（2）技术特点

①定点开挖且开挖量小，无污染，对周边环境影响小；

②施工设备简单，周期短；

③施工不受季节影响；

④适用各类材质和形状的管线；

⑤可提高管线的整体性能。如铸铁管道或混凝土管线承插接口的严密性得到增强，原已遭腐蚀的管道得到了补强，延长了使用寿命，增强了承压、减阻、阻垢、耐蚀的能力等。

3）复合管道修复技术

（1）技术原理

通过使用复合材料套筒缠绕包裹管道损伤部位，使复合材料构成的修复层与原有管壁共同承担管道的圆周应力，修复完成后，缺陷部位管道承担的部分应力就会传递到复合修复层，从而使缺陷部位管道承担的应力始终处于安全极限之下，达到修复目的。永久性复合修复技术主要有两种：湿缠绕法（Wetwrap）和预成型法（Fullcure）。

湿缠绕法复合修复技术。修复层采用玻纤编织的柔性玻纤布，并在施工现场注入树脂成分，玻纤成分使修复层有足够的强度，而树脂成分不仅能够使修复层紧紧固定在修复位置，而且能够保护玻纤成分免受环境的影响。

预成型复合修复技术消除了湿缠绕法中的几乎一切可变因素。该产品由复合套筒、强力胶和具有极高抗压强度的填料三部分组成。复合套筒在工厂中预先根据管径制造成成品。在制造过程中，电化级的单向玻璃纤维丝被仔细调整位置，使其在径向上达到最大的强度。在工厂中经过挤压、烘干、热处理及固化后作为一个完整的产品被运到作业现场。制造过程得到严格控制，其玻纤和树脂的比例几乎是完全一致的。

（2）技术特点

①与传统方法相比，复合修复技术在安全性、经济性和效率上具有更大的优势；

②预成型复合修复技术现场安装非常简单，只需要把制成品带到现场用强力胶粘上去即可。抗拉伸强度和弹性模量稳定，安装过程也不受环境影响。

4）穿插法

穿插法根据穿插管的口径可分为异径非开挖穿插以及挤压穿插技术，挤压穿插技术按照挤压形式的不同，又可分为缩径法以及U形穿插法。

（1）技术原理

异径非开挖穿插是在原有较大口径旧管中穿插较小口径的新管，然后在新旧管中间注浆稳固的方法，采用卷扬机等作为动力，完成新管道的敷设。

缩径法是指通过机械作用使塑料管道的断面产生变形，如缩小直径或改变形状，然后将新管送入旧管内，最后通过加热、加压或靠自然作用使其恢复到原来的形状和尺寸，从而与旧管形成紧密配合的方法。缩径法利用了中密度或高密度聚乙烯的聚合链结构，在达到屈服点之前结构的临时性变化不影响其性能这一特点，使衬管的直径临时性地缩小，达到在旧管道中形成新的内衬的目的。非开挖挤压穿插完全适应PE管的可塑性，经压缩并修复的管道不影响PE管的各项技术指标。

U形穿插法通常把外径略大于待修复管道内径的高密度聚乙烯内衬管，利用特制的U形压制设备，使内衬管变为U形。缩小内衬管截面积30%以上，通过捆扎定型、牵引拉入、外力恢复等过程使衬管紧紧地与旧管道内壁结合在一起，形成“管中管”结构，从而形成对管道的内衬修复。衬管的厚度可根据修复管道的管径、输送介质、工作压力等因素作适当调整，以满足不同的工程需求。

具体特点见表8-2。

表 8-2　穿插法技术特点

技术	特点
异径非开挖穿插法	施工速度快，分段施工时对交通和周边环境的影响低； 适用绞车等一般市政施工设备，不需专用的设备，投资少、施工成本低； 异径非开挖穿插施工工艺简单，对工人的技术素质要求低； 过流断面损失较大； 环形间隙要求注浆，由于环状间隙较小，注浆较困难。
缩径法	新旧管之间配合紧密，无需注浆，施工速度快； 管道修复后过流断面损失很小； 可适应大曲率半径的弯管； 可长距离修复； 可用于旧管道结构性和非结构性损坏的修复； 旧管的结构性破坏会导致施工困难； 施工设备昂贵，缩径尺寸有限，施工成本较高。
U 形穿插法	施工时占用场地小，可利用现有人井施工；新衬管与旧管可形成紧密配合管道的过流断面损失小，无需对环状空间内注浆； 管道连续无接缝，修复作业距离长； 对旧管道清洗要求低，只要达到内壁光滑无毛刺即可施工，质量容易得到保证； 折叠后断面收缩率高，断面面积可减小 30% 以上，穿插顺畅； 衬管与原管径间有间隙，不能较大程度提高管道的承压能力； 捆绑带易划断，易造成穿插失败。

5）爆（碎）管法

（1）技术原理

采用气压、液压或是静拉力来破碎现存的旧管道，并将旧管道碎屑挤入周围的土层中，同时拉入新管道。该方法适用于原有管道为易脆管材（如灰口铸铁管），且管道老化严重的情况。新管道可以是 HDPE 管、PP 管、PVC 管和 GRP 管等，新管管径可以比原有管道管径大。当被换旧管的分支较少或是旧管道在结构上已经损坏或是需要提高其承载力时，采用爆管法工艺将获得较高的性价比，如图 8-10 所示。

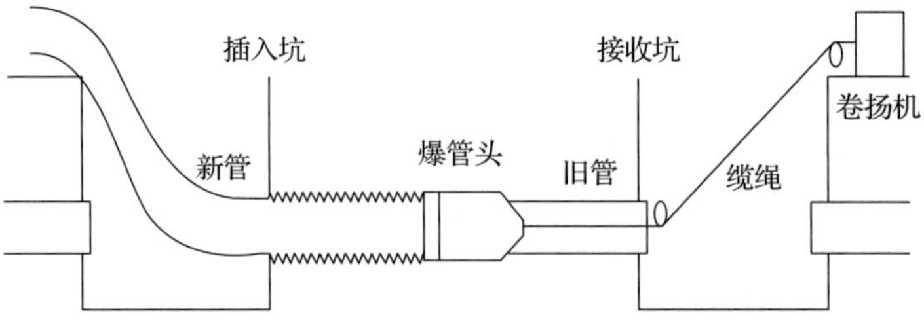

图 8-10　爆（碎）管法施工工艺示意图

具体施工方法是将碎管设备放入旧管中，由卷扬机拉动沿旧管前进，沿途由碎管设备将旧管破碎，在碎管设备后连接扩管头，扩管头的管径比原有旧管大，负责将破碎的旧管压入到周围的土壤中，紧跟着是内衬管线，在卷扬机的拉动下拖入原有管道的管位。碎管设备有多种，大致可分为三类：气动破碎设备、液压碎管设备和刀具切割碎管设备。其中以美国生产的刀具切割碎管设备较为常用，其结构由半径大于原有管道切割圆周向的切割刀具构成，在切割刀具后面紧接衬装新管。

（2）技术特点

爆（碎）管法相比开挖法具有施工速度快、效率高、价格低、对地面干扰少、对环境更加有利等优势。

与其他管道修复技术相比，爆（碎）管法的最大优势在于它是唯一能够采用大于原有管道直径的管道进行更换从而增加管线的过流能力和承载能力的施工方法。

其缺点在于不适用于膨胀土内层的管道更换；需对局部塌陷进行开挖施工以穿插牵拉绳索或拉杆；对于严重错位的原有管道，新管道也将产生严重错位现象。

6）机械式螺旋缠绕法

（1）技术原理

将工厂预制好的带状 PVC 型材和钢带，同步送至目标工作坑或检查井内提前安装好的缠绕机上，以螺旋缠绕的方式进行推进。在缠绕的过程中型材边缘的公母锁扣互锁，并将钢带压合在接缝处，到达下一检查井后，在新管与旧管之间灌注水泥浆，从而形成一条具有高强度和良好水密性的钢塑加强型新管，如图 8-11 所示。

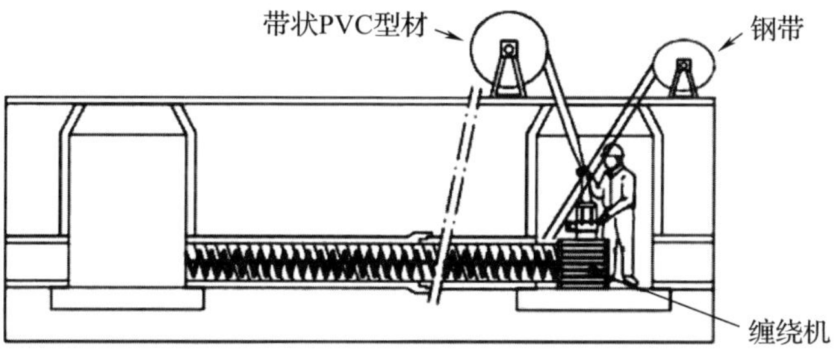

图 8-11 机械式螺旋缠绕工艺简图

（2）技术特点

①修复所需设备可通过检查井进入管道内，无需开挖，节省时间，减少污染；

②施工条件要求低：无需对管皮缺失、钢筋裸露、麻面等原管道缺陷进行预处理，缠绕制管速度快，工期短；

③机动性强：施工过程可按要求随时中断，条件具备后可随时进场继续作业；

④质量可靠：采用机械物理操作修复，质量不受外在因素干扰。

7）原位固化法（CIPP）

原位固化法（CIPP）是在现有旧管道的内壁上衬一层热固性物质，利用内衬翻转或利用绞车把软衬管拉到预定位置，通过加热使其固化，从而形成与旧管道紧密配合的内衬管。原位固化技术可分为紫外光固化管道修复法和翻转式原位固化法，如图 8-12 所示。

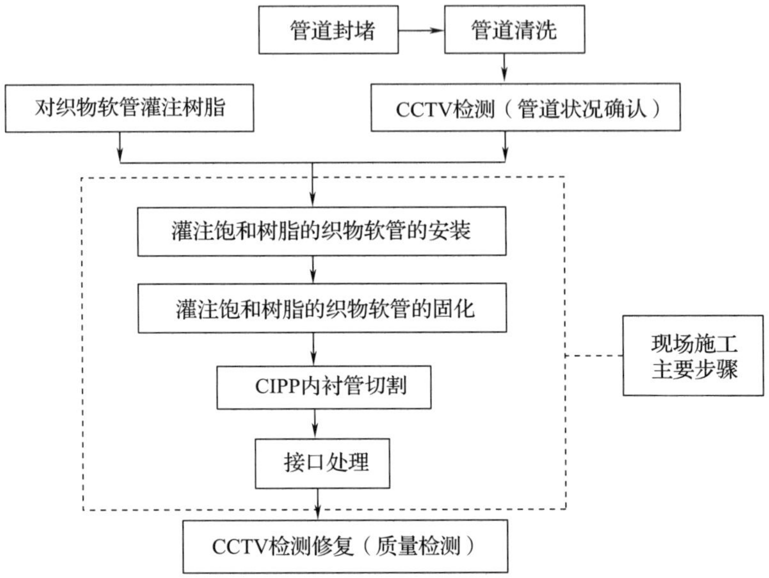

图 8-12　原位固化技术（CIPP）标准施工流程图

（1）技术原理

紫外光固化法（UV）先采用卷扬机把碾压好树脂的玻璃纤维软管拉入待修复管道中，再用压缩空气使软管张开紧贴待修复管内壁，最后使用紫外线加热固化软管，形成一层坚硬的“管中管”结构，从而使已破损或失去输送功能的地下管道在原位得到修复。

翻转式原位固化法采用热固性的聚酯树脂、环氧树脂或乙烯基树脂做成高强纤维软管，经过饱和浸渍树脂后，用水压或气压将浸渍树脂的软管翻转置入原有管道内，并使浸透热固性树脂的一面贴附在钢管内壁表面并压紧，然后采用热水或蒸汽使软管上的热固性树脂固化，形成一层坚硬的“管中管”结构，从而使已发生破损或失去输送功能的地下管道就地得到重建和更新。采用水压将软管翻转并压入旧管道内，使软管的树脂面紧贴于旧管道内壁，隔水膜成为新管的内壁，实现了地下管道原位更新。

（2）技术特点

①定点开挖且开挖量小，无污染，对周边环境影响小；施工设备简单，周期短；施工不受季节影响；

②可提高管线的整体性能。如铸铁管道或混凝土管线承插接口的严密性得到增强，原已遭腐蚀的管道得到了补强，延长了使用寿命，增强了承压、减阻、阻垢、耐蚀的能力等；

③需要特殊的施工设备，且对工人的技术水平和经验有较高的要求。

8.3.2 应用情况及存在的问题

1）在役焊接修复技术应用情况

在役焊接修复技术主要用于长输天然气管道修复。长输天然气管道在服役过程中，受到自然或人为因素的影响，会造成管道局部腐蚀减薄，为减小传统的管道停输修复方法带来的巨大经济损失，需要在运行管道上直接堆焊或者采用套管进行焊接修复，以及采用带压开孔安装支管对管道增输改道。给正在运行的管道进行焊接作业存在风险，这些风险包括管壁烧穿、爆裂等。一旦出现上述风险问题，原管道外壁与补强钢板之间将会形成带压腔体，由于未焊透，焊缝极易被拉裂，造成更大的损失。因此在焊接修复之间，需要评估这些风险因素。

目前，国内外学者对油气管道在役焊接修复技术的研究存在一定不足，我国在役焊接方面尚未形成完善的焊接烧穿预测标准，已有的标准也是参照API（API：American Petroleum Institute美国石油学会）标准制定的，对实际工程的指导性略显不足。

2）微孔开挖技术应用情况

微孔开挖技术起源于美国，最早应用于复杂地下管道的开挖探测。目前，该技术的应用领域还是比较广泛的，它可以应用于管道接口维修、支管切断、主干管上增加支管、其他路面需要开孔的地方、地下复杂管线或非金属管线准确定位等特殊作业。但由于城市地下管线的情况复杂，这样的特殊作业还是存在较大的风险和难度的。

（1）工具为人工手持，进行管道维修时，一方面要克服工具自身的重量，另一方面还需在路面圆柱形小孔范围内定位修复。因此，修复质量及修复精度都存在较大的不确定性。

（2）该工具只能对管道顶部的防腐层进行打磨和修复，但实际上防腐层的破损以发生在底部和侧部居多，现有工具无法对这些部位进行修复。

（3）在进行防腐层修复前，需打磨掉破损点处旧的防腐层，并且要求抛光处理后的管道表面光洁度达到St3级以上。若在白天光线较好、管道埋深较浅情况下，利用此工具进行打磨时，尚可观察到表面处理情况，但若天气状况较差、管道较深时，打磨质量的观察则存在困难。

3）复合管道修复技术应用情况

复合管道修复技术现在已经广泛使用于管道维护和大修中，它可以应用于管道补强（可用于运行压力高达25MPa的管道）、堵漏、环逢焊接部位加固、管道支撑或悬挂部位加固、管道裂纹、浅海或海洋平台管道修复和弯曲部位的损伤或腐蚀修复等。

复合管道修复技术在应用过程中存在一定的问题，如对于长距离油田埋地管道，复合材料补强修复术仍存在不足，整条管道补强相对于更换管道费用较高，且对施工环境要求严格，土壤粉尘清理需彻底。如果疏漏，则补强粘贴效果将成倍下降，这对施工人员素质要求较高。

4）穿插法的应用情况

据现在的技术水平，缩径法修复的管道类型为重力管道和压力管道。适用的管径范围是 75 ～ 1200mm，单次修复管道长度可达 1000m。适用管材包括高密度聚乙烯（HDPE）管，中密度聚乙烯（MDPE）管，普通 PE 管等。

5）爆（碎）管法的应用情况

爆（碎）管法工艺适合更换管壁腐蚀超过壁厚 80%（外部）和 60%（内部）的管道。在爆管法施工中，由于旧管道的碎屑是被挤入新管道周围土层中，所以该工艺只适用于可压密的土层。爆管法完全避免了诸如穿插法减小管道过水断面的缺点，其施工工期较短，适用于管径为 40 ～ 500mm 的管道，一次安装的长度可达几百米，在支管、检查井等处需要局部开挖。

该方法存在以下技术局限：碎管设备的震动可能会影响周边其他的市政管道或结构设施；需要在支管连接处开挖；水力扩管碎管设备会使旧管不定向破碎，碎片会对衬管的长期性能造成影响；遇到一些无法预见的情况（如旧管周围包有混凝土，无记录的管道接头以及不利的土壤环境时），开挖在所难免；衬管无法通过旧管段上的弯头。

6）机械式螺旋缠绕法的应用情况

机械式螺旋缠绕法适用于重力流管道和压力流管道的结构性损坏及非结构性损坏的修复。使用不同的设备和型材可修复管道的口径范围为 150 ～ 3000mm。虽然修复后管道直径略有缩小，但由于聚氯乙烯型材表面光滑，粗糙系数低，因此新的缠绕内衬管过流能力同普通的污水管材料相比减小有限，在某些情况下过流能力还可能增加。

该技术应用过程的主要问题是修复管道的长度受扩张时扭矩的限制，目前最长更新长度超过 200m，且中间无任何接口。另外，由于带状型材是连续不断的被卷入原有管道，因此管道修复长度还受到运输条件的限制。

7）原位固化法的应用情况

原位固化（CIPP）技术能广泛的应用于污水管道、饮用水管道、化学及其工业管道以及压力管道的修复。原位固化法的物理特性决定它可以适用于不同管道形状的施工，包括直管、弯管、垂直管道连结和变形的多棱角的管道。内衬管在反转时可以绕过 90° 的弯曲部位。

紫外线固化修复技术在国内相对来说还处于起步阶段，仍有很多问题需要解决，尤其是有关技术及管理部门应尽快制定一些实用的标准和规范，使其更加科学化、规范化、标准化。此外，紫外线固化修复技术推广的难度在于修复费用居高不下，使很多中小城市望而却步，其实综合考虑交通、周围管线开挖的风险、市民的生活质量等因素，非开挖修复的费用是可以接受的，而费用高的主要原因在于材料完全依赖进口。

随着修复技术的提升，可实施翻转式原位固化法修复的燃气管道压力扩展至高压级别（2.5MPa），并于 2015 年发布了北京市地方标准 DB11/T 1136，该标准以工程试验为基础，涵盖了修复材料的使用、施工过程控制及施工质量验收等方面的规定。目前，翻转式原位固化法的局限在于其实施修复更新的燃气管道压力不高于 2.5MPa。

8.3.3 提升建议

1）提高修复技术工艺

使用机械化设备，开发和应用性能优良的修复管材，力求使技术设备配套，通过提高修复施工的安全性及生产效率，使管道修复更为可靠。管道修复逐渐采用高效多功能涂层，涂层应具有防腐、绝缘、保温、增强等功能，在国外工程实践中，有以内修复技术同时解决管道内外防腐层失效问题的趋势。如用塑料管材进行穿插加衬，可同时解决管道的内外修复问题，而只将原金属管作为保护性外壳，这一趋势必然对修复技术和材料提出更大挑战。

2）减少修复施工过程中造成的污染

传统的开挖修复技术对居民的正常生活秩序有很大的干扰，这表现在对交通、环境、周边建筑基础的破坏和不良影响，尤其是开挖修复技术带来的大量尘土会给环境和居民健康造成极大的损害。伴随着施工的进行，居民的生活环境日益恶劣，居民与施工单位的摩擦也经常出现。非开挖施工技术是在地表不开挖沟槽的施工技术基础上，通过特殊设备和工艺，完成对管道缺陷修复的方法。非开挖施工技术的应用具有环境上的优点，尤其体现在减少了挖槽处回填土的处理问题。

3）组建管道修复施工专业队伍

随着管道修复技术成为管道建设技术的重要组成部分，为了确保旧管道安全运营，应组建管道修复施工专业队伍，或让部分管道施工人员由管道建设转向旧管道修复，是管道运营企业面临的一项紧迫任务。专业化是时代发展的需要，想要进一步提升管道修复技术，也就离不开专业化的指导。管道修复专业化体现在修复技术的选择上，修复技术的选择应根据管道的建设年代、管径、长度、管材、接口形式、使用年限、腐蚀情况、渗漏情况，未来使用期限，投资比较，未来运行费用，施工影响等多方面进行综合比选。

8.4 管道评估技术

管道评估技术是对管线运行的可靠性、发生事故的可能性及其后果进行评估的理论、方法及技术手段，按照评估内容的差别可以将管道安全评估分为管道安全可靠性评价、管道风险评估两个方面。

8.4.1 关键技术

1）管道可靠性评价技术

管道结构可靠性是指在规定时间和条件下，管道结构具有的满足预期的安全性、实用性和耐久性等功能的能力。目前，钢质管道特别是石油天然气钢质管道可靠性评价方法较为健全，并形成了一系列可靠性标准；同时，在非钢质管道方面，提出了排水管道安全性评估方法。

（1）钢质压力管道评估技术

钢质压力管道评估一般通过计算不同尺寸弥散型腐蚀损伤缺陷管道的极限承压能力，以及损伤材料应力与屈服强度沿管道壁厚的分步规律，针对存在损伤缺陷管道，建立腐蚀剩余强度评价模型。考虑土壤腐蚀性、防腐层、管道本体等三个层次的属性因素，建立管道耐久性评估的指标体系，分层次地进行综合评估。管道可靠性评估流程，如图 8-13 所示。

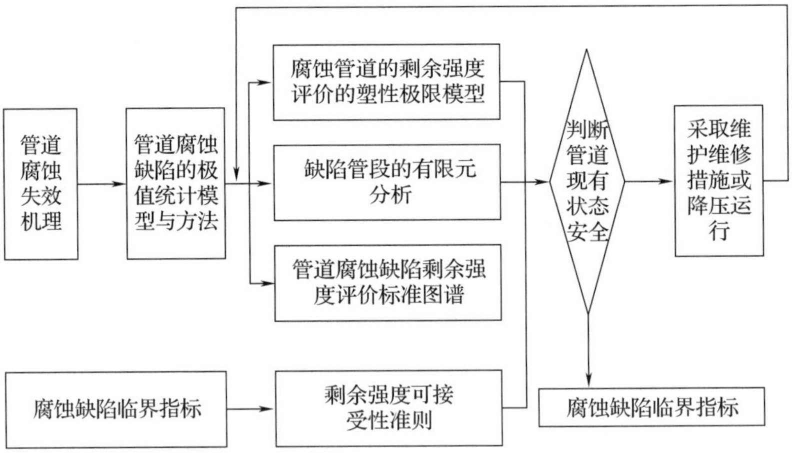

图 8-13　管道可靠性评价流程图

近年来，我国加强了管道可靠性评估技术的应用，并制定了一系列相关标准。管道可靠性计算一般采用极限状态方法，《石油天然气工业管道输送系统基于可靠性的极限状态方法》GB/T 29167—2012/ISO16708:2006 规定了石油天然气工业中，为使用《石油天然气工业管道输送系统》GB/T 24259—2009 允许的基于可靠性的极限状态方法进行管道的设计、允许和再评定所需要的功能要求和原则。基于可靠性的极限状态方法为在设计和运行中预测管道的安全性提供了系统的方法。管道在设计和运行期间的完整性管理，通常采用两种极限状态方法：一是确定性方法，对特征载荷和抗力应用安全系统；二是概率方法，以对相关极限状态应用结构可靠性分析为基础，例如基于可靠性的极限状态方法。《含缺陷油气管道剩余强度评价方法》SY/T 6477—2017 规定了含体积型缺陷、含裂纹型缺陷含弥散损伤型缺陷油气输送管道的剩余强度评价方法。《钢质油气管道凹陷评价方法》SY/T 6996 2014 规定了在役钢质油气管道凹陷检测与评价的技术要求。《钢质管道管体腐蚀损伤评价方法》SY/T 6151—2009 适用于钝性的、低应力集中的腐蚀损伤的碳钢和低合金钢管的评价，对在役含腐蚀损伤管道的评价方法作了规定。

（2）排水管道结构安全评估技术

排水管道结构本体受到损伤后，其承载能力与完整状态相比有所下滑，因此需要根据检测到的缺陷（管壁腐蚀、开裂、变薄等）对管道结构重新进行力学分析和计算[2]。

排水管道结构安全评估一般采用关键截面法和完整模型法。关键截面法应用管道评估力学分析方法，将圆形管道在环向上均分成 12 份，即将环向界面离散为 12 个节点刚接的一维梁单元，单元刚度根据实测壁厚计算，通过设置模型参数，并通过考虑管材性质、荷载、管土接触条件等参数随时间的变化情况，预测管段结构安全。完整模型法是基于地层结构法，采用二维完整模型对管道力学演化进行计算。根据 DP 强度（屈服）准则判断混凝土材料的破坏程度。考虑外部荷载、管壁腐蚀的不确定性和时变性，对车辆荷载大小、管壁厚度、上覆土厚等参数进行模拟和敏感性分析，采用随机有限元法（SFEM）计算结构的失效概率，并分析失效概率与时间的关系，从而达到预测排水管道结构寿命的目的。

《城镇排水管道检测与评估技术规程》CJJ 181—2012 对管道破裂、变形、腐蚀、错口、起伏、脱节、接口材料脱落、渗漏等缺陷分别进行缺陷等级判定，并采用 10 分制，根据缺陷定性、定量描述进行缺陷评分[3]。

2）埋地钢质管道风险评估方法

管道评估不仅要考虑管道可靠性，还应考虑管道发生事故后的后果，目前根据《埋地钢质管道风险评估方法》GB/T 27512—2011 进行长输油气管道风险评估。

依据风险评估的基本原理，从发生事故的可能性和事故后果两个方面综合评估埋地钢质管道在其实际使用工况和环境下的风险程度，是一种适合于工程实际的半定量风险评估方法。适用于输送原油、成品油、腐蚀性液体、天然气介质的长输管道、集输管道，输送天然气、人工煤气、液化石油气介质的公用管道，输送腐蚀性液体介质的工业管道中的埋地钢质管道。

埋地钢质管道风险评估包括管道区段划分、失效可能性评价、失效后果评价、风险值计算、风险等级划分、降低风险措施的建议和风险再评估等内容。失效可能性评分基本模型是在对管道失效可能性评分时所采用的统一的失效可能性评分模型，包括了影响管道失效的基本因素，即评分项，并给出这些评分项的缺省权重，同时根据所评价管道所处特定条件需确定的影响管道失效的因素，进行管道失效可能性评分修正。失效后果是潜在的管道泄漏、燃烧、爆炸等事故可能引起的最严重的人员伤亡、直接经济损失、无形损失等后果。

3）城市管道风险评估技术

管道风险评价技术最早由美国提出并初步开展应用，1992 年 W・肯特・米尔鲍尔在《管道风险管理手册》中阐述了管道风险评估模型。管道风险评估是通过识别对管道运行有不利影响的各类危害因素，评价管道发生事故的可能性和后果严重程度，计算风险大小并提出风险控制措施的工作过程。事故可能性根据其成因分为腐蚀防护、外力破坏、管线设计、误操作等因素综合确定，后果严重程度评价一般包括人身伤亡、经济损失、政治影响等，具体如图 8-14 所示。

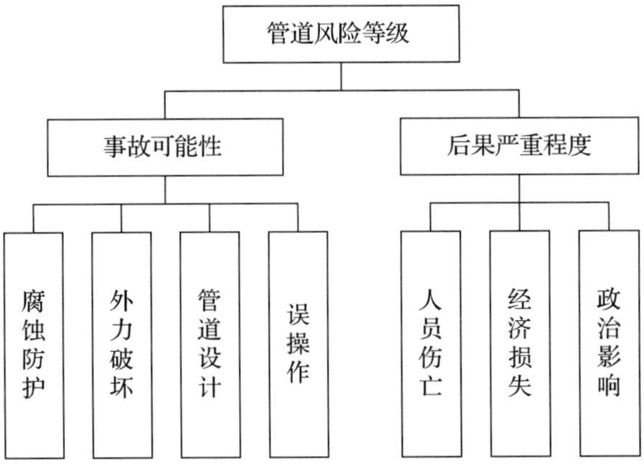

图 8-14　城市管道风险评估要素

（1）腐蚀防护

腐蚀引起的管道失效是钢质管道最常见的危害，管道腐蚀造成管道壁厚损失，从而降低管道结构完整性。腐蚀评价主要考虑材料类型和环境影响，可以分为大气腐蚀、内腐蚀和地下腐蚀三种类型。腐蚀因素大多可以量化，其测试方法可以参考相关行业标准。通常可采用腐蚀评分方法，根据各种环境下测得的管道腐蚀速率，建立腐蚀指数和腐蚀速率之间的关系，近年考虑到检测数据的数量和可靠性，一些学者开始探索 BP 神经网络模型、线性综合评估模型等在腐蚀评价中的应用。

（2）外力破坏

外力破坏一般是与管道无关人员的活动对管道造成的意外损坏。外力破坏的影响因素随机性较强，量化难度大。外力破坏一般考虑最小覆盖深度、活动水平、地面设施、公众教育、通行带状况、巡查频次等因素。通过故障树分析，得到引起外力破坏的各种基本事件的内在逻辑关系，得到各基本事件的重要度，将其作为模糊综合评判法的权重向量，按照最大隶属度确定各管段外力破坏可能性的等级。

（3）管道设计

管道设计必须考虑结构耐受外部载荷、内部载荷、依时性载荷、随机载荷等各种预计载荷的情况下，保持结构的完整性。通常采用“安全裕量”表征管道初始设计和目前运行状态的关系，其影响因素大多可以量化，且各因素间相关度较低，一般采用安全系数、疲劳、随机潜在危险、完整性验证、地层移动等指标进行加权评价，近年来也逐渐建立多因子回归评分等模型。

（4）误操作

误操作用于评价在管道设计、施工、运行或维护过程中相关人员所犯错误而导致的管道失效可能性。在事故预防过程中，识别不当操作行为至关重要。误操作需要考虑设计、施工、运行、维护及监管等多个环节，对于在役管道主要考虑运行、维护两个方面。可以采用人员可靠性分析方法，基于对管道运行和维护人员的行为特征分析，确定根据相关人员的合格性、稳定性、熟练性、技术难度、工作负荷量等因素对其进行评估，得到管道误操作风险等级。

（5）后果严重程度

后果分析主要包括管线内和管线外两个部分。管线外后果分析主要研究管线事故后果的物理效应、化学效应。以燃气管线为例，管线失效破裂将导致燃气通过破裂口泄漏，泄漏流量的大小取决于燃气管道自身属性数据（管径、压力、流速、气体特性等）和管道周边环境状况（风速、温度、湿度等）。对管道泄漏后毒气扩散、燃烧、爆炸等现象采用物理模型进行定量计算，通过物理伤害与生物效应的剂量－效应关系，定量计算相应的伤害值，得到致死概率单位数和伤亡百分数。管道内后果分析主要研究管道压力下降和流量损失。

人员伤亡的风险值采用个人风险和社会风险进行定量描述，经济损失风险值采用管道破坏导致供应不足、周边财产损失等经济损失定量描述。

4）重大活动期间管道风险评估技术

为了保障城市中重大活动的顺利进行，近年来北京市在奥运会、国庆等大型活动期间提出了管道风险评估与控制技术，如图 8-15 所示。

管道风险因素识别技术。采用事故致因理论从人的不安全行为、物的不安全状态、管理因素、环境类危险因素等，采用事故树将管线事故作为顶上事件，按照演绎法，从顶上事件开始，运用逻辑推理，分析事故起因的中间事件与基本事件的关系，实现地下管线运行风险识别。

管道事故链式演化风险分析技术。通过构建管道破坏事故灾害演化网络拓扑结构，找到管道破坏事故次生衍生灾害演化规律；运用粗糙集理论，通过整理和计算得到各个条件属性的上近似、下近似、正域，找到管道事故灾害发生可约简的条件属性，提取基于粗糙集的确定性规则和不确定性规则，对管道破坏事故诱发机制进行预测，给出不同诱发条件下突发事件发生的概率。

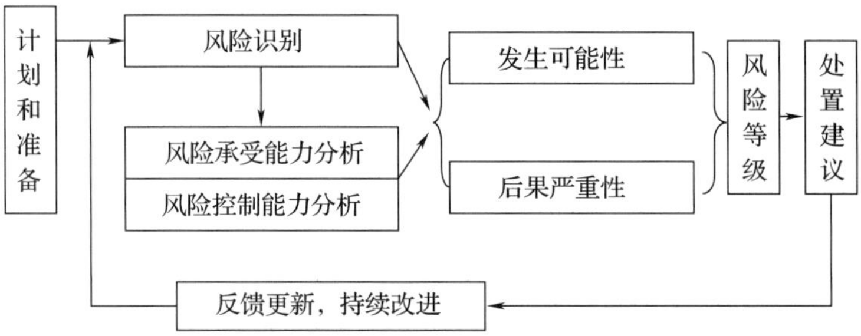

图 8-15　重大活动期间管道风险评估流程图

制定管道风险控制与应急准备工作方案。对风险评估得到的管道风险进行消除、控制并降低风险等级，督促、指导、检查各专业企业开展重大活动期间各项设施设备的风险控制、风险监测与应急准备工作，建立事故风险防控工作机制，采取一系列有效措施和手段，对各类风险制定专门的相关防范和监控措施。

8.4.2　应用现状及存在的问题

1）管道可靠性评估数据支撑不足

我国 20 世纪 80 年代开始进行管道检测，目前管道检测与安全评估尚处于起步阶段，已开展管道检测的数量较少，不足管道总量的 1/10。目前北京、上海等城市在排水、燃气、供水等方面开展了老旧管线、重点区域管线的腐蚀检测、结构安全检测，但整体来看由于缺少管道检测数据，目前难以进行管道安全评估，由于缺乏对各条管道腐蚀规律的认识，无法对管道现状及未来安全状况做出科学预测。

2）城市管线风险评估技术应用不足

风险评估技术主要应用于长输管道，2010 年中石油利用基于肯特法研发的 RiskScore 评价软件对管道公司全部在役管道进行了风险评价。在城市管道方面，仅有燃气、供热行业在北京、深圳、昆明、乌鲁木齐等个别城市开展了风险评估。2001 年深圳燃气集团有限公司开展了城市燃气管道安全状况评估课题，建立城市燃气管道安全评估系统软件；北京市以奥运会、国庆等重大活动为契机，开展了重大活动期间燃气、供热、地下管线风险评估。

3）风险评估方法缺乏针对性

风险评估数据支撑不足，导致风险评估方法实施困难。在管道风险评估中数据是至关重要的因素，目前我国在役管道仍有很大一部分是纸质化档案数据，存在保存不完整、查询困难等问题，尽管随着近年管线普查的全面开展，形成了大量信息化数据，但由于普查缺乏对管道运行状态等属性数据的调查，数据可用性差，达不到风险评估的数据要求，另外缺乏针对管道风险评估数据采集的标准规范。

我国特有管道风险因素考量不足。在我国目前的管道管理和运行体制下，有许多中国特有的管理、操作、运行、维护的措施和规范，其引起的风险因素是风险评估技术中必须要考虑的，如燃气管道敷设方式、不同种类管道之间的空间关系，管道安全管理与运行维护体制等。因此在风险评估模型计算时需要充分考虑我国实际情况，建立适合中国管道规划、建设、管理现状的评估模型。另外，在风险后果评估中必须考虑我国的实际情况，如对人身伤亡损失和环境污染损失的计算，必须通过政府、专家和经营者对政治、社会、经济等多方面因素进行综合分析才能确定。

8.4.3 提升建议

1）开展城市管道综合评估技术研发

随着城市的快速发展，地下管线错综复杂，管道安全受到自然环境、人为因素、管线自身、运输介质等多种因素影响，管线风险问题异常复杂。城市燃气、供热、排水、给水、电力等诸多管道相互交织布置于城市空间，不同管道之间相互影响显著，城市管道评估需要综合考虑不同管道之间的相互影响。城市管道风险具有更快更强的扩散性和更大的破坏性，易出现连锁反应。管道权属单位、政府部门等都难以单独进行管道风险评估，需要从管道综合风险的特点出发，推动风险评估技术在城市管道领域的深入应用，实现城市多种管道的综合风险评估。

2）推动城市管道风险评估制度建设

城市管道多数处于公共区域，其安全问题是公共安全的重要组成部分，公共安全作为一种公共物品，应作为政府提供服务的一项重要责任。应在我国安全生产管理政府领导、部门监督、企业主责、社会参与的工作格局基础上，结合城市管道敷设于公共区域，风险影响因素复杂的特点，在政府、企业、社区、非营利机构及公众之间构建综合风险治理体系，建立起资源、信息交流与互补平台，充分动员各方力量，共同应对城市管道风险。

第 4 篇

综合管廊专篇

第 9 章　综合管廊发展概述

9.1　定义与分类

9.1.1　定义

《国务院办公厅关于推进城市地下综合管廊建设的指导意见（国办发〔2015〕61号）》中将地下综合管廊定义为“在城市地下用于集中敷设电力、通信、广播电视、给水、排水、热力、燃气等市政管线的公共隧道。”

《城市综合管廊工程技术规范》GB 50838—2015 中将综合管廊定义为“建于城市地下用于容纳两类及以上城市工程管线的构筑物及附属设施。”其中，“城市工程管线”包括了满足人们日常生活、生产需要的给水、雨水、污水、再生水、天然气、热力、电力、通信等市政公用管线（不包括工业管线）。

综合管廊的建设和使用有助于减少城市道路的重复开挖，有助于地下管线的运行维护与防灾减灾，是城市化和经济高速发展的必然需求，是科学开发和利用城市地下空间的有效手段，是保证城市具有可持续发展能力的重要途径。综合管廊的建设和运行已成为城市基础设施现代化更新与改造以及城市现代化建设的趋势和潮流。

9.1.2　分类

综合管廊容纳的管线不同，其性质和结构也有所不同，按照综合管廊容纳管线的类型及作用可以分为干线综合管廊、支线综合管廊、缆线综合管廊和干支混合综合管廊。各类综合管廊的定义如下：

（1）干线综合管廊：指用于容纳城市主干市政管线，采用独立分舱方式建设的综合管廊。干线综合管廊一般设置于机动车道或道路中央下方，主要连接原站（如自来水厂、发电厂、热力厂等）与支线综合管廊，其一般不直接服务于沿线地区。

（2）支线综合管廊：指用于容纳城市配给市政管线，采用单舱或双舱方式建设的综合管廊。支线综合管廊主要用于将各种管线从干线综合管廊分配、输送至各直接用户，容纳直接服务于沿线地区的各种管线。

（3）缆线管廊：指采用浅埋沟道方式建设，设有可开启盖板但其内部空间不能满足人员正常通行要求，用于容纳电力电缆和通信线缆的综合管廊。

（4）干支混合管廊：指用于容纳城市主干市政管线及城市配给市政管线的综合管廊。

除上述分类方式外，综合管廊还有多种分类方式，比如按照舱室数量可以分为单舱综合管廊、双舱综合管廊和多舱综合管廊；按照断面形式可以分为矩形、圆形、半圆形和拱形等综合管廊；按照综合管廊本体施工方法的不同，一般可将综合管廊分为明挖现浇式综合管廊、明挖预制装配式综合管廊和非开挖式综合管廊（各类施工工法介绍详见第 10 章）。其中，非开挖式综合管廊又可分为盾构法综合管廊、顶进法综合管廊、矿山法综合管廊和浅埋暗挖法综合管廊等。

9.2　发展历程

我国综合管廊发展起步较晚，从 1958 年北京市天安门广场下的第一条综合管廊开始，经历了四个发展阶段：

概念阶段（1978 年以前）：国外的一些关于综合管廊的先进经验传到中国，但由于特殊的历史时期使得城市基础设施的发展停滞不前，而且由于我国的设计单位编制较混乱，几个大城市的市政设计单位只能在消化国外已有的设计成果的同时摸索着完成设计工作，仅有个别地区如北京、上海做了部分试验段。

争议阶段（1978—2000 年）：随着改革开发的逐步推进和城市化进程的加快，城市的基础设施建设逐步完善和提高，但是由于局部利益和全局利益的冲突以及个别部门的阻挠，尽管有众多知名专家的呼吁，管线综合的实施仍是极其困难。在此期间，一些发达地区开始尝试进行管线综合，建设了一些综合管廊项目，有些项目初具规模且正式运营。

快速发展阶段（2000—2010 年）：伴随着当今城市经济建设的快速发展以及城市人口的膨胀，为适应城市发展和建设的需要，结合前一阶段消化的知识和积累的经验，我国的科技工作者和专业技术人员针对管线综合技术进行了理论研究和实践工作，完成了一大批大中城市的城市管线综合规划设计和建设工作。

赶超和创新阶段（2011—2017 年）：由于政府的大力推动，在住房城乡建设部做了大量调研工作的基础上，国务院连续发布了一系列的法规，鼓励和提倡社会资本参与到城市基础设施特别是综合管廊的建设上来，我国的综合管廊建设开始呈现蓬勃发展的趋势。从建设规模和建设水平来看，已经超越了欧美发达国家成为综合管廊的超级大国。

但从 2018 年以后，我国综合管廊的建设进入了有序推进阶段，要求各个城市根据当地的实际情况编制更加合理的综合管廊规划，制定切实可行的建设计划，有序推进综合管廊的建设。

9.3 发展规模

城市综合管廊的建设起源于 19 世纪的欧洲，早在 1833 年，法国巴黎在开始有系统地规划排水网络的同时，就开始兴建综合管廊了。之后，英国、德国等欧洲国家也开始研究规划并兴建综合管廊。进入 20 世纪后，日本由于国土狭小、城市用地紧张，更加注重地下空间的综合利用，尤其是关东大地震后，为了减少地震灾害对“城市生命线”的破坏，开始调查研究并规划建设综合管廊，截至 2016 年年底，日本全国的综合管廊已建成 2057km。另外，俄罗斯、美国、西班牙等国家也开始基于民防、城市景观改善等需求陆续兴建综合管廊。

我国的综合管廊建设可追溯到 1958 年，北京天安门广场修建了一条长约 1076m 的综合管廊，内部敷设有热力、电力和电信管线，并预留了自来水管的位置。1990 年以后，北京、上海、广州等经济发达城市陆续开展了综合管廊建设，但全国范围内并未大规模建设。

我国台湾地区于 20 世纪 90 年代开始对城市综合管廊建设进行了大力推广，台北市于 1991 年配合铁路地下化在中华路建设了第一条共同沟，截至 2015 年 4 月，中国台湾地区综合管廊积累建设完成长度达 392.82km，所有规划建设长度达 908.18km。

2014 年以来，随着地下管线问题的不断暴露，国家意识到转变管线建设模式的重要性，开始颁布多项政策来推动综合管廊建设。2015 年，住房城乡建设部要求，用 3 年左右时间，在全国 36 个大中城市全面启动地下综合管廊试点工程，并于当年确定了包头、沈阳、哈尔滨在内的第一批 10 个试点城市。2016 年又有广州、石家庄、四平在内的 15 个城市入选国家第二批综合管廊试点城市。李克强总理也在 2016 年、2017 年的政府工作报告中提出要开工建设 2000km 综合管廊，全国范围掀起了建设综合管廊的热潮。

据统计，截至 2016 年底，全国 141 个城市开工建设综合管廊总长度为 1714.3km[①]，

① 数据来源于：中投顾问发布的《2018—2022 年中国城市地下综合管廊建设深度调研及投资前景预测报告》。

大陆地区已建成综合管廊约479.4km[①]，具体见图9-1，部分城市已建成综合管廊情况见表9-1。

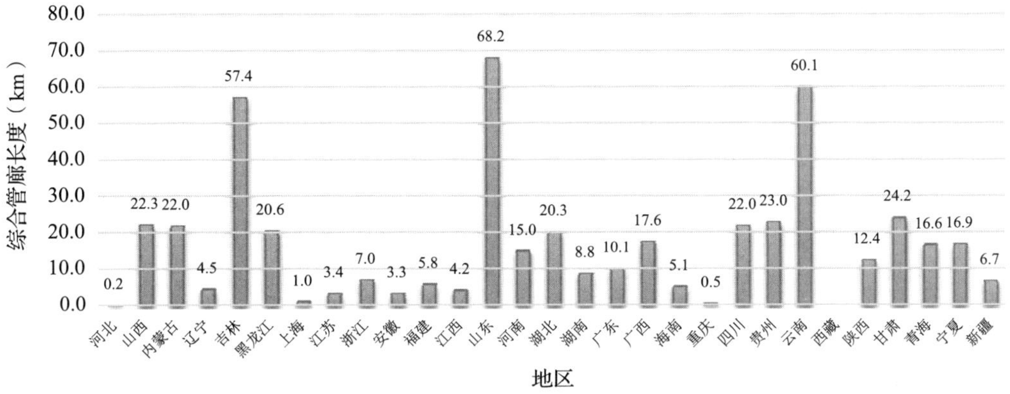

图9-1　各省、直辖市、自治区综合管廊（完成廊体）建成情况

表9-1　我国部分城市已建综合管廊情况表

城市	综合管廊名称	长度（km）	建成年份
北京	东长安街综合管廊（天安门综合管廊）	1.07	1958
	中关村西区综合管廊	7.78	2008
	未来科学城综合管廊	3.88	2017
	运河商务区综合管廊	1.95	2017
上海	浦东新区张杨路综合管廊	11.13	2001
	松江新城综合管廊	0.32	2003
	安亭新镇综合管廊	5.78	2008
	世博会园区综合管廊	6.75	2010
广州	广州大学城综合管廊	17.40	2005
	亚运村综合管廊	6.85	2010
深圳	大梅沙－盐田坳综合管廊	2.67	2005
	光明新区综合管廊（光侨路、光侨大道、华夏二路、观光路）	8.50	2013
昆明	彩云路综合管廊	22.44	2005
	广福路综合管廊	17.76	2007
	沣源路综合管廊	7.00	2010
	飞虎大道南段综合管廊	3.40	2015
苏州	月亮湾综合管廊	0.93	2011
厦门	岛内BRT沿线综合管廊	18.10	2009
	湖边水库综合管廊	6.30	2010
	集美新城综合管廊	5.90	2014

① 数据来源于:《中国城乡建设统计年鉴（2016）》。

续表

城市	综合管廊名称	长度（km）	建成年份
珠海	横琴新区综合管廊	33.40	2013
杭州	钱江新城综合管廊	2.16	2006
济南	泉城路综合管廊	1.45	2001
	奥体片区综合管廊	4.80	2007
	旅游北路综合管廊	3.10	2010
	二环西路综合管廊	5.88	2013
武汉	中央商务区综合管廊	6.08	2016
南京	江北新区综合管廊（一期）	10.00	2015
	河西新城综合管廊	8.70	2017
青岛	红岛高新区综合管廊	54.00	2014
宁波	东部新城综合管廊	9.38	2014

2015 年、2016 年，根据财政部、住房城乡建设部《关于开展中央财政支持地下综合管廊试点工作的通知》（财建〔2014〕839 号），确定的 25 个试点城市综合管廊建设现状如图 9-2、图 9-3 所示。

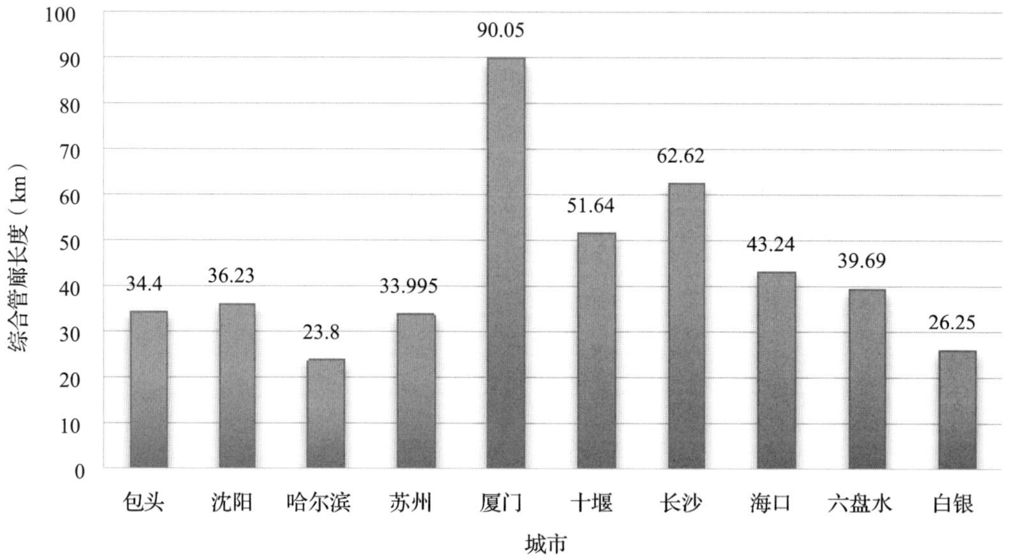

图 9-2　第一批试点城市的管廊建设规模（含在建中）①

① 大部分数据截至 2017 年底，部分数据截至 2016 年底，数据来源于：

（1）宋志宏，梁舰，冯海忠 . PPP 模式在城市综合管廊工程中的应用［M］. 北京：知识产权出版社，2017.

（2）苏州市人民政府网：苏州市地下综合管廊建设情况 . http://www.suzhou.gov.cn/xxgk/zdgchssxm/zdxmjssqk/201712/t20171226_943440.shtml.

（3）人民政协网：福建厦门谋划地下综合管廊建设新样本 . http://www.rmzxb.com.cn/c/2017-08-18/1731606.shtml.

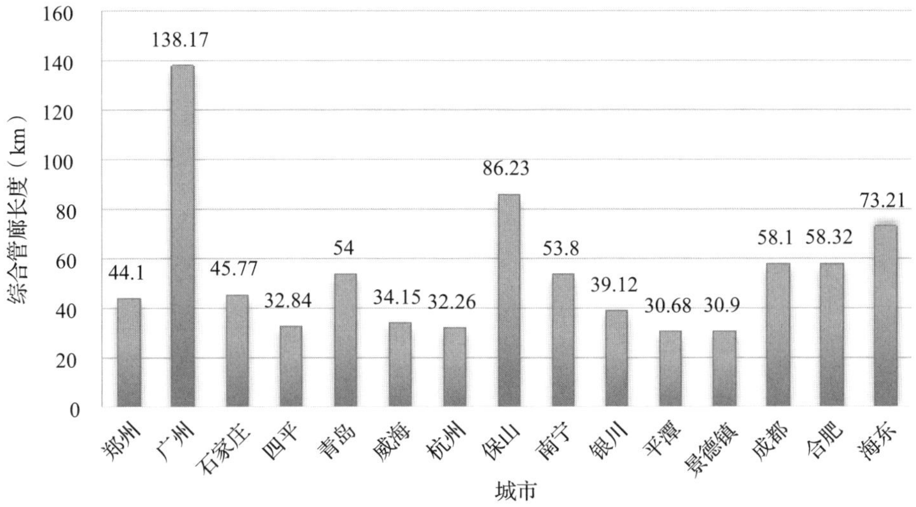

图 9-3 第二批试点城市的管廊建设规模（含在建中）[①]

9.4 法规标准体系

9.4.1 政策法规情况

1）国家层面的政策文件

2005 年，原建设部（现住房城乡建设部）就在《建设部城市建设司 2005 年工作

---

① 数据截至 2017 年底，数据来源于：

（1）宋志宏，梁舰，冯海忠 . PPP 模式在城市综合管廊工程中的应用［M］. 北京：知识产权出版社，2017。

（2）河南省人民政府，郑州地下综合管廊建设成全省样板建设总长 44.1 公里 . https://www.henan.gov.cn/zwgk/system/2018/06/08/010789262.shtml.

（3）广州新开工八大地下管廊 . http://www.huaxia.com/gdtb/gdyw/mttt/2017/03/5250028.html.

（4）河北建设网、我省开工建设地下综合管廊 180 余公里 . http://www.hebjs.gov.cn/xinwenzhongxin/gongzuodongtai/201808/t20180814_238368.html.

（5）创新中走来特色：四平地下综合管廊建设纪实 . http://www.jl.chinanews.com/cjbd/2017-08-04/24220.html.

（6）青岛地下管廊已建 54 公里，已建设 13 个试点项目 . http://news.bandao.cn/news_html/201611/20161124/news_20161124_2685310.shtml.

（7）威海市财政局、威海市加快城市地下综合管廊建设的做法及成效 . http://www.whcz.gov.cn/art/2016/9/30/art_19785_714000.html.

（8）网易、杭州最大规模，大江东地下综合管廊已经开工了 . https://www.sohu.com/ a/125629116_411593.

（9）保山新闻网、保山力推地下综合管廊建设 . http://www.baoshan.cn/2016/1208/3830.shtml.

（10）南宁建设综合管廊将达到 131.11 公里 . http://www.bbw.gov.cn/Article_Show.asp?ArticleID=55009.

（11）景德镇精心打造地下综合管廊 . http://mini.eastday.com/bdmip/180320073923093.html.

（12）成都：明年底建 58.1 公里地下综合管廊 2020 年建 1000 公里以上 . http://www.sohu.com/a/71687220_119556.

（13）青海海东试点综合管廊建设地下百年“大动脉” . https://baijiahao.baidu.com/s?id=1606298352897379573&wfr=spider&for=pc.

要点》中提出要："研究制定地下管线综合建设和管理的政策，减少道路重复开挖率，推广共同沟和地下管廊建设和管理经验"。

2014 年以来，国家有关部门为了推进综合管廊的建设发展，相继颁布了一系列政策文件，从规划编制、建设区域、科技支撑、投融资、入廊收费等方面给出了详细的指导意见，对我国的综合管廊建设具有极其重要的推动作用。

综合来看，目前我国出台的综合管廊政策文件主要涉及综合类、规划类和金融类三方面，具体文件见表 9-2。

表 9-2　综合管廊政策文件列表

文件类型	文件名称	发布主体	发布时间
综合类	《国务院关于加强城市基础设施建设的意见》（国发〔2013〕36 号）	国务院	2013 年
	《国家新型城镇化规划（2014—2020 年）》	中共中央、国务院	2014 年
	《国务院办公厅关于加强城市地下管线建设管理的指导意见》（国办发〔2014〕27 号）	国务院办公厅	2014 年
	《国务院办公厅关于推进城市地下综合管廊建设的指导意见》（国办发〔2015〕61 号）	国务院办公厅	2015 年
	《住房城乡建设部、国家能源局关于推进电力管线纳入城市地下综合管廊的意见》（建城〔2016〕98 号）	住房城乡建设部、国家能源局	2016 年
规划类	《住房城乡建设部关于印发〈城市地下综合管廊工程规划编制指引〉的通知》（建城〔2015〕70 号）	住房城乡建设部	2015 年
	《城市地下空间开发利用"十三五"规划》	住房城乡建设部	2016 年
金融类	《关于开展中央财政支持地下综合管廊试点工作的通知》（财建〔2014〕839 号）	财政部、住房城乡建设部	2014 年
	《关于组织申报 2015 年地下综合管廊试点城市的通知》（财办建〔2015〕1 号）	财政部、住房城乡建设部	2015 年
	《国家发展改革委办公厅关于印发〈城市地下综合管廊建设专项债券发行指引〉的通知》（发改办财金〔2015〕755 号）	国家发展改革委办公厅	2015 年
	《住房城乡建设部、国家开发银行〈关于推进开发性金融支持城市地下综合管廊建设〉的通知》（建城〔2015〕165 号）	住房城乡建设部、国家开发银行	2015 年
	《国家发展改革委、住房城乡建设部关于城市地下综合管廊实行有偿使用制度的指导意见》（发改价格〔2015〕2754 号）	国家发展改革委、住房城乡建设部	2015 年
	《住房城乡建设部关于印发〈城市综合管廊工程投资估算指标〉（试行）的通知》（建标〔2015〕85 号）	住房城乡建设部	2015 年
	《关于开展 2016 年中央财政支持地下综合管廊试点工作的通知》（财办建〔2016〕21 号）	财政部办公厅、住房城乡建设部办公厅	2016 年
	《财政部、住房城乡建设部关于印发城市管网专项资金绩效评价暂行办法的通知》（财建〔2016〕52 号）	财政部、住房城乡建设部	2016 年
	《住房城乡建设部办公厅、国家开发银行办公厅关于城市地下综合管廊建设运用抵押补充贷款资金有关事项的通知》（建办城函〔2016〕967 号）	住房城乡建设部、国家开发银行	2016 年
	《住房城乡建设部关于印发城市地下综合管廊工程消耗量定额的通知》（建标〔2017〕131 号）	住房城乡建设部	2017 年

2）地方层面的政策法规

在综合管廊发展初期，由于缺乏国家性的法律法规支持，少数城市通过颁布地方性的综合管理办法来推动综合管廊建设，也有部分重要的城市新区管理机构通过出台区域性建设管理办法来解决综合管廊建设矛盾，如上海市《世博会园区管线综合管沟管理办法》《浦东新区共同沟管理暂行办法》《广州大学城共同沟管理办法》《深圳市光明新区共同沟管理暂行办法》等，这些管理办法针对本地区或本项目的综合管廊建设和管理问题做了具体的要求。这些管理办法主要在行政管理层面上予以推行，尚未进入地方法律法规层面。

近年来，随着国家战略发展方向的调整，中央和地方政府越来越重视城市基础设施建设，综合管廊建设已被提升到一个新高度。国家层面，综合管廊基本法、建设及管理经费分摊办法、综合管廊收费办法等法律法规都在加紧研究和制定中。地方层面，已有包括两批试点城市在内的 30 余个省市出台了综合管廊建设管理、运行管理和有偿使用收费方面的管理办法（具体信息见附录 2），其中广州市、长沙市在管线管理条例中专门规定了综合管廊管理政策；珠海市于 2015 年出台了《珠海经济特区地下综合管廊管理条例》，是国内首部专门针对综合管廊的条例。

为贯彻落实《国务院办公厅关于推进城市地下综合管廊建设的指导意见》(国办发〔2015〕61 号)，推动地方综合管廊建设管理，各地相继出台了相应的实施意见（具体信息见附录 3）。

已经出台的政策文件和管理办法主要从综合管廊的规划建设、运营维护、信息管理、管理职责等方面进行规范，涉及综合管廊的规划编制、建设统筹、入廊要求、有偿使用收费、运行维护职责、安全防护、应急处置、档案信息管理等内容，为综合管廊的建设管理及安全运行提供了政策支持和管理依据。

9.4.2 标准规范情况

据统计，目前国内已经出台的综合管廊标准共有 21 部，包括 2 部国家标准、14 部地方标准（涉及北京市、天津市、上海市、深圳市、厦门市、河北省、四川省等）、3 部国家标准图集和 3 部地方标准图集，这些标准从综合管廊相关的多个角度规范了其设计施工、运行维护等方面的具体要求。

除已经出台的各项标准外，国家和地方也在积极推进综合管廊标准体系的建设。行业标准《城市地下综合管廊运行维护及安全技术标准》正在征求意见。业内多个社会团体已完成相关标准的立项工作，《城市综合管廊工程防水材料应用技术规程》《城市综合管廊运营管理技术标准》《城市综合管廊管线工程技术规程》《城市综合管廊施工及验收规程》等团体标准正在编制过程中。

地方层面涉及综合管廊规划设计、建设施工、运行维护、信息系统建设等的标准也在编制或者研究过程中，如北京市已经启动了《城市综合管廊运行维护规范》、《城市综合管廊工程施工及质量验收规范》的研究编制工作，详细信息见表 9-3。

表 9-3　综合管廊标准列表

标准类型	标准名称
国家标准（2）	《城市综合管廊工程技术规范》GB 50838—2015
	《城镇综合管廊监控与报警系统工程技术标准》GB/T 51274—2017
地方标准（14）	北京市《城市综合管廊工程设计规范》DB111 1505—2017
	《天津市综合管廊工程技术规范》DB/T 29—238—2016
	上海市《城市综合管廊维护技术规程》DG/T J08—2168—2015
	上海市《综合管廊工程技术规范》DGTJ08—2017—2014
	重庆市《城市地下管线综合管廊建设技术规程》DBJ/T 50—105—2010
	《深圳市地下综合管廊工程技术规程》SJG 32—2017
	厦门市《综合管廊工程技术规范（试行）》DB3502/Z5015—2016
	河北省《城市地下综合管廊建设技术规程》DB13(J)/T183—2015
	河北省《波纹钢综合管廊工程技术规程》DB13(J)/T 225—2017
	《四川省城市综合管廊工程技术规范》DBJ51/T077—2017
	安徽省《综合管廊信息模型应用技术规程》DB34/T 5074—2017
	山东省《城镇综合管廊工程施工及验收规范》DBJ14—089—2012
	《陕西省城镇综合管廊设计标准》DBJ61/T 125—2016
	沈阳市《城市地下综合管廊建设技术管理规范》DB2101/TJ15—2014
国家标准图集（3）	《综合管廊工程总体设计及图示》17GL101
	《综合管廊给水、再生水管道敷设与安装》17GL301（GJBT—1451）
	《综合管廊给水管道及排水设施》17GL302
地方标准图集（3）	《重庆市城市综合管廊（总体及附属设施）标准图集》DJBT—101
	《重庆市城市综合管廊（预制）标准图集》DJBT—096
	《湖南省综合管廊标准图集》湘 2015SZ102

第 10 章　综合管廊建设管理

综合管廊的建设管理主要指规划设计、施工和运行管理等阶段的管理活动。规划设计阶段的重点工作是明确综合管廊的系统规划和布局，对纳入管线进行详细分析并确定设计方案；施工阶段需要结合工程项目的具体情况选择合适的施工工法并保证工程质量安全；运行管理阶段需要明确管理主体及管理内容并制定相应的管理机制及管理办法。

10.1　规划编制情况

2015 年，国务院办公厅发布《关于推进城市地下综合管廊建设的指导意见》（国办发〔2015〕61 号），要求“各城市人民政府要按照先规划、后建设的原则，在地下管线普查的基础上，统筹各类管线实际发展需要，组织编制地下综合管廊建设规划。”同年，住房城乡建设部印发《城市地下综合管廊工程规划编制指引》，从要求、内容和成果等方面规范和指导城市综合管廊工程规划编制工作。

各城市结合自身实际情况，相继将综合管廊发展规划纳入城市总体规划中，开展综合管廊专项规划的编制工作。目前，北京、深圳、武汉、重庆、珠海等 50 余个城市已经完成了综合管廊专项规划的编制工作。

各城市综合管廊专项规划的内容和侧重点因城市基本条件和发展需求的不同而存在较大差异，如北京市、泰州市等综合管廊规划主要是布局和建设规模方面的规划；昆明市、荆州市、廊坊市等只是对中心城区综合管廊的系统布局、入廊管线种类、发展远景等做了详细要求；武汉市、运城市则以重点功能区、新城核心区或重点改造区域为主形成综合管廊系统布局；也有部分城市将综合管廊规划与地下管线规划一同编制发布，如贺州市、德阳市。部分城市综合管廊专项规划见表 10-1。

表 10-1　部分城市综合管廊规划列表

序号	规划名称	时间周期
1	北京市地下综合管廊专项规划	2018—2035
2	重庆市主城区地下综合管廊规划	2016—2020

续表

序号	规划名称	时间周期
3	廊坊市中心城区地下综合管廊专项规划	2016—2030
4	大同市城市地下综合管廊专项规划	2016—2030
5	运城市综合管廊专项规划	2016—2030
6	临汾市地下综合管廊专项规划	2016—2030
7	巴彦淖尔市市政综合管廊专项规划	2013—2030
8	乌兰察布市中心城区地下综合管廊专项规划	2016—2030
9	沈阳市地下综合管廊总体规划	2017—2020
10	无锡市地下综合管廊专项规划	-
11	连云港市地下综合管廊专项规划	2016—2030
12	泰州市城市地下综合管廊专项规划	2016—2020
13	南通市地下综合管廊专项规划	2016—2030
14	江阴市城市地下综合管廊专项规划	2016—2030
15	平湖市中心城区综合管廊专项规划	2017—2030
16	合肥市地下综合管廊规划	2016—2030
17	铜陵市地下综合管廊规划	2016—2030
18	九江市中心城区及周边地区综合管廊专项规划	2017—2030
19	南昌市城市地下综合管廊专项规划	2016—2020
20	上饶市中心城区地下综合管廊专项规划	2016—2030
21	高安市中心城区综合管廊专项规划	2010—2030
22	潍坊市综合管廊专项规划	2016—2030
23	滨州市综合管廊专项规划	2016—2020
24	淄博市主城区地下综合管廊专项规划	2016—2030
25	青岛市地下综合管廊专项规划	2016—2030
26	临沂市地下综合管廊专项规划	2016—2030
27	洛阳市中心城区地下综合管廊工程专项规划	2016—2030
28	开封市城市地下综合管廊专项规划	2016—2030
29	武汉市综合管廊专项规划	2016—2030
30	荆州市中心城区地下综合管廊专项规划	2017—2030
31	黄冈市综合管廊专项规划	2016—2030
32	益阳市中心城区地下综合管廊专项规划	2016—2030
33	娄底市城市地下综合管廊专项规划	2016—2030
34	珠海市综合管廊专项规划	2014—2020
35	湛江市市区地下综合管廊专项规划（修编）	2016—2020
36	惠州市地下综合管廊专项规划（修编）	2016—2030
37	廉江市综合管廊专项规划（草案）	2016—2030
38	东莞地下综合管廊专项规划	2016—2030
39	广州市综合管廊专项规划	2016—2030
40	中山市城市综合管廊工程专项规划	2012—2030
41	深圳市地下综合管廊工程规划	2016—2030
42	贺州市城市综合管线及综合管廊专项规划	2016—2030
43	北海市地下综合管廊专项规划	2016—2030

续表

序号	规划名称	时间周期
44	海口市地下综合管廊专项规划	2016—2030
45	绵阳市城市地下综合管廊专项规划	2016—2030
46	遂宁市中心城区地下综合管廊工程建设专项规划	2016—2020
47	成都市地下综合管廊专项规划	2016—2030
48	玉溪市城市综合管廊专项规划	2016—2030
49	昆明中心城区地下综合管廊专项规划	2016—2030
50	张掖市主城区地下综合管廊专项规划	2016—2030
51	西宁地下综合管廊工程规划（修编）	2016—2030
52	奎屯市中心城区地下综合管廊专项规划	2017—2030

10.2　入廊原则及要求

10.2.1　管线入廊原则

早期建设的综合管廊中，一般可收纳电力电缆、通信线缆、给水管道、再生水管道、燃气管道、热力管道、排水管道等基本市政管线，其中电力电缆和通信线缆可设置独立的缆线管廊，也可以与上述管线同沟敷设。近二十年来，随着科学技术的不断进步，在综合管廊的建设中，甚至容纳了真空垃圾输送管道，以及区域性地纳入了空调管线（供热、供冷管），极大的丰富了综合管廊中管线的类型。

从国外入廊管线情况看，西班牙马德里市、俄罗斯莫斯科市及英国伦敦市区的综合管廊未收纳燃气管道；德国汉堡市综合管廊收纳了热力管道、给水管道、电力电缆、通信线缆及燃气管道，未收纳排水管道；日本综合管廊收纳管线比较齐全，如日本东京临海副都心综合管廊，收纳了除雨水管线外的水、电、气等管线达 10 余种。

根据我国《城市综合管廊工程技术规范》GB 50838—2015，国内综合管廊内可以容纳给水、雨水、污水、再生水、天然气、热力、电力、通信等管线（道）。从实际情况看，电力电缆和通信线缆在综合管廊内敷设，设置的自由度和弹性较大，且不受空间变化的限制，一般都会纳入电力电缆和通信线缆；对于自来水、再生水、热力等压力流管线，因无需考虑综合管廊的纵坡变化，所以一般情况下也会纳入；雨水、污水等重力流管线，由于相较于其他管线埋深较深，且对纵向坡度要求较高，很容易导致综合管廊造价的提高，是否纳入综合管廊需要仔细研究和具体分析；因为天然气管道的特殊安全要求，国内对于其是否纳入综合管廊也存在较大分歧。另外，部分综合管廊也结合需求纳入了供冷管道、直饮水管道、气力垃圾输送管道等。

综合管廊中是否纳入某种管线，应根据经济社会发展状况和地质、地貌、水文等自然条件，经过技术、经济、安全以及维护管理等因素综合分析确定。另外，管线抢修次数是考虑的原则之一，抢修的次数越多，对交通和环境造成的影响越大，将其纳入综合管廊内产生的社会与环境效益较大。分析是否纳入某种管线时，需要综合考虑管线设施的类型、管径、材质、配套设备阀门等，以及综合管廊的收容条件，包括敷设方法、作业空间、管理空间、材料投入口尺寸和间隔、电源配备、廊内环境条件、设施间的间隔距离要求等。

10.2.2 管线入廊要求

综合管廊在建设原则上应尽量收容各种管线，充分利用综合管廊的空间，以体现其性能。但纳入的管线越多，其技术要求越高，造价也就越高，因此，仍需根据项目具体特点及当地经济实力而确定收容管线的种类，同时还应考虑因城市未来发展需要增加管道而预留必要的空间。

由于纳入综合管廊内的各种管线输送的介质不同，可能相互影响，因此规划设计时应根据《城市综合管廊工程技术规范》GB 50838—2015及相关管线专业的设计规范来确定综合管廊内部的管线布置。各类管线入廊的具体要求见表10-2。

表10-2 管线入廊具体要求

管线类型	材质要求	接口/敷设要求	其他要求
给水、再生水	可选用钢管、球墨铸铁管、塑料管	压力管宜刚性连接，钢管可采用沟槽式连接	考虑到管廊内搬运、安装及接管困难，管径超过1000mm的大口径入廊应综合分析
排水	可选用钢管、球墨铸铁管、塑料管	压力管宜刚性连接，钢管可采用沟槽式连接	重力流排水干管和综合管廊规划路由相同； 重力流排水管需为覆土较浅的干线上游段； 重力流排水管道的纵坡和道路纵坡相近
天然气	应采用无缝钢管	管道的连接应采用焊接	天然气管道应单舱敷设； 调压装置不应设置在综合管廊内； 分段阀设置在管廊内时应具有远程关闭功能
热力	采用钢管、保温层和外护管紧密结合成一体的预制管； 保温材料应采用难燃材料或不燃材料	大口径热力管应采用支墩固定，小管径热力管可采用支墩、支架或组合形式敷设	蒸汽介质管道排气管应引至综合管廊外部安全控件； 与热敏感性较强的管线保持适当间距或分室收容； 蒸汽介质管道应单舱敷设
电力	应采用阻燃电缆或不燃电缆	桥架形式敷设	电缆接头处应设置自动灭火装置
通信	应采用阻燃线缆	桥架形式敷设	电力、通信同舱时采用具有防电磁干扰特性的光缆

10.3 施工工法

在国外，综合管廊的本体工程施工一般有明挖现浇法、明挖预制拼装法、盾构法、顶管法等。从国内已建综合管廊工程来看，多以明挖现浇法为主，该工法成本相对较低，一般适用于城市新区的建设；部分在城市建成区规划建设的综合管廊由于受到交通等条件的制约，或者当综合管廊穿越铁路、河道等设施时多采用盾构法、顶管法等非开挖施工工法；预制拼装综合管廊结构因为具有施工周期短、经济成本低、装配方便等特点，在综合管廊施工中具有良好的推广应用前景。

（1）明挖现浇法

明挖法现浇法是指挖开地面，由上向下开挖土石方至设计标高后，自基底由下而上顺序施工，完成隧道主体结构，最后回填基坑或恢复地面的施工工法。

明挖现浇工法一般可分为放坡开挖和挡土明挖两种：前者适用于地形开阔，道路两侧无建筑物影响的路段，根据施工现场岩土体的性质选择合适的坡度开挖，并在现场浇筑综合管廊结构体；后者则适用于开挖断面不太大，道路两侧建筑物较多的情况，首先在开挖面两侧做合适的挡土设施，然后进行结构体的现场浇筑作业。明挖现浇工法具有便于设计、施工简单、快捷、经济、安全的优点，在地面交通和环境条件允许的地方，应尽可能采用。

（2）明挖预制拼装法

明挖预制拼装法是指在明挖施工的基础上，采用预制拼装的施工工艺，将工厂预制的分段构件在现场拼装成综合管廊。采用该工法施工的综合管廊以矩形结构和类矩形结构为主。

对比明挖现浇综合管廊，预制拼装综合管廊在建设周期、施工质量（防水及防沉降）和环境保护方面有着明显的优势，具有较为广阔的应用前景。

（3）盾构法

当综合管廊埋深较深，或者与城市重要道路、河流相交穿越时多采用盾构法。盾构法是非开挖工法中一种全机械化施工的方法，它采用盾构机在土层中推进，通过盾构外壳和管片支撑四周岩土体，防止发生隧道内坍塌。盾构机采用切削装置开挖前方土体，通过出土机械将土体运出洞外，千斤顶在后一环管片上加压顶进，机械臂根据预先程序自动完成每环管片的安装。

盾构法施工的自动化程度高、施工速度快、一次成洞、不受气候影响、开挖时可控制地面沉降、对交通和环境影响小，特别适合在城市中心区域施工。

（4）顶管法

顶管法施工是继盾构施工之后而发展起来的一种地下管道暗挖施工方法。顶管施工借助于主顶油缸及管道中继间等的推力，把工具或掘进机从工作井内穿过土层一直推到接收井内吊起，把紧随工具管或掘进机后的管道埋设在两井之间，以期实现非开挖敷设地下管道的施工方法。

顶管法的施工设备少、工序简单、工期短，对地面影响小，主要用于穿越铁路、公路或河流的综合管廊施工。

（5）矿山法

矿山法是用开挖地下坑道的作业方式修建隧道的施工方法，是暗挖法的一种，因借鉴矿山开拓巷道的方法得名。矿山法的基本原理是：隧道开挖后受爆破影响，容易造成岩体破裂形成松弛状态，随时都有可能坍落，基于这种松弛荷载理论依据，其施工方法是先将整个断面分部开挖至设计轮廓，然后按分部顺序采取分割式一块一块地开挖，并边挖边支护以求安全，分部的大小和多少视地质条件、隧道断面尺寸、支护类型而定。

矿山法相比较盾构法虽然投入少、造价低，但因为支撑复杂需要耗材较多，且只适合土质较好的城市地区和山岭隧道。

（6）浅埋暗挖法

浅埋暗挖法的技术核心是依据新奥法（New Austrian Tunnelling Moethod，NATM）的基本原理，施工中采用多种辅助措施加固围岩，充分调动围岩的自承能力，开挖后及时支护、封闭成环，使其与围岩共同作用形成联合支护体系，是一种抑制围岩过大变形的综合配套施工技术。

浅埋暗挖法创建了信息化量测、反馈设计和施工的新理念，适用于不宜明挖施工的图纸或软弱无胶结的砂、乱石等底层。该工法具有不影响城市交通，无污染、无噪声，无需专用设备等优势。

10.4 建设管理模式

目前国内已建成综合管廊的建设管理模式主要有以下三种：

（1）全资国有企业管理模式

由地方政府出资组建或直接由已成立的政府直属国有投资公司负责融资建设，项目建设资金主要来源于地方财政投资、政策性开发贷款、商业银行贷款、组织运营商联合共建等多种方式。项目建成后由国有企业为主导，通过组建项目公司等具体模式实施项目的运营管理。

目前这种模式较为常见，深圳、天津、杭州等城市采取此种运作模式，青岛高新区采取的也是类似的国有企业主导的运营管理模式。

（2）股份合作管理模式

由政府授权的国有资产管理公司代表政府以地下空间资源或部分带资入股并通过招商引资引入社会投资商，共同组建股份制项目公司。以股份公司制的运作方式进行项目的投资建设以及后期运营管理。

这种模式有利于解决政府财政的建设资金困难，同时政府与企业互惠互利，实现政府社会效益和社会资金经济效益的双赢。广州、海口、柳州、南昌等城市采取的是这种运作模式。

（3）政府授予特许经营权的社会投资商独资管理模式

这种模式下政府不承担综合管廊的具体投资、建设以及后期运营管理工作，所有这些工作都由被授权委托的社会投资商负责。政府通过授权特许经营的方式给予投资商综合管廊的相应运营权及收费权，具体收费标准由政府在通盘考虑社会效益以及企业合理合法的收益率等前提下确定。同时可以辅以通过土地补偿以及其他政策倾斜等方式给予投资运营商补偿，使运营商实现合理的收益。

这种模式政府节省了成本，但为了确保社会效益的有效实现，政府必须加强监管。长沙、佳木斯、南京、抚州等城市采取的是这种运作模式。

10.5　运行维护管理

10.5.1　管理主体

对城市综合管廊基本属性的界定会导致它不同的管理主体和管理模式。国外及中国台湾地区对综合管廊设施的定位是社会公共产品，与城市道路、下水道、公园等公共设施处于同等地位，并以法律的形式予以规定，它的管理归属部门也有统一的规定。如日本制定的《共同沟特别措施法》，规定综合管廊作为道路附属物，由道路管理单位组织建设并负责运营维护，入廊管线的运营维护由管线单位负责。我国台湾地区从 2000 年起实施《共同管道法》，明确了综合管廊的主管部门，综合管廊原则上由各主管部门负责管理，必要时应委托投资兴建者或专业机构代为管理；管廊内的公共设施及服务附属设施，由公益性的综合管廊管理机关负责；对于专属管线，由各管线单位负责检修管理工作，并定期巡检。

我国其他城市对综合管廊属性的界定较为模糊，没有统一的国家法律法规予以规范。从目前实践来看，综合管廊建成后主要归由建设主体运营管理，随园区规划建设的，由区域开发主体运营管理，如上海世博园区综合管廊、北京保险产业园综合管廊；随地铁、道路同步建设的，多由地铁、道路部门统一运营管理，如上海浦东新区张杨路综合管廊；也有全市统一一家运营单位，对所有综合管廊进行建设管理的，如深圳市成立的特建发公司。

在政府监管方面，随着综合管廊各项政策的出台实施，各地政府部门对综合管廊建设管理的重视度不断提高，部分城市成立了专门的综合管廊管理机构，统筹协调综合管廊的建设管理，并负责监督管理各综合管廊运营管理单位，如北京市城市管理委员会综合管廊管理处、深圳市住房和建设局市政管廊综合处等；也有很多城市在原有政府管理机构的职责中增加了综合管廊的管理职能，多设在地下管线、地下空间或道路管理部门，如上海市住房和城乡建设管理委员会设施管理处、厦门市市政园林局建设处等。

10.5.2 管理现状

综合管廊是地下隐蔽工程，其维护管理对象主要包括综合管廊本体结构（包括管廊主体结构和出入口、吊装口、投料口等附属结构），排水系统、通风系统、照明系统、监控与报警系统等附属设施系统，以及入廊管线及其配套的设施设备。

综合管廊本体及附属设施的运行维护一般由综合管廊运营管理单位负责，各入廊管线的运行维护由各专业管线单位负责。但也存在综合管廊运营管理单位兼顾入廊管线运行维护的情况，如综合管廊和入廊管线由综合管廊建设单位统一规划建设时。

虽然国内投入运行的综合管廊规模还相对较小，各城市各段综合管廊的运行维护都在摸索中不断前进，逐渐积累经验。但随着全国百余个城市综合管廊项目的建设推进，综合管廊运行维护管理的需求日益凸显。

在管理支撑和依据方面，上海、广州等早期建设管廊项目的地区，为了规范综合管廊的运行管理，先后制定了相应管理办法，如《上海市世博会园区管线综合管沟管理办法》《上海市浦东新区共同沟管理暂行办法》《广州大学城共同沟管理办法》、《深圳市光明新区共同沟管理暂行办法》等；另外，中央财政支持的 25 个综合管廊试点城市中绝大部分也制定了管廊运行维护管理相关的政策文件和管理办法，以规范综合管廊的运行维护、安全防护、应急处置、档案信息管理等内容。

管理办法和政策文件多从宏观层面对综合管廊的运行维护管理提出要求并规定原则，在技术操作层面，相关领域的标准规范也是支撑综合管廊运行维护管理工作的重要依据。据统计，目前国内已经出台综合管廊运营维护相关标准中，与综合管廊直接相关的是《城市综合管廊工程技术规范》GB 50838—2015 和《城镇综合管廊监控与报警系统工程技术标准》GB/T 51274—2017，这两部国家标准均属于设计规范，仅用一章内容规定了运行维护的基本原则。同时还有 10 多部与综合管廊局部设施运营维护相关的规范标准，包括 1 部地下空间运维标准、7 部各类市政管线运维标准、5 部安全防灾运维标准、1 部信息管理标准、2 部建筑结构维护标准，详见表 10-3。

表 10-3　综合管廊运行维护管理相关标准规范

专业分类	标准名称	标准类型
管廊整体	《城市综合管廊工程技术规范》GB 50838—2015	国家标准
附属设施	《城镇综合管廊监控与报警系统工程技术标准》GB/T 51274—2017	国家标准
地下空间	《城市地下空间运营管理标准》CECS 402—2015	团体标准
专业管线	《城镇供水管网运行、维护及安全技术规程》CJJ 207—2013	行业标准
	《城镇排水管道维护安全技术规程》CJJ 6—2009	行业标准
	《城镇排水管渠与泵站运行、维护及安全技术规程》CJJ 68—2016	行业标准
	《城镇供热系统运行维护技术规程》CJJ 88—2014	行业标准
	《城镇供水管网抢修技术规程》CJJ/T 226—2014	行业标准
	《城镇燃气设施运行、维护和抢修安全技术规程》CJJ 51—2016	行业标准
	《电力电缆线路运行规程》DL/T 1253—2013	行业标准
安全防灾	《密闭空间作业职业危害防护规范》GBZ/T 205—2007	国家标准
	《建筑消防设施的维护管理》GB 25201—2010	国家标准
	《建筑灭火器配置验收及检查规范》GB 50444—2008	国家标准
	《爆炸性环境 第 1 部分：设备通用要求》GB 3836.1—2010	国家标准
	《生产区域受限空间作业安全规范》HG30011—2013	行业标准
信息管理	《城市综合地下管线信息系统技术规范》CJJ/T 269—2017	行业标准
结构工程	《建筑结构检测技术标准》GB 50344—2004	国家标准
	《混凝土结构耐久性修复与防护技术规程》JGJ/T 259—2012	行业标准

10.5.3　有偿使用

综合管廊虽然拥有众多的优点，但是工程建设投资巨大，且综合管廊正常运行必须配备的消防、通风、照明、监控等附属设施也需要较大的投资。建设运行后，综合管廊结构本体、附属设施的运行维护还将产生大量的费用。

《国务院办公厅关于推进城市地下综合管廊建设的指导意见》(国办发〔2015〕61 号)《关于城市地下综合管廊实行有偿使用制度的指导意见》(发改价格〔2015〕2754 号）都明确提出“地下综合管廊实行有偿使用制度，建立主要由市场形成价格的机制。”然而，目前多数城市尚未明确建立综合管廊收费机制，已投入运营的综合管廊大多数对入廊管线采取免费入驻的方式。随着使用年限的增长，综合管廊的维护管理费用将呈现不断增长趋势，若没有明确收费机制，必将影响综合管廊后期的可持续运营及管理水平。

综合管廊有偿使用费包括入廊费和日常维护费。入廊费主要用于弥补管廊建设成本，一般需要考虑综合管廊本体及附属设施的建设投资、投资合理回报，各入廊管线占用管廊空间的比例、不进入管廊情况下的单独敷设成本、设计寿命周期内的管线维护和生产经营成本等，由入廊管线单位向管廊建设运营单位一次性支付或分期支付。日常维护费主要用于弥补管廊日常维护、管理支出，由入廊管线单位按确定的计费周期向管廊运营单位逐期支付，一般需要考虑综合管廊运营单位正常管理支出、合理经营利润，综合管廊本体及附属设施运行、维护、更新改造等正常成本，入廊管线占用管廊空间的比例、对管廊附属设施的使用强度，管线的安全防护等级等。

目前各地都在探索研究综合管廊有偿使用收费的机制及相关标准，且已有部分城市出台了具体的收费标准及管理办法，见表 10-4。

表 10-4　各城市综合管廊收费模式

城市	文件名称	入廊费	日常维护费用
深圳	《深圳市发展和改革委员会深圳市住房和建设局关于印发我市地下综合管廊有偿使用收费参考标准的通知》（深发改〔2017〕159 号）	根据管线设计使用年限 100 年内新建和重复敷设直埋成本确定	根据管廊主体及附属设施运行维护成本、管理费用及合理收益，及管线单位占用空间比例法等因素确定
广州	《广州市人民政府办公厅关于地下综合管廊有偿使用的实施意见》（公开征求意见稿）	采用管廊设计寿命周期内各管线的重复单独敷设成本占比进行入廊费分摊，收费总额为管廊建设成本的 30%，实行一廊一费原则	采用“专用截面法”“专用 + 公用截面法”“单独敷设成本法”三种方法加权平均的方式进行日常维护费分摊
厦门	《厦门市发展改革委关于调整城市地下综合管廊有偿使用收费标准的通知》（厦发改收费〔2016〕447 号）	以各类管线使用费直埋成本为基数，加上市政公用业成本费用利润率平均值 2.6%	以测算出的综合管廊维护费定价成本为基数，加上市政行业平均利润率 2.6%，由各管线单位按设计截面空间比例合理分摊
合肥	《关于建立我市地下综合管廊有偿使用制度的通知》（合价商〔2016〕61 号）	根据地下综合管廊本体及附属设施建设成本、管线占用地下综合管廊空间比例、各入廊管线单独敷设成本和政府补贴确定	根据综合管廊本体及附属设施维修、更新等维护成本，以及管线占用综合管廊空间比例、对附属设施使用强度等因素合理确定。政府全资建设的综合管廊日常维护费实行政府定价管理，暂定日常维护费标准为 50 万元 / 公里・年，各类管线具体收费标准按其截面空间比例分摊计算
南宁	《南宁市人民政府关于印发 < 南宁市城市地下综合管廊有偿使用费收费标准 > 的通知》（南府规〔2017〕26 号）	根据各管线在不进入管廊情况下的单独敷设成本（即直埋成本）制定	根据管廊本体及附属设施运行维护成本、管廊运营单位正常管理支出及合理经营利润等因素制定，收费基准标准为 398.4 元 / 米・年，上浮幅度为 15%，各入廊管线日常维护费具体收费标准按其占用管廊空间的比例（即截面空间占比）分摊计算
苏州	《市政府关于印发苏州市城市地下综合管廊收费标准（试行）的通知》（苏府〔2017〕122 号）	根据地下综合管廊本体及附属设施建设成本和入廊管线空间占比确定，综合管廊设计使用年限 100 年，入廊费收费期限 25 年	依据地下综合管廊本体及附属设施维护成本、相关税费、合理利润和入廊管线空间占比等因素确定。日常维护费收费标准允许在基准价基础上上下浮动 20%

续表

城市	文件名称	入廊费	日常维护费用
吉林	《吉林省物价局、吉林省住房和城乡建设厅关于城市地下综合管廊实行有偿使用制度的实施意见》(吉省价收〔2016〕32 号)	按各管线实际入廊长度和单位计价，管线单位可根据自身实际选择逐年缴费或一次性缴费。	根据人工费用、材料价格等因素的变动情况进行动态调整，调整周期为三年
威海	《威海市物价局威海市住房和城乡建设局关于威海市区城市地下综合管廊有偿使用收费的实施意见》(威价发〔2016〕13 号)	根据管廊主体及附属设施运行维护成本、管理费用及合理收益，及管线单位占用空间比例法等因素确定	由管廊运营成本（运行、维护、更新改造等）、综合管廊运营单位正常管理支出、合理利润（成本利润率不超过 8%）和税金构成。由入廊管线单位按确定的计费周期向管廊运营单位逐期支付
银川	《关于银川市城市地下综合管廊有偿使用费参考收费标准（试行）的通知》（银发改发〔2018〕421 号）	根据在管廊设计期限内各入廊管线单独多次敷设需要实际投入的成本制定	根据管廊本体及配套附属设施运行维护成本、管廊运营单位正常管理支出的因素制定，按照各入廊管线所占用的管廊空间比例进行分摊

第5篇

展望篇

第 11 章　面临的新形势

11.1　政策理念新要求

11.1.1　新发展理念指明了工作方向

新发展理念为城市地下管线建设管理工作指明了方向。十八大以来，中国开启了全面建设社会主义现代化国家新征程，中国特色社会主义进入了新时代。党中央提出了“创新、协调、绿色、开放、共享”的新发展理念，出台了一系列重大方针政策。特别是新发展理念中提出的绿色理念，就是要将生态文明建设融入经济、政治、文化、社会建设各方面和全过程的全新发展理念，就是要牢固树立“绿水青山就是金山银山”的理念。当前生态城市建设，需要实现城市经济社会发展与生态环境建设的协调统一，克服传统城市发展产生的一系列城市病。

地下管线作为城市建设的重要基础设施，在环境建设、生态建设中承担重要的作用。为贯彻落实新发展理念，地下管线规划、建设、运行管理应与生态环境保护协调统一。包括大力推广建设地下综合管廊；消除通讯、电力等系统在城市上空布设的道道蜘蛛网及地面竖立的电线杆、高压塔；将地下管线的建设与海绵城市建设相结合等。

11.1.2　依法治国方针提供了法制化条件

全面推进依法治国方针，为地下管线法制化建设提供了条件。党的十八届四中全会通过的《关于全面推进依法治国若干重大问题的决定》，提出了坚持依法治国、依法执政、依法行政，共同推进法治国家、法治政府、法治社会一体建设的工作布局，统筹推进科学立法、严格执法、公正司法、全民守法的新要求。目前，我国国家层面没有地下管线综合性的法律，地方层面的立法工作还不够完善，坚持依法治国，将会加速推动地下管线法律法规体系的建设。

11.1.3　深化落实任务对工作提出新要求

2014 年，国务院办公厅下发了《关于加强城市地下管线建设管理的指导意见》(国办发〔2014〕27号)，提出了全面加强城市地下管线建设管理的六项重点任务。一是加强规划统筹，严格规划管理；二是统筹工程建设，提高建设水平；三是加大老旧管线改造力度；四是加强维修养护，消除安全隐患，建立地下管线巡护和隐患排查制度，定期排查地下管线存在的隐患；五是开展普查工作，完善信息系统；六是完善法规标准，加大政策支持。

通过近4年的努力，按照住房城乡建设部等部门《关于开展城市地下管线普查工作的通知》的要求，全国大多数城市已经完成了地下管线普查和信息系统建设任务，进一步掌握了地下管线的基本信息，推动了地下管线信息化管理。

但是，目前地下管线的建设管理工作还未完成，“统筹地下管线规划建设、管理维护、应急防灾等全过程，综合运用各项政策措施，提高创新能力，全面加强城市地下管线建设管理”的目标还未实现，“力争用5年时间，完成城市地下老旧管网改造，将管网漏失率控制在国家标准以内，显著降低管网事故率，避免重大事故发生。用10年左右时间，建成较为完善的城市地下管线体系，使地下管线建设管理水平能够适应经济社会发展需要，应急防灾能力大幅提升”等工作还在持续推进中。全面深入的完成《关于加强城市地下管线建设管理的指导意见》需要不断创新思路和方法，引入新的技术和手段，逐步提升地下管线管理水平。

11.2 城市发展新需求

11.2.1 海绵城市建设的需求

为治理城市内涝、环境污染等多种城市病，国务院办公厅2015年发布了《关于推进海绵城市建设的指导意见》(国办发〔2015〕75号)；随后，住房城乡建设部发布了《关于印发海绵城市建设绩效评价与考核办法（试行）的通知》等一系列有关海绵城市建设文件。同时，国务院关于对城市黑臭水体专项整治、住房城乡建设部关于做好城市排水防涝设施建设等文件中，集中对黑臭水体、城市防涝排水管线设施的运维提出了新要求。

上述政策中与地下管线相关的主要内容有：

（1）综合采取“渗、滞、蓄、净、用、排”等措施，最大限度地减少城市开发建设对生态环境的影响，将70%的降雨就地消纳和利用。到2020年，城市建成区20%以上的面积达到目标要求；到2030年，城市建成区80%以上的面积达到目标要求。

（2）改变雨水快排、直排的传统做法，建设和改造沿岸截流干管，推进城市排水防涝设施的达标建设。

（3）要加强城镇水源地保护与建设和供水设施改造与建设，确保城镇供水安全；加强防洪设施建设，完善城市排水与暴雨外洪内涝防治体系，提高应对极端天气能力。

（4）加强建设安全可靠、技术先进、管理规范的新型配电网络体系。

（5）加强城镇污水处理及再生利用设施建设，推进雨污分流改造和污泥无害化处置。

（6）全面改造使用年限超过 50 年、材质落后、漏损严重、瓶颈管段的供水管网，降低管网漏损率和事故率。因地制宜推进雨污分流管网改造和建设，对暂不具备分流改造条件的，要建设截流干管，适当加大截流倍数。对存在事故隐患的供热、燃气、电力、通信等地下管线进行维修、更换和升级改造，对存在塌陷、火灾、水淹等重大安全隐患的电力电缆通道进行专项治理改造。

（7）推进城市电网、通信网架空线入地改造工程；推进老旧小区水电气热及二次供水设施的改造，打通市政基础设施的“最后一公里”。

上述内容，明确了排水管网设计、建设、管网改造的一些具体要求。按照 2016 年中国地下管线数据统计公报，我国城市供水管线长度 97 万公里，排水管线 75 万公里。涉及到的小区庭院管线普查、雨污分流普查、老旧管网改造、架空线入地等工作量巨大，管线管理任务十分繁重，市场潜力巨大。海绵城市的建设，必将持续推动地下管网的更新改造和维修养护。

11.2.2　地下空间开发利用的需求

住房城乡建设部在《城市地下空间开发利用“十三五”规划》中提出，“十三五”时期我国将建立和完善城市地下空间规划体系，推进城市地下空间规划制定工作；将开展地下空间普查，推进城市地下空间综合管理信息系统建设；到 2020 年，不低于 50% 的城市初步建立包括地下空间开发利用现状、规划建设管理、档案管理等的综合管理系统，有效提升城市地下空间信息化管理能力。

目前，由于我国城市发展迅速，人口密度快速上升，城市建设与用地不足之间的矛盾越来越突出，地面资源的短缺，将不断扩大对地下空间的开发利用。地下空间开发利用存在一些问题，一是地下空间资源规划不合理，资源利用不充分；二是地下设备设施分布范围广，各类设施之间存在交叉敷设的情况，例如轨道交通与地下管线在空间形态上具有叠加性；三是地下空间项目种类多，目前主要集中在城市轨道交通和综合管廊的建设。

为缓解地上地下空间紧缺情况，解决空中蜘蛛网、马路拉链等影响社会生活的问题，我国开始大力发展地下综合管廊建设，为管线布设和管理提供了一种全新的途径。城市综合管廊是21世纪城市现代化建设的热点和衡量城市建设现代化水平的标志之一。

2015年，国务院办公厅《关于推进城市地下综合管廊建设的指导意见》（国办发〔2015〕61号）出台，对全面推进我国综合管廊建设做出了明确的部署和要求。文件要求全面推动地下综合管廊建设，按新型城镇化和现代化城市建设的要求，把地下综合管廊建设作为履行政府职能、完善城市基础设施的重要内容，逐步提高城市道路配建地下综合管廊的比例；合理布局综合管廊，新建道路必须同步建设地下综合管廊，老城区因地制宜推动综合管廊建设，逐步提高综合管廊配建率。2020年，建成一批具有国际先进水平的地下综合管廊并投入运营，“马路拉链”问题得到明显改变。

因此，未来地下管线的建设模式都将发生巨大变化，而且随着盾构法、顶管法等非开挖技术的进步，地下管线埋设越来越深，给地下管线的运行维护也带来了新的困难。

11.2.3 基础设施领域发展的需求

地下管线是城市基础设施的重要组成部分。2013年，国务院发布的《关于加强城市基础设施建设的意见》中明确提出了“统筹城市交通系统、城市地下管线系统、城市水系统、城市能源系统、城市环卫系统、城市绿地系统、智慧城市”等七个方面的工作内容，随后全国30多个省（市）政府出台了关于加强城市基础设施建设的实施意见。

2017年，住房城乡建设部与国家发展改革委又联合发布了《全国城市市政基础设施建设“十三五”规划》。上述文件都对地下管线工作都提出了具体的要求和工作目标。主要要点有：（1）规划引领。（2）坚持先规划、后建设。（3）民生优先。（4）坚持先地下、后地上。优先加强供水、供气、供热、电力、通信、公共交通、物流配送、防灾避险等与民生密切相关的基础设施建设，加强老旧基础设施改造。（5）安全为重。提高城市管网、排水防涝、消防、交通、污水和垃圾处理等基础设施的建设质量、运营标准和管理水平，消除安全隐患，增强城市防灾减灾能力，保障城市运行安全。（6）机制创新。（7）绿色优质。（8）要加大城市管网建设和改造力度。对市政地下管网建设改造，加强城市供水、污水、雨水、燃气、供热、通信等各类地下管网的建设、改造和检查，优先改造材质落后、漏损严重、影响安全的老旧管网，确保管网漏损率控制在国家标准范围以内。到2015年，完成全国城镇燃气8万公里、北方采暖地区城镇集中供热9.28万公里老旧管网改造任务，管网事故率显著降低；实现城市燃气普及率94%、县城及小城镇燃气普及率65%的目标。（9）加强城市供水、排水防涝和防洪设施建设。（10）加快城镇供水设施改造与建设，积极推进城乡统筹区域供水。

上述文件所列的任务，都是未来城市地下管线必须面对和需要完成的工作。

11.2.4 新型城镇化建设的需求

在我国未来经济发展过程中，在产业结构调整、制造业的转型发展和新技术的引进过程中，城镇化仍是重要的抓手。时隔多年，我国再次召开了中央城市工作会议，会议明确指出，我国城市发展已经进入新的时期，新型城镇化是工业化、信息化、城镇化、农业现代化“四化”协调互动的城镇化，是大中小城市、小城镇、新型农村社区互促互进的城镇化，是集约节约、生态宜居、和谐发展的城镇化。今后，我国仍是城市化进程的高速期。根据《国务院关于深入推进新型城镇化建设的若干意见》(国发〔2016〕8 号)，我国城市化发展在空间上必然带来大量变化。(1)集约、节约、环保生态的城市建设占据了主导地位。(2)城市规模的扩张，城市群、城市带、城市圈的建设，城镇一体化、城乡一体化都必将带来基础设施的衔接与集成，大量的开发区、新区等都将与老城旧城连成一片，使得地下管线的服务范围将进一步扩大。(3)推动以人为核心的新型城镇化，约 2 亿人口进城，城市基础设施压力不断增大，城市地下管线的承载力也面临巨大的挑战。(4)建成区内的城市品质的提升，要求提高城镇化质量，在城市现代化治理过程中，伴随旧城改造、城市双修等项目，地下管线的更新改造工作急剧加大。

根据本报告第一章“管线规模”一节相关内容可以看出我国城市地下管线的建设速度继续在加快。未来仍是地下管线建设的加速期，也是地下管线为城市服务的机遇期。城市化的发展，为地下管线工作带来前所未有的活力，也对地下管线提出了新的要求。

11.3 信息技术新环境

11.3.1 互联网 + 大数据

互联网 + 大数据技术的发展，为地下管线智能化、协同化管理提供了技术保障。所谓“互联网 +”是指以互联网为主的一整套信息技术在经济、社会生活各部门的扩散与应用过程。此处“互联网”是以互联网为中心的物联网技术，包括电子信息技术、通信技术、计算机技术、软件技术、网络技术和数字技术、移动互联网、物联网、云计算、大数据、机器认知、语音识别等。“互联网 +”以“互联网”技术为基础，与各领域创新技术成果相融合，推动经济、社会的快速发展。

2015 年 7 月 4 日国务院公布《关于积极推进“互联网 +”行动的指导意见》(国发〔2015〕40 号)，指出“互联网 +”是把互联网的创新成果与经济社会各领域深度融合，推动技术进步、效率提升和组织变革，提升实体经济创新力和生产力，形成更广泛的以互联网为基础设施和创新要素的经济社会发展新形态。

利用信息化、智能化来支撑地下管线各层级管理工作，解决遇到的各种问题已成发展趋势。地下管线行业必须充分利用智能化、互联网＋等新兴技术，来实现地下管线行业转型升级，着力创新管线服务模式，提升整个城市管线运维水平，培育新型业态，打造新的增长点。

11.3.2 智慧城市建设

智慧城市是一个面向城市管理服务的体系，它借助物联网、传感网，汇集各行业数据与信息资源，实现了对物理城市的全面感知，利用云计算等技术对感知数据进行智能处理分析，实现了数字城市与物联网的融合。目前我国已有二百多个城市开始了智慧城市建设试点，面向未来发展正构建全新的城市形态。

我国《新型城镇化规划（2014—2020年）》提出智慧城市的建设方向，明确了智慧城市建设的关键领域，主要包括信息网络宽带化；城市规划管理信息化（包括政务信息共享）；交通、电力、给排水、管网等基础设施智能化；公共服务便捷化；产业发展现代化；社会治理精细化。

地下管线作为城市的基础设施，是智慧城市建设的一部分。因此，利用信息技术，对城市管网进行智能化改造，构建智慧管网平台，提高对地下管线的管控，提高地下管线的“智慧水平”，是全面建成智慧城市的重要内容之一。

第 12 章　发展趋势

我国已经进入中国特色社会主义新时代，十九大报告提出了我国未来的战略安排，到 2020 年，我国全面实现小康社会；从 2020—2035 年，在全面实现小康社会的基础上，基本实现社会主义现代化；从 2035 年到本世纪中叶，在基本实现现代化的基础上，把我国建设成为富强、民主、文明、和谐、美丽的社会主义现代化强国。地下管线作为城市不可分割的有机组成部分，在我国未来社会经济发展过程中，如何服务社会经济发展大局、服务城市、服务于人民对美好生活向往的需求，都需要不断探索和研究。

在新的历史时期、新的发展理念的指导下，海绵城市、生态城市、城市双修、以人为本等多项政策对城市未来发展影响巨大，新时代城市化的创新驱动更加强劲，转型发展、质量优先、结构升级更加凸显，政策和城市发展都给地下管线行业发展带来了良好的发展机遇。城市地下管线行业发展必须依托新理念，提高认识，聚焦行业发展问题，抢抓新机遇，实现转型升级，才能寻求到新的突破口。

12.1　新理念激发管线新模式

全面落实新发展理念，将构建生态绿色智慧型地下管线作为未来开展地下管线工作的基本原则。

用新的发展理念来统领地下管线工作，就是要在地下管线的全生命周期的管理过程中，始终贯彻落实绿色、生态、可持续、以人为本的发展理念。主要体现在以下几个方面：

（1）在地下管线产业发展中，要始终坚持地下管线与地下空间资源协调发展；

（2）在空间资源控制和管线承载力发展上，坚持管线专项规划、管线综合规划与地下空间规划等在地下空间资源层面的多规合一；

（3）在管线建设过程中，全面落实海绵城市建设理念，加强协调，切实有效解决“马路拉链”等影响城市发展的问题；

（4）在地下管线安全方面，开展安全评估与隐患排查，切实解决城市地下管线安全隐患，防范风险；

（5）按照“互联网+”要求，实施资源共享，全面提升管线审批行政效能，提高科学决策水平，使管线审批工作和管理工作做到协同、有序、高效；

（6）在提升地下管线为城市服务、为社会服务、为民生服务时，坚持以人为本的核心立场，如饮用水质检测与改善、雨污分流改造、电热力供应、城市内涝整治、老旧管网改造等方面，始终都要维护好人民群众的根本利益。

只有在地下管线事业发展中贯彻落实好新发展理念这个基本原则，才能把握好未来地下管线行业发展规律，才能创新发展地下管线管理思路，破解地下管线事业发展难题，推动地下管线事业又好又快发展。

12.2 法制化开创管线新局面

法律制度建设是做好地下管线管理工作的重要前提，应以准备出台的《城镇地下管线管理条例》为契机，强化依法治管，开创地下管线治理新局面。

历年来，各级行政管理部门和管线权属单位对城镇地下管线的建设和管理都高度重视。有些省市在地下管线立法、行政法规等方面都取得一些经验，少数城市如天津、南京、昆明也成立了专门机构来管理地下管线工作。但由于立法总体滞后，导致了全国各地在地下管线管理过程中执法依据不够充分，工作难度比较大。

当前，住建部正加快推进《城镇地下管线管理条例》的出台工作，《城镇地下管线管理条例》将会给我国城市地下管线管理带来许多新的机遇和突破。

（1）有助于未来形成较为完善的地下管线管理的法律体系。各城市将会依据《城镇地下管线管理条例》，制定或修订完善各自的地下管线管理制度，多年来各城市难以明确的管理机构、综合协调、违反管线管理规定的违法处理、地下管线工作资金来源等有了上位依据。地下管线管理法律体系的健全，将会理顺地下管线行政管理中的执法机制，进一步规范好城市地下管线工程的规划审批、施工许可建设、道路挖掘审批、竣工测量管理、管线安全运维等行政职能，有利于依法行政，依法治管，有利于地下管线事业的健康发展。

（2）有助于机构的落实。目前全国只有少数城市设立了专门的地下管线机构，且运行模式、工作职能都不相同。由于地下管线权属部门多、协调难度大，专业技能要求高，一直以来管线管理部门不健全已成为制约地下管线管理的短板。一旦条例明确了管线机构和协调机制，明晰工作责任，明确运行机制，将为地下管线事业发展提供有力的组织保障。

（3）有助于地下管线由管理向治理的转变。长期以来，城市地下管线重建设轻管理，地下管线问题突出，加之城市发展速度过快，各种城市病不断出现，地下管线已经成为制约城市发展的因素之一，影响了城市功能的发挥。一旦制度体系健全，形成了有效的协调机制，一方面通过管理，解决好管线建设条块分割、综合管线与专业管线规划不一致、建设时序不一致、信息共享困难、竣工测量机制等问题，同时加大管线治理，在城市内涝、雨污分流、老旧管网改造、管线安全隐患等方面取得实效。双管齐下，才能使地下管线管理工作得到协调发展，满足城市需要。

（4）有助于地下管线工作资金落实。地下管线在管线基础数据的获取、信息化建设、管线规划编制、安全监管等多项工作中，都需要财政资金支持。只有条例中明确地下管线工作经费要求，地方政府才会加大财政投入，确保相应的工作条件。

12.3 新技术助推管线新发展

科技创新是实现地下管线高效管理和地下管线事业发展的重要支撑。依托智慧城市和“互联网 +”、物联网等新兴技术，促进城市地下管线管理走向信息化、智能化。

目前，“万物互联、人机互通、天地一体”正逐渐成为现实，互联网已经与社会经济发展各个领域深度融合。我国的改革已经进入新常态，城市治理现代化已经广泛采用了互联网 + 等新兴信息技术。在未来，信息化、智能化、网络化、大数据、云计算、物联网等新技术将在地下管线综合管理中起决定作用。要解决好地下管线事业问题，出路就在科技创新。地下管线管理必须由传统的被动、事后、离线、分散的管理模式走向基于大数据支撑的主动、在线监控、集中、共享的信息化、智能化管理模式。

（1）改善地下管线信息资源不丰富的局面。城市地下管线信息作为重要的城市空间信息资源，已成为数字城市、智慧城市的重要组成部分。在近年完成的城市地下管线普查基础上，未来还要重点开展镇、农村社区、住宅小区、专业权属管线的普查，进一步落实安全隐患排查，做到全覆盖、专业化、标准化，及时落实动态更新机制，解决好地下管线信息不丰富、数据不真实、标准不统一、整合集成度不高、种类偏少、在线监测数据少的矛盾，为管线智慧管理提供坚实的数据基础。

（2）全面落实“互联网 + 地下管线”的政务服务，提高管理效能。按照国家关于推进审批服务便民化的指导意见要求，着力提高“互联网 + 地下管线”服务水平。通过城市地下管线“一平台、一张网、一个库”的建设，整合地下管线信息资源，打破信息孤岛，统一明确各管线权属部门信息共享的种类、标准、范围、流程，加快地下管线在线审批与其他部门政务信息的联通共用，提高地下管线在线联动审批水平，确保地下管线网上审批管理的精细化、智能化、自助化、移动化、科学化，使地下线管线管理的服务质量规范化、透明化、有序化，真正做到“让数据多跑路，让群众少跑腿”。

（3）加大物联网、大数据等技术在管线安全运维中的深度应用，构建安全、健康的管线运维体系。通过构建基于物联网、云计算、传感器的地下管网管理系统，利用空间数据仓库、数据挖掘、电子标示等技术，开发安全巡检系统，在线监测管线的运行状态，提升地下管线应急处理的整合力度；结合地下管线社会化服务，开发便民的移动终端抄表系统、收费系统等，便捷城市居民的日常生活。

（4）依托新型城镇化、信息化，地下管线的产业链不断延伸，市场环境不断规范，产业规模不断扩大。新型城镇化的发展和信息化技术的进步，地下管线信息市场正在形成并加速增长。无论是传统的地下管线普查类项目，还是监测、运维的信息化项目都有很大的市场潜力，特别是在地下管线信息为城市服务的领域还需要不断拓展。传统的测绘单位、物探单位、软件信息单位构成了城市地下管线信息领域的从业队伍，面对未来地下管线管理的精细化、法制化、信息化和智能化，一方面管理部门会加快地下管线市场的政策研究和出台，另一方面产业队伍也需要转型升级，不断提升技能水平、装备水平和人才实力，来满足市场的需要。

（5）综合管廊作用将逐步体现。城市地下综合管廊通过未来一段时间建设，将逐渐规模化、网络化、系统化，同时智能化、绿色化、工业化也成为综合管廊建设管理的主要方式，综合管廊的运行管理机制也逐步规范。城市综合管廊立体集中布置各种管线，提高了地下空间的利用效率，做到了与地下空间的有机结合。综合管廊投入运营后等“马路拉链”“空中蜘蛛网”等问题将得到有效缓解，管线的综合承载力逐步提高，新型城镇化的发展质量也逐步提高，生态环境和经济效益开始显现。

附录

附录 1　国家标准、行业标准汇总表

序号	标准名称	标准号
1	工业管道的基本识别色、识别符号和安全标识	GB 7231—2003
2	燃气用埋地聚乙烯（PE）管道系统　第 1 部分：管材	GB 15558.1—2015
3	燃气用埋地聚乙烯（PE）管道系统　第 2 部分：管件	GB 15558.2—2005
4	燃气用埋地聚乙烯（PE）管道系统　第 3 部分：阀门	GB 15558.3—2008
5	燃气用聚乙烯管道系统的机械管件　第 1 部分：公称外径不大于 63mm 的管材用钢塑转换管件	GB 26255.1—2010
6	燃气用聚乙烯管道系统的机械管件　第 2 部分：公称外径大于 63mm 的管材用钢塑转换管件	GB 26255.2—2010
7	钢纤维混凝土检查井盖	GB 26537—2011
8	电力安全工作规程　电力线路部分	GB 26859—2011
9	手持式电动工具的安全　第 2 部分：管道疏通机的专用要求	GB 3883.19—2012
10	室外给水设计规范	GB 50013—2006
11	室外排水设计规范〔2016 年版〕	GB 50014—2006
12	建筑给水排水设计规范〔2009 年版〕	GB 50015—2003
13	城镇燃气设计规范	GB 50028—2006
14	室外给水排水和燃气热力工程抗震设计规范	GB 50032—2003
15	66kV 及以下架空电力线路设计规范	GB 50061—2010
16	给水排水工程构筑物结构设计规范	GB 50069—2002
17	工业设备及管道绝热工程施工规范	GB 50126—2008
18	给水排水构筑物工程施工及验收规范	GB 50141—2008
19	电气装置安装工程 66kV 及以下架空电力线路施工及验收规范	GB 50173—2014
20	工业金属管道工程施工质量验收规范	GB 50184—2011
21	工业设备及管道绝热工程施工质量验收规范	GB 50185—2010
22	发生炉煤气站设计规范	GB 50195—2013
23	电力工程电缆设计标准	GB 50217—2018
24	工业金属管道工程施工规范	GB 50235—2010
25	现场设备、工业管道焊接工程施工规范	GB 50236—2011
26	建筑给水排水及采暖工程施工质量验收规范	GB 50242—2002
27	输气管道工程设计规范	GB 50251—2015
28	输油管道工程设计规范	GB 50253—2014
29	电力设施抗震设计规范	GB 50260—2013
30	工业设备及管道绝热工程设计规范	GB 50264—2013
31	给水排水管道工程施工及验收规范	GB 50268—2008

续表

序号	标准名称	标准号
32	城市给水工程规划规范	GB 50282—2016
33	灌溉与排水工程设计规范	GB 50288—1999
34	城市工程管线综合规划规范	GB 50289—2016
35	城市电力规划规范	GB 50293—2014
36	消防通信指挥系统设计规范	GB 50313—2013
37	工业金属管道设计规范	GB 50316—2000（2008 版）
38	城市排水工程规划规范	GB 50318—2017
39	给水排水工程管道结构设计规范	GB 50332—2002
40	油田油气集输设计规范	GB 50350—2015
41	油气长输管道工程施工及验收规范	GB 50369—2014
42	通信管道与通道工程设计规范	GB 50373—2006
43	通信管道工程施工及验收规范	GB 50374—2006
44	城市轨道交通通信工程质量验收规范	GB 50382—2016
45	消防通信指挥系统施工及验收规范	GB 50401—2007
46	油气输送管道穿越工程设计规范	GB 50423—2013
47	油气输送管道穿越工程施工规范	GB 50424—2015
48	煤矿井下排水泵站及排水管路设计规范	GB 50451—2017
49	油气输送管道跨越工程设计标准	GB/T 50459—2017
50	油气输送管道跨越工程施工规范	GB 50460—2015
51	油气输送管道线路工程抗震技术规范	GB 50470—2017
52	石油化工可燃气体和有毒气体检测报警设计规范	GB 50493—2009
53	城镇燃气技术规范	GB 50494—2009
54	太阳能供热采暖工程技术规范	GB 50495—2009
55	高炉煤气干法袋式除尘设计规范	GB 50505—2009
56	石油化工金属管道工程施工质量验收规范	GB 50517—2010
57	石油化工厂区管线综合技术规范	GB 50542—2009
58	油气田及管道岩土工程勘察规范	GB 50568—2010
59	钢铁企业热力设施设计规范	GB 50569—2010
60	城市轨道交通信号工程施工质量验收标准	GB/T 50578—2010
61	煤气余压发电装置技术规范	GB 50584—2010
62	现场设备、工业管道焊接工程施工质量验收规范	GB 50683—2011
63	通信局（站）防雷与接地工程设计规范	GB 50689—2011
64	石油化工非金属管道工程施工质量验收规范	GB 50690—2011
65	钢铁企业管道支架设计规范	GB 50709—2011
66	钢铁企业给水排水设计规范	GB 50721—2011
67	工业设备及管道防腐蚀工程施工规范	GB 50726—2011
68	城市综合管廊工程技术规范	GB 50838—2015
69	通信线路工程设计规范	GB 51158—2015
70	工程测量规范（附条文说明）	GB 50026—2007
71	工业设备及管道防腐蚀工程施工质量验收规范	GB 50727—2011

续表

序号	标准名称	标准号
72	封闭满管道中水流量的测量饮用冷水水表和热水水表 第 1 部分：规范	GB/T 778.1—2007
73	封闭满管道中水流量的测量饮用冷水水表和热水水表 第 2 部分：安装要求	GB/T7 78.2—2007
74	封闭满管道中水流量的测量饮用冷水水表和热水水表 第 3 部分：试验方法和试验设备	GB/T 778.3—2007
75	管道元件 DN（公称尺寸）的定义和选用	GB/T 1047—2005
76	管道元件 PN（公称压力）的定义和选用	GB/T 1048—2005
77	用安装在圆形截面管道中的差压装置测量满管流体流量 第 1 部分：一般原理和要求	GB/T 2624.1—2006
78	用安装在圆形截面管道中的差压装置测量满管流体流量 第 2 部分：孔板	GB/T 2624.2—2006
79	用安装在圆形截面管道中的差压装置测量满管流体流量 第 3 部分：喷嘴和文丘里喷嘴	GB/T 2624.3—2006
80	用安装在圆形截面管道中的差压装置测量满管流体流量 第 4 部分：文丘里管	GB/T 2624.4—2006
81	工业用硬聚氯乙烯（PVC-U）管道系统 第 1 部分：管材	GB/T 4219.1—2008
82	工业用硬聚氯乙烯（PVC-U）管道系统 第 2 部分：管件	GB/T 4219.2—2015
83	设备及管道绝热技术通则	GB/T 4272—2008
84	自动喷水灭火系统 第 18 部分：消防管道支吊架	GB/T 5135.18—2010
85	自动喷水灭火系统 第 19 部分：塑料管道及管件	GB/T 5135.19—2010
86	城市地下空间测验规范	GB/T3 5636—2017
87	设备及管道绝热效果的测试与评价	GB/T 8174—2008
88	设备及管道绝热设计导则	GB/T 8175—2008
89	管线钢和压力容器钢抗氢致开裂评定方法	GB/T 8650—2015
90	塑料管道系统 塑料部件尺寸的测定	GB/T 8806—2008
91	无损检测 金属管道熔化焊环向对接接头射线照相检测方法	GB/T 12605—2008
92	城市轨道交通信号系统通用技术条件	GB/T 12758—2004
93	水及燃气用球墨铸铁管、管件和附件	GB/T 13295—2013
94	石油气体管道阻火器	GB/T 13347—2010
95	给水用聚乙烯（PE）管道系统 第 1 部分：总则	GB/T 13663.1—2017
96	通信光缆 第 1 部分：总则	GB/T 13993.1—2016
97	通信光缆 第 2 部分：核心网用室外光缆	GB/T 13993.2—2014
98	通信光缆 第 4 部分：接入网用室外光缆	GB/T 13993.4—2014
99	管道用三通过滤器	GB/T 14382—2008
100	无损检测 钢制管道环向焊缝对接接头超声检测方法	GB/T 15830—2008
101	热力输送系统节能监测	GB/T 15910—2009
102	声学管道消声器无气流状态下插入损失测量实验室简易法	GB/T 16405—1996
103	输送石油天然气及高挥发性液体钢质管道压力试验	GB/T 16805—2017
104	管道支吊架 第 1 部分：技术规范	GB/T 17116.1—2018
105	管道支吊架 第 2 部分：管道连接部件	GB/T 17116.2—1997
106	管道支吊架 第 3 部分：中间连接件和建筑结构连接件	GB/T 17116.3—1997
107	设备及管道绝热层表面热损失现场测定 热流计法和表面温度法	GB/T 17357—2008
108	通风管道耐火试验方法	GB/T 17428—2009
109	海底电缆管道路由勘察规范	GB/T 17502—2009

续表

序号	标准名称	标准号
110	橡胶管道接口用密封圈制造质量的建议疵点的分类与类别	GB/T 17604—1998
111	封闭管道中流体流量的测量术语和符号	GB/T 17611—1998
112	封闭管道中液体流量的测量称重法	GB/T 17612—1998
113	用称重法测量封闭管道中的液体流量装置的检验程序 第1部分：静态称重系统	GB/T 17613.1—1998
114	套管、油管和管线管螺纹的测量和检验方法	GB/T 18052—2000
115	塑料管道系统用外推法确定热塑性塑料材料以管材形式的长期静液压强度	GB/T 18252—2008
116	埋地排水用硬聚氯乙烯（PVC-U）结构壁管道系统 第1部分：双壁波纹管材	GB/T 18477.1—2017
117	埋地排水用硬聚氯乙烯（PVC-U）结构壁管道系统 第2部分：加筋管材	GB/T 18477.2—2017
118	埋地排水用硬聚氯乙烯（PVC-U）结构壁管道系统 第3部分：双层轴向中空壁管材	GB/T 18477.3—2017
119	封闭管道中导电液体流量的测量电磁流量计的性能评定方法	GB/T 18659—2002
120	封闭管道中导电液体流量的测量电磁流量计的使用方法	GB/T 18660—2002
121	冷热水用聚丙烯管道系统 第1部分：总则	GB/T 18742.1—2017
122	冷热水用聚丙烯管道系统 第2部分：管材	GB/T 18742.2—2017
123	冷热水用聚丙烯管道系统 第3部分：管件	GB/T 18742.3—2017
124	封闭管道中气体流量的测量涡轮流量计	GB/T 18940—2003
125	低温管道用无缝钢管	GB/T 18984—2003
126	冷热水用交联聚乙烯（PE-X）管道系统 第1部分：总则	GB/T 18992.1—2003
127	冷热水用交联聚乙烯（PE-X）管道系统 第2部分：管材	GB/T 18992.2—2003
128	冷热水用氯化聚氯乙烯（PVC-C）管道系统 第1部分：总则	GB/T 18993.1—2003
129	冷热水用氯化聚氯乙烯（PVC-C）管道系统 第2部分：管材	GB/T 18993.2—2003
130	冷热水用氯化聚氯乙烯（PVC-C）管道系统 第3部分：管件	GB/T 18993.3—2003
131	工业用氯化聚氯乙烯（PVC-C）管道系统 第1部分：总则	GB/T 18998.1—2003
132	工业用氯化聚氯乙烯（PVC-C）管道系统 第2部分：管材	GB/T 18998.2—2003
133	工业用氯化聚氯乙烯（PVC-C）管道系统 第3部分：管件	GB/T 18998.3—2003
134	埋地钢质管道腐蚀防护工程检验	GB/T 19285—2003
135	塑料管道系统硬聚氯乙烯（PVC-U）管材弹性密封圈式承口接头偏角密封试验方法	GB/T 19471.1—2004
136	塑料管道系统硬聚氯乙烯（PVC-U）管材弹性密封圈式承口接头负压密封试验方法	GB/T 19471.2—2004
137	埋地用聚乙烯（PE）结构壁管道系统 第1部分：聚乙烯双壁波纹管材	GB/T 19472.1—2004
138	埋地用聚乙烯（PE）结构壁管道系统 第2部分：聚乙烯缠绕结构壁管材	GB/T 19472.2—2017
139	冷热水用聚丁烯（PB）管道系统 第1部分：总则	GB/T 19473.1—2004
140	冷热水用聚丁烯（PB）管道系统 第2部分：管材	GB/T 19473.2—2004
141	冷热水用聚丁烯（PB）管道系统 第3部分：管件	GB/T 19473.3—2004
142	污水排海管道工程技术规范	GB/T 19570—2017
143	管线阀门技术条件	GB/T 19672—2005
144	玻璃设备、管道和配件——玻璃设备组件	GB/T 19738—2005
145	冷热水用热塑性塑料管道系统管材管件组合系统热循环试验方法	GB/T 19993—2005
146	丙烯腈－丁二烯－苯乙烯（ABS）压力管道系统 第1部分：管材	GB/T 20207.1—2006
147	丙烯腈－丁二烯－苯乙烯（ABS）压力管道系统 第2部分：管件	GB/T 20207.2—2006

续表

序号	标准名称	标准号
148	封闭管道中流体流量的测量热式质量流量计	GB/T 20727—2006
149	封闭管道中流体流量的测量科里奥利流量计的选型、安装和使用指南	GB/T 20728—2006
150	封闭管道中导电液体流量的测量法兰安装电磁流量计总长度	GB/T 20729—2006
151	压力管道规范工业管道 第 1 部分：总则	GB/T 20801.1—2006
152	压力管道规范工业管道 第 2 部分：材料	GB/T 20801.2—2006
153	压力管道规范工业管道 第 3 部分：设计和计算	GB/T 20801.3—2006
154	压力管道规范工业管道 第 4 部分：制作与安装	GB/T 20801.4—2006
155	压力管道规范工业管道 第 5 部分：检验与试验	GB/T 20801.5—2006
156	压力管道规范工业管道 第 6 部分：安全防护	GB/T 20801.6—2006
157	埋地钢质管道阴极保护参数测量方法	GB/T 21246—2007
158	玻璃设备、管道和管件 15 ～ 150mm 口径管道和管件的通用性和互换性	GB/T 21408—2008
159	玻璃设备、管道和管件检验、安装和使用的一般规则	GB/T 21409—2008
160	钢质管道外腐蚀控制规范	GB/T 21447—2008
161	埋地钢质管道阴极保护技术规范	GB/T 21448—2008
162	橡胶密封件给、排水管及污水管道用接口密封圈材料规范	GB/T 21873—2008
163	弹性体密封件排水管道接口密封件材料要求热塑性弹性体	GB/T 21874—2008
164	石油液体管线自动取样测定石油液体中水含量的自动取样器性能的统计学评估	GB/T 23256—2009
165	埋地钢质管道聚乙烯防腐层	GB/T 23257—2017
166	钢质管道内腐蚀控制规范	GB/T 23258—2009
167	弹性体密封圈输送气体燃料和烃类液体的管道和配件用密封圈的材料要求	GB/T 23658—2009
168	检查井盖	GB/T 23858—2009
169	公路用玻璃纤维增强塑料产品 第 3 部分：管道	GB/T 24721.3—2009
170	轻小型管道输水灌溉机组	GB/T 25405—2010
171	声学管道消声器和风道末端单元的实验室测量方法插入损失、气流噪声和全压损失	GB/T 25516—2010
172	封闭管道中流体流量的测量用安装在充满流体的圆形截面管道中的涡街流量计测量流量的方法	GB/T 25922—2010
173	燃气输送用不锈钢波纹软管及管件	GB/T 26002—2011
174	气体中颗粒含量的测定光散射法 第 1 部分：管道气体中颗粒含量的测定	GB/T 26570.1—2011
175	封闭管道中流体流量的测量一次装置和二次装置之间压力信号传送的连接法	GB/T 26801—2011
176	埋地钢质管道风险评估方法	GB/T 27512—2011
177	橡胶密封件 110℃热水供应管道的管接口密封圈材料规范	GB/T 27572—2011
178	钢质管道内检测技术规范	GB/T 27699—2011
179	压力管道用聚丙烯（PP）阀门基本尺寸公制系列	GB/T 27734—2011
180	控制钢制管道和设备焊缝硬度防止硫化物应力开裂技术规范	GB/T 27866—2011
181	钢制管道带压封堵技术规范	GB/T 28055—2011
182	城市地下空间设施分类与代码	GB/T 28590—2012
183	生活饮用水管道系统用橡胶密封件	GB/T 28604—2012
184	城镇供热管道保温结构散热损失测试与保温效果评定方法	GB/T 28638—2012
185	埋地预应力钢筒混凝土管道的阴极保护	GB/T 28725—2012
186	城镇供热预制直埋保温管道技术指标检测方法	GB/T 29046—2012

续表

序号	标准名称	标准号
187	信息技术地下管线数据交换技术要求	GB/T 29806—2013
188	建筑给水排水制图标准	GB/T 50106—2010
189	给水排水工程基本术语标准	GB/T 50125—2010
190	电力工程基本术语标准	GB/T 50297—2006
191	埋地钢质管道防腐保温层技术标准	GB/T 50538—2010
192	油气输送管道工程测量规范	GB/T 50539—2017
193	测绘成果质量检查与验收	GB/T 24356—2009
194	住宅区和住宅建筑内通信设施工程设计规范	GB/T 50605—2010
195	住宅区和住宅建筑内通信设施工程验收规范	GB/T 50624—2010
196	城镇供热系统评价标准	GB/T 50627—2010
197	油气管道工程建设项目设计文件编制标准	GB/T 50644—2011
198	城镇燃气工程基本术语标准	GB/T 50680—2012
199	埋地钢质管道交流干扰防护技术标准	GB/T 50698—2011
201	数字集群通信工程技术规范	GB/T 50760—2012
202	燃气系统运行安全评价标准	GB/T 50811—2012
203	供热系统节能改造技术规范	GB/T 50893—2013
204	大型螺旋塑料管道输水灌溉工程技术规范	GB/T 50989—2014
205	城市供热规划规范	GB/T 51074—2015
206	城镇燃气规划规范	GB/T 51098—2015
207	城镇综合管廊监控与报警系统工程技术标准	GB/T 51274—2017
208	地下管线数据获取规程	GB/T 35644—2017
209	管线测量成果质量检验技术规程	CH/T 1033—2014
210	管线要素分类代码与符号表达	CH/T 1036—2015
211	管线信息系统建设技术规范	CH/T 1037—2015
212	城市建设工程竣工测量成果规范	CH/T 6001—2014
213	管线测绘技术规程	CH/T 6002—2015
214	城市建设工程竣工测量成果更新地形图数据技术规程	CH/T 9025—2014
215	城市公共交通通信系统	CJ/T 2—1999
216	再生树脂复合材料检查井盖	CJ/T 121—2000
217	聚合物基复合材料检查井盖	CJ/T 211—2005
218	建筑小区排水用塑料检查井	CJ/T 233—2016
219	市政排水用塑料检查井	CJ/T 326—2010
220	球墨铸铁复合树脂检查井盖	CJ/T 327—2010
221	城市供热管道用波纹管补偿器	CJ/T 402—2012
222	城市市政综合监管信息系统管理部件和事件信息采集	CJ/T 422—2013
223	城镇供热管道用焊制套筒补偿器	CJ/T 487—2015
224	城镇排水管道维护安全技术规程	CJJ 6—2009
225	城镇供热管网工程施工及验收规范	CJJ28—2014
226	含藻水给水处理设计规范	CJ J32—2011
227	城镇燃气输配工程施工及验收规范	CJJ 33—2005
228	城镇供热管网设计规范	CJJ 34—2010

续表

序号	标准名称	标准号
229	高浊度水给水设计规范	CJJ 40—2011
230	城市道路照明设计标准	CJJ 45—2015
231	城镇燃气设施运行、维护和抢修安全技术规程	CJJ 51—2016
232	城市地下管线探测技术规程	CJJ 61—2017
233	聚乙烯燃气管道工程技术规程	CJJ 63—2008
234	城镇排水管渠与泵站运行、维护及安全技术规程	CJJ 68—2016
235	城镇供热系统运行维护技术规程	CJJ 88—2014
236	城市道路照明工程施工及验收规程	CJJ 89—2012
237	城镇燃气室内工程施工与质量验收规范	CJJ 94—2009
238	城镇燃气埋地钢质管道腐蚀控制技术规程	CJJ 95—2013
239	埋地塑料给水管道工程技术规程	CJJ 101—2016
240	城镇供热直埋蒸汽管道技术规程	CJJ 104—2014
241	城镇供热直埋热水管道技术规程	CJJ/T 81—2013
242	城镇供热管网结构设计规范	CJJ 105—2005
243	管道直饮水系统技术规程	CJJ 110—2017
244	城镇排水系统电气与自动化工程技术规程	CJJ 120—2008
245	游泳池给水排水工程技术规程	CJJ 122—2017
246	镇（乡）村给水工程技术规程	CJJ 123—2008
247	镇（乡）村排水工程技术规程	CJJ 124—2008
248	建筑排水金属管道工程技术规程	CJJ 127—2009
249	城镇地热供热工程技术规程	CJJ 138—2010
250	埋地塑料排水管道工程技术规程	CJJ 143—2010
251	燃气冷热电三联供工程技术规程	CJJ 145—2010
252	城镇供水管网漏水探测技术规程	CJJ 159—2011
253	公共浴场给水排水工程技术规程	CJJ 160—2011
254	城镇排水管道检测与评估技术规程	CJJ 181—2012
255	城市供热管网暗挖工程技术规程	CJJ 200—2014
256	城镇供热系统抢修技术规程	CJJ 203—2013
257	城镇供水管网运行、维护及安全技术规程	CJJ 207—2013
258	城镇给水预应力钢筒混凝土管管道工程技术规程	CJJ 224—2014
259	城镇供热直埋蒸汽管道技术规程	CJJ/T 104—2014
260	建筑排水塑料管道工程技术规程	CJJ/T 29—2010
261	供热术语标准	CJJ/T 55—2011
262	供热工程制图标准	CJJ/T 78—2010
263	城镇供热直埋热水管道技术规程	CJJ/T 81—2013
264	燃气工程制图标准	CJJ/T 130—2009
265	城镇燃气报警控制系统技术规程	CJJ/T 146—2011
266	城镇燃气管道非开挖修复更新工程技术规程	CJJ/T 147—2010
267	城镇燃气加臭技术规程	CJJ/T 148—2010
268	城镇燃气标志标准	CJJ/T 153—2010
269	建筑给水金属管道工程技术规程	CJJ/T 154—2011

续表

序号	标准名称	标准号
270	建筑给水复合管道工程技术规程	CJJ/T 155—2011
271	城建档案业务管理规范	CJJ/T 158—2011
272	建筑排水复合管道工程技术规程	CJJ/T 165—2011
273	塑料排水检查井应用技术规程	CJJ/T 209—2013
274	城镇排水管道非开挖修复更新工程技术规程	CJJ/T 210—2014
275	城镇燃气管网泄漏检测技术规程	CJJ/T 215—2014
276	城镇供水管网抢修技术规程	CJJ/T 226—2014
277	排水工程混凝土模块砌体结构技术规程	CJJ/T 230—2015
278	城镇给水管道非开挖修复更新工程技术规程	CJJ/T 244—2016
279	城镇燃气管道穿跨越工程技术规程	CJJ/T 250—2016
280	城市综合地下管线信息系统技术规范	CJJ/T 269—2017
281	电力建设施工技术规范 第 5 部分：管道及系统	DL 5190.5—2012
282	电力通信运行管理规程	DL/T 544—2012
283	电力设备预防性试验规程	DL/T 596—2015
284	电力电缆线路运行规程	DL/T 1253—2013
285	玻璃纤维增强塑料复合检查井盖	JC/T 1009—2006
286	预制混凝土检查井	JC/T 2241—2014
287	通风管道技术规程	JGJ 141—2017
288	供热计量技术规程	JGJ 173—2009
289	城市夜景照明设计规范	JGJ/T 163—2008
290	热力管道完好要求和检查评定方法	SJ/T 31445—2016
291	预应力钢筒混凝土管道技术规范	SL 702—2015
292	通信线路工程设计规范	YD 5102—2015
293	地下通信管道用塑料管 第 1 部分：总则	YD/T 841.1—2016
294	地下通信管道用塑料管 第 2 部分：实壁管	YD/T 841.2—2016
295	地下通信管道用塑料管 第 3 部分：双壁波纹管	YD/T 841.3—2016
296	地下通信管道用塑料管 第 4 部分：硅芯管	YD/T 841.4—2016
297	地下通信管道用塑料管 第 5 部分：梅花管	YD/T 841.5—2016
298	地下通信管道用塑料管 第 6 部分：格栅管	YD/T 841.6—2016
299	地下通信管道用塑料管 第 7 部分：蜂窝管	YD/T 841.7—2017
300	地下通信管道用塑料管 第 8 部分：塑料合金复合型管	YD/T 841.8—2014
301	公用电信设施安全保护等级要求	YD/T 2664—2013

附录 2　各地综合管廊管理办法列表

序号	类型	城市	文件名称	发布时间
1	第一批试点城市	包头	包头市城市地下综合管廊管理办法	2016
2		沈阳	沈阳市城市地下综合管廊投资建设管理办法（试行）	2015
3		苏州	苏州工业园区市政综合管廊运维管理办法	2014
4		厦门	厦门经济特区城市地下综合管廊管理办法	2017
5		十堰	十堰市城市地下综合管廊管理办法	2017
6		六盘水	六盘水市城市地下综合管廊规划建设与运营管理办法（试行）	2017
7	第二批试点城市	石家庄	石家庄市地下综合管廊管理办法	2017
8		南宁	南宁市地下综合管廊管理暂行办法	2017
9		成都	成都市地下综合管廊运营维护管理暂行办法	2017
10		合肥	合肥市城市地下综合管廊管理办法（试行）	2017
11	非试点城市	深圳	深圳市地下综合管廊管理办法（试行）	2017
12		南京	南京市城市地下综合管廊管理暂行办法	2017
13		绵阳	绵阳市地下综合管廊建设管理暂行办法	2017
14		黄石	黄石市城市地下综合管廊管理办法	2017
15		乌鲁木齐	乌鲁木齐市地下综合管廊运营管理办法	2017
16		西安	西安市城市地下综合管廊管理办法	2017
17		武汉	武汉市城市地下综合管廊管理办法	2016
18		昆明	昆明市城市地下综合管廊规划建设投资管理暂行办法	2016
19		荆门	荆门市中心城区地下综合管廊建设管理暂行办法	2016
20		黄冈	黄冈市区地下综合管廊建设管理办法	2016
21		宁波	宁波市城市地下综合管廊规划建设与运营管理办法（试行）	2016
22		西宁	西宁市地下综合管廊管理办法	2016
23		兰州	兰州市地下综合管廊管理办法	2016
24		临沂	临沂市地下综合管廊建设和管理办法	2016
25		珠海	珠海经济特区地下综合管廊管理条例	2015
26		开封	开封市城市综合管廊管理办法	2015
27		敦化	敦化市城市综合管廊（暂行）管理办法	2014
28	其他	上海	浦东新区综合管廊运行维护管理办法（试行）	2017

附录 3　各地综合管廊实施意见列表

序号	类型	城市	文件名称	文号
1	直辖市	天津	《天津市关于进一步加强城市地下管线建设管理的实施意见》	津政办发〔2015〕78 号
2		上海	《上海市政府办公厅印发关于推进本市地下综合管廊建设若干意见的通知》	沪府办〔2015〕122 号
3		重庆	《重庆市人民政府办公厅关于推进城市地下综合管廊建设的实施意见》	渝府办发〔2016〕36 号
4	省份	吉林	《吉林省人民政府关于加快推进全省城市地下综合管廊建设的实施意见》	吉政发〔2015〕38 号
5		辽宁	《辽宁省人民政府办公厅关于推进城市地下综合管廊建设的实施意见》	辽政办发〔2015〕97 号
6		河北	《河北省人民政府办公厅关于推进城市地下综合管廊建设的实施意见》	冀政办发〔2015〕35 号
7		山西	《山西省人民政府办公厅关于推进城市地下综合管廊建设的实施意见》	晋政办发〔2015〕108 号
8		山东	《山东省人民政府办公厅关于推进城市地下综合管廊建设的实施意见》	鲁政办发〔2015〕56 号
9		河南	《河南省人民政府办公厅关于推进全省城市地下综合管廊建设的实施意见》	豫政办〔2016〕39 号
10		陕西	《陕西省人民政府办公厅关于加快推进城市地下综合管廊建设的实施意见》	陕政办发〔2016〕56 号
11		江苏	《江苏省政府办公厅关于推进城市地下综合管廊建设的实施意见》	苏政办发〔2016〕45 号
12		浙江	《浙江省人民政府办公厅关于推进全省城市地下综合管廊建设的实施意见》	浙政办发〔2016〕99 号
13		湖南	《湖南省人民政府办公厅关于加快推进城市地下综合管廊建设的实施意见》	湘政办发〔2016〕44 号
14		四川	《四川省人民政府办公厅关于全面开展城市地下综合管廊建设工作的实施意见》	川办发〔2015〕99 号
15		江西	《江西省人民政府办公厅关于推进城市地下综合管廊建设的实施意见》	赣府厅发〔2015〕61 号
16		广东	《广东省人民政府办公厅关于城市地下综合管廊建设的实施方案》	粤府办〔2016〕54 号
17		云南	《云南省人民政府关于加快推进全省城市地下综合管廊建设的实施意见》	云政发〔2016〕10 号

续表

序号	类型	城市	文件名称	文号
18	省份	青海	《青海省人民政府办公厅关于推进城镇地下综合管廊建设的实施意见》	青政办〔2016〕109 号
19		甘肃	《甘肃省人民政府办公厅关于加快推进全省城市地下综合管廊建设的实施意见》	甘政办发〔2015〕139 号
20		海南	《海南省人民政府办公厅关于推进城市地下综合管廊建设的实施意见》	琼府办〔2016〕116 号
21	新疆生产建设兵团		《新疆生产建设兵团关于推进城市地下综合管廊建设的实施意见》	新兵办发〔2016〕83 号
22	自治区	内蒙古	《内蒙古自治区人民政府办公厅关于加快推进全区地下综合管廊建设的实施意见》	内政办发〔2016〕12 号
23		宁夏	《宁夏自治区人民政府办公厅关于推进城市地下综合管廊建设的实施意见》	宁政办发〔2016〕99 号
24		西藏	《西藏自治区人民政府办公厅关于推进城市地下综合管廊建设的实施意见》	藏政办发〔2017〕150 号
25	试点城市	厦门	《厦门市人民政府关于印发加快地下综合管廊试点项目建设的实施意见》	厦府〔2015〕197 号
26		石家庄	《石家庄市推进城市地下综合管廊建设实施意见》	石政办函〔2015〕157 号
27		合肥	《合肥市人民政府办公厅关于加快推进城市地下综合管廊建设的实施意见》	合政办秘〔2017〕5 号
28		杭州	《杭州市人民政府办公厅关于加快推进城市地下综合管廊建设的实施意见》	杭政办函〔2016〕85 号
29		长沙	《长沙市人民政府办公厅关于加强城市地下综合管廊建设管理工作的实施意见》	长政办发〔2017〕12 号
30		成都	《成都市人民政府办公厅关于加强城市地下综合管廊建设工作的实施意见》	成办发〔2016〕7 号
31		威海	《威海市人民政府办公室关于加强城市地下综合管廊建设管理的实施意见》	威政办发〔2015〕16 号
32		青岛	《青岛市人民政府办公厅关于加快地下综合管廊建设的实施意见》	青政办发〔2016〕9 号
33		潍坊	《潍坊市人民政府办公室关于推进城市地下综合管廊建设的实施意见》	潍政办字〔2016〕113 号
34	其他城市	昆明	《昆明市人民政府办公厅关于加快推进全市城市地下综合管廊建设的实施意见》	昆政办〔2016〕51 号
35		大连	《大连市人民政府办公厅关于加强城市地下综合管廊建设管理的实施意见》	大政办发〔2015〕88 号
36		通辽	《通辽市人民政府办公厅关于加快推进全市地下综合管廊建设的实施意见》	通政办发〔2016〕32 号
37		衡水	《衡水市人民政府办公室关于推进城市地下综合管廊建设的实施意》	衡政办发〔2016〕14 号
38		滨州	《滨州市人民政府办公室关于推进城市地下综合管廊建设的实施意见》	滨政办发〔2016〕14 号
39		新乡	《新乡市人民政府办公室关于推进全市城市地下综合管廊建设的实施意见》	新政办〔2016〕116 号

续表

序号	类型	城市	文件名称	文号
40	其他城市	台州	《台州市人民政府办公室关于加快推进全市城市地下综合管廊建设的实施意见》	台政办发〔2017〕55号
41		泸州	《泸州市人民政府办公室关于加强城市地下综合管廊建设工作的实施意见》	泸市府办发〔2016〕68号
42		临沧	《临沧市人民政府关于加快推进全市城市地下综合管廊建设的实施意见》	临政发〔2016〕94号
43		九江	《九江市人民政府办公厅关于推进城市地下综合管廊建设的实施意见》	九府厅发〔2017〕43号
44		江门	《江门市人民政府办公室关于加强城市地下管线建设管理的实施意见》	江府办〔2015〕29号
45		梅州	《梅州市人民政府办公室关于印发梅州市城市地下综合管廊建设实施方案的通知》	梅市府办〔2016〕33号

参考文献

［1］ 赵泽生，刘晓丽．城市地下管线管理中存在的问题及其解决对策［J］．城市问题，2013（12）：80-83，93.

［2］ 颜雪华．地下管线管理创新探讨［J］．城建档案，2011(6):52-54.

［3］ 叶建英．浅议城市地下管线的现状与管理对策［J］．硅谷，2009(22):93-102.

［4］ 郐艳丽，张晓军，刘晓丽，等．我国城市地下管线管理历程与问题的思考［A］．2013 城市发展与规划大会论文集［C］．2013.

［5］ 郝惠，刘晓丽，杜伟鸣．我国城市地下管线综合管理的现状问题及对策［A］.2013 城市发展与规划大会论文集［C］．2013.

［6］ 徐美德，郑发跃，李宏昭，等．我国城市地下管线的管理现状与应对探究［A］．建筑科技与管理学术交流会论文集［C］．2015.

［7］ 崔国梁．城市地下管线管理现状与管理科学化［J］．城建档案，2005(3):24-25.

［8］ 郝红雨．城市地下管线管理现状分析及对策［J］．水利科技与经济，2005，11(4):205-206.

［9］ 徐栋．城市生命线及安全保障［J］．现代职业安全，2013，12-16.

［10］ 邓楠，刘克会，徐栋，刘鹏澄．充分发挥行业管理作用，保障地下管线运行安全［J］．办公自动化，2014(21)：117-118.

［11］ 洪立波．城市地下管线面临的挑战与机遇［J］．城市管理与科技，2009，11(2):32-34.

［12］ 刘克会，朱伟．基于多属性决策的城市基础设施事故风险评价［J］．北京理工大学学报，2014.10.

［13］ 供水管道的管材及附属设施基础知识［EB/OL］．https://wenku.baidu.com/view/0d6ff08171fe910ef12df80e.html.

［14］ 室外给水设计规范 GB 50013-2006［S］．北京：中国计划出版社，2011.

［15］ 城市工程管线综合规划规范 GB 50289-2016［S］．北京：中国建筑工业出版社，2016.

［16］ 城市综合管廊工程技术规范 GB 50838-2015［S］．北京：中国计划出版社，2012.

［17］ 中国建筑标准设计研究院．国家建筑标准设计图集市政排水管道工程及附属设施 06MS201［S］．北京：中国计划出版社，2007.

［18］ 邱景文．建筑室外管道敷设方式［J］．价值工程，2010(12):119.

［19］翟振岗，刘克会，等．城镇燃气安全信息分类研究［J］．办公自动化，2014，10（增刊）：165-168.

［20］DongXu.Numerical Analysis for Influence of Underground Cavity on Underground Gas Pipeline. International Conference on Mechanics, Building Material and Civil Engineering(MBMCE2015), Guilin, China, 2015.

［21］刘克会，江贻芳，邓楠，王艳霞．城市地下管线主要风险因素分析［J］．工程勘察，2013(9):51-55.

［22］叶琳，胡金涛．城市地下管线管理顶层设计［J］．工程与建设，2017，31(1):135-138.

［23］徐匆匆，吴颖婕．城市地下管线综合管理体系研究［A］.2012 中国城市规划年会论文集［C］.2012.

［24］王慧焘．论城市地下管线全生命周期监管［J］．价值工程，2015(5):100-101.

［25］熊国跃，唐锦．我国城市地下管线规划管理现状分析：从基于公共管理的视角［J］．城建档案，2011(3):10-16.

［26］刘晓丽．城市地下管线综合规划编制体系探讨［A］．城乡治理与规划改革：2014 中国城市规划年会论文集（02- 城市工程规划）［C］．中国城市规划学会，2014:7.

［27］施卫红．对城市管线综合规划的思考：以江南某市滨江新城管线综合规划为例［A］．多元与包容：2012 中国城市规划年会论文集（07. 城市工程规划）［C］．中国城市规划学会，2012:8.

［28］张镭，施嘉泓，杨帆．《江苏省城市地下管线综合规划编制导则》解读［J］．江苏城市规划，2015(11):4-7.

［29］陈克坚，郑承军，郭树河．广州市地下管线综合规划探讨［J］．中国给水排水，2017，33(24):40-43.

［30］杜兵．地下管线综合规划编制思路与方法［J］．城乡建设，2018(12):30-33.

［31］林卫宠，陈炎生，裘松樵，邱美辉，刘华．多措并举推进地下管线建设管理：城市地下管线建设管理工作探索［J］．安全与健康，2014(10):5-7.

［32］韩伟．淄博市地下管线建设管理的实践与探索［J］．城建档案，2015(03):27-28+34.

［33］陈如波，傅晓东．地下管线建设管理策略的评价及实施建议［J］．测绘通报，2016(S1):52-55.

［34］刘克会，朱伟，翟振岗．城市地下管线安全与应急管理关键技术需求分析［A］．北京公共服务发展报告（2011 ～ 2012）［M］．北京：社会科学文献出版社，2012.

［35］王晓东，王浩，彭晨蕊，等．以天津为例浅议城市地下管线综合规划编制［A］．2014（第九届）城市发展与规划大会论文集：S13 生态城市的水环境、水文规划与水生态修复［C］．天津：中国城市科学研究会，2014:1-5.

［36］ 张韶华 . 北京市地下管线综合管理系统建设与技术研究［ D ］. 郑州：解放军信息工程大学，2015.

［37］ 李萍 . 城市地下管线信息管理系统设计与开发［ D ］. 南京：南京邮电大学，2012.

［38］ 翟振岗，刘克会 . 城市地下管线安全管理协同模式研究［ J ］. 测绘通报（增刊：中国城市规划协会地下管线专业委员会 2013 年年会论文集），2013(10):17-19，29.

［39］ Zhengang Zhai, Wei Zhu, Kehui Liu.Time-varying System Characteristics and Safety Guarantee Measures of Urban Operation. The 4th International Conference on Risk Analysis and Crisis Response, 2013(8):757-761（EI：20134817021440）.

［40］ 袁于飞 . 北斗助力燃气管网安全建设［ N ］. 光明日报，2015-06-13.

［41］ 刘可 . 北斗系统助巡地下燃气管线［ N ］. 北京日报，2017-02-22.

［42］ 邓楠，刘克会 . 行业管理在保障地下管线运行安全中的作用［ A ］. 北京蓝皮书 - 北京公共服务发展报告（2014-2015）［ C ］. 2015.

［43］ 国务院办公厅 . 国务院办公厅关于加强城市地下管线建设管理的指导意见［ J ］. 建筑监督检测与造价，2014(4):6-10.

［44］ 佚名 . 宁夏回族自治区城镇地下管线管理条例［ Z ］. 宁夏回族自治区人民政府公报，2017(16).

［45］ 顾树森 . 关于《杭州市城市地下管线建设管理条例》的说明［ J ］. 浙江人大（公报版），2009(1).

［46］ 北京市人民政府办公厅 . 北京市加强城市地下管线建设管理工作职责分工方案［ Z ］. 北京：北京市人民政府公报，2014

［47］ 青岛市人民代表大会常务委员会 . 青岛市城市地下管线管理条例［ Z ］. 2016.

［48］ 淄博市人大常委会 . 淄博市地下管线管理条例［ Z ］. 2016

［49］ 住房城乡建设行业信息化发展报告（2016）之市政设施管理信息化发展报告［ R ］.

［50］ 李伟，康凯 . 北京市地下管线基础信息统计体系探索与实践［ J ］. 城市管理与科技，2017(1):66-68.

［51］ 管线信息系统建设技术规范 CH/T 1037-2015［ S ］. 北京：测浍出版社 . 2015:08

［52］ 国务院办公厅 . 关于加强城市地下管线建设管理的指导意见（国办发〔2014〕27 号）［ Z ］.

［53］ 刘克会，江贻芳，邓楠，等 . 城市地下管线主要安全风险因素分析［ J ］. 工程勘察，2013.9.

［54］ Kehui Liu, Wei Zhu, YanxiaWang. A Study on City Infrastructure Management-Looking From the Beijing Rainstorm on July21, 2012［ C ］. Intelligent Systems and Decision Making for Risk Analysisand Crisis Response, 2013:427-433.

［55］ 王艳霞，刘克会 . 城市地下管线消隐工程行政审批流程优化需求分析［ J ］. 地下管线管理，2014，6（102）：24-27.

［56］ 解志强，王贵武．城市地下管线信息化方法与实践［M］．北京：测绘出版社，2012.

［57］ 中华人民共和国住房城乡建设部．城市地下管线工程档案管理办法（中华人民共和国住房城乡建设部令第 136 号）［Z］．2004-12-15.

［58］ 井发明，王苑楠，王英林．宁波市地下管线动态更新及管理机制探讨［J］．2014，(3):156-158.

［59］ 郭江宁，刘奕．城市地下管线动态维护更新方法的探讨：以南京市管线动态维护方案为例［J］．城市勘测，2012，(1):149-155.

［60］ 李玉，张卫军，张丽敏．地下管线信息化建设中的保密和共享［J］．城建档案，2016，(11):43-44.

［61］ 毕天平，周京春．昆明三维地下管线系统应用与研究［J］．测绘通报，2014，(2):93-96.

［62］ 黄北新，李彬，宋超，等．合肥市地下管线综合管理信息系统的建设与应用［J］．城市勘测，2018，(4):38-42.

［63］ 翟振岗，刘克会，朱伟．城市公共设施行业安全监管模式研究［A］．北京公共服务发展报告（2012—2013）［C］．北京：社会科学文献出版社，2013：242-251.

［64］ Dong Xu.Analysis of Environmental Factors Impacton Urban Underground Pipelines.The 4th International Conference Energy, Environment and Sustainable Development(EESD2014), Shanghai, China, 2014:2570-2576.

［65］ 邓楠，刘克会，朱伟，翟振岗．城市供热系统高负荷预警方法研究［A］．首届中国沿海地区灾害风险分析与风险管理学术研讨会论文集［C］．2011.10.

［66］ 韩沙沙，王照天，郭凯．地下管线探测方法综述［J］．测绘通报，2016(S1):104-106.

［67］ 葛如冰．高密度电阻率法在城市地下目的物探测中的应用［J］．物探与化探，2013(1):136-139.

［68］ 肖顺，张永命，任建平．地震映像法在超深管线探测中的应用［J］．城市勘测，2014(1):170-172.

［69］ 王勇．城市地下管线探测技术方法研究与应用［D］．长春：吉林大学，2012.

［70］ 李志英．地下管线三维信息测量技术综述及前景展望［J］．广东科技，2014，23(06):107+113.

［71］ 李学军．我国城市地下管线信息化发展与展望［J］．城市勘测，2009(1):5-10.

［72］ 丁鹏辉，李志刚，董绍环，等．城市地下管线信息系统关键技术研究［J］．测绘通报，2015(11):92-95.

［73］ 董仲奎，卫跃文，陈燕申，等．城市综合管线信息管理系统的建立及其存在的主要问题［A］．建设部科学技术委员会地下管线管理技术专业委员会 2004 年年会论文集［C］．2004.

［74］ 屈琦，叶菁菁．城市地下管线动态更新管理机制研究：以杭州市为例［J］．浙江档案，2015(5):24-26.

［75］ 文昌辞，等 . 数字图像加密综述［ J ］. 计算机科学，2012，39(12):6-9.

［76］ 刘良文 . 数字水印技术应用于工程图的探索和实现［ D ］. 南昌：南昌大学，2005.

［77］ 封富君，李俊山 . 新型网络环境下的访问控制技术［ J ］. 软件学报，2007，18(4):955-966.

［78］ 赵亮，茅兵，谢立 . 访问控制研究综述［ J ］. 计算机工程，2004，30(2):1-2.

［79］ 徐华 . 基于角色的访问控制策略及其在国防科技信息服务中的应用［ A ］. 全国计算机信息管理学术研讨会论文集［ C ］. 2005.

［80］ 杨建召 . Windows 平台下基于主机的入侵检测系统的设计与实现［ D ］. 长春：长春工业大学，2006.

［81］ 刘占省，赵雪峰，周君，芦东 . BIM 技术概论［ M ］. 北京：中国建筑工业出版社，2016.

［82］ 王慧琛，李炎锋，赵雪锋，等 . BIM 技术在地下建筑建造中的应用研究：以地铁车站为例［ J ］. 中国科技信息，2013(15):72-73.

［83］ 吴锋，胡绕 . 基于 BIM 技术的既有地下管线三维自动化建模的研究［ J ］. 工程地球物理学报，2016，13(04):496-501.

［84］ 朱栩莹，吴迪，李丹 .BIM 技术在城市地下管线设计与管理中的应用［ J ］. 山西建筑，2016，42(22):230-232.

［85］ 马智亮 . 基于 BIM 与 GIS 集成的城市地下管线运维管理系统选型［ A ］. 中国图学学会 BIM 专业委员会第二届全国 BIM 学术会议论文集［ C ］.2016，5.

［86］ 高峰，王幸来，程雄辉 .BIM 技术在城市地下综合管廊中的应用［ J ］. 江苏建筑，2017，(01):72-76.

［87］ 企业标准 . 城市轨道交通地下管线信息模型数据规则［ S ］. 上海申通地铁集团有限公司，2016.

［88］ 胡绕，吴锋，等 . 基于物探数据驱动的地下管线及构筑物 BIM 建模技术研究与实践［ J ］. 工程勘察，2017，增刊 2:34-41.

［89］ 上海市工程建设规范 . 岩土工程信息模型技术标准（报批稿）［ S ］. 上海勘察设计研究院（集团）有限公司，2018.

［90］ BIM 技术在地下管线信息管理中的应用研究报告［ R ］. 天津市地下空间规划管理信息中心，上海勘察设计研究院（集团）有限公司，2018.

［91］ 天津市地下综合管廊信息管理技术规程（建议稿）［ S ］. 天津市地下空间规划管理信息中心，上海勘察设计研究院（集团）有限公司，2018.

［92］ 田兆东，胥方涛，程永正，等 .BIM 在综合管廊全生命周期中的应用探讨［ J ］. 建设科技，2017(21):50-52.

［93］ 郑春梅 . 城市管网空间信息共享与服务平台关键技术研究［ D ］. 北京：中国地质大学（北京），2014.

[94] 屈琦.杭州市城市地下管线共享平台建设与实践[J].测绘与空间地理信息，2015，38(06):114-115，118.

[95] 孟小峰，慈祥.大数据管理：概念、技术与挑战[J].计算机研究与发展，2013，50(1):146-169.

[96] GrobelnikM.Big-datacomputing:Creating Revolutionary Breakthroughs in Commerce，Science，and Society[R/OL].[2012-10-02].http://videolectures.net/eswc2012_grobelnik_big_data/

[97] 赵勇.大数据、时代变革的核心驱动力[J].网络新媒体技术，2015，4(3):1-7.

[98] 吴思，高倩影，陈勇，等.管线大数据挖掘应用探讨[J].城市勘测，2017(6):50-52.

[99] 王泽根，唐翼德，陈勇，等.地下管线监测与城市发展适应性分析[M].北京：科学出版社，2014.

[100] 王英伟，吴琦，隋祥，等.应用 Excel 模拟高斯烟团模式计算危险气体泄漏[J].环境科学与管理，2008，33(5):173-176.

[101] 王新颖，李严琛，宋兴帅，等.大数据时代基于完整性管理的城市地下管线安全探讨[J].工业建筑，2017，增刊 III.2017.

[102] 翟振岗，刘克会，朱伟，李秋玮.城镇燃气安全信息分类研究[J].办公自动化,2014,10(增刊)：165-168.

[103] Yanxia Wang, Fei Yao, Kehui Liu. The Safety Efficiency of an Overhead Lines Undergrounding of CitiesCabling Project[C].Intelligent Systems and Decision Making for Risk Analysis and Crisis Response, 2013:427-433.

[104] 邓楠，刘克会，等.城市天然气地下管线功能失效型事故风险评估方法研究[A].北京蓝皮书-北京公共服务发展报告(2013—2014)[R].2014.

[105] 王莉莉.管道泄漏检测技术的研究[D].大连：大连理工大学，2010.

[106] 杨进.供水管道泄漏检测定位中的信号分析及处理研究[D].重庆：重庆大学，2007.

[107] 城镇燃气管网泄漏检测技术规程 CJJ/T215-2014[S].

[108] 袁厚明.地下管线检测技术[M].北京：中国石化出版社，2016.304-305.

[109] 刘凯.城市热力管道非开挖检测技术研究[D].南昌：南昌航空大学，2014.

[110] 城镇排水管道检测与评估技术规程 CJJ181-2012[S].

[111] 张跃强，张早校，郝建成，贾云龙，燕学军，马旭兵，韩丁，郭俊杰.管道超声导波检测技术进展[J].化工设备与管道，2016，53(03):72-74.

[112] 曹慧平.浙江某市市政燃气管道防腐性能检测及完整性评价[D].广东：华南理工大学，2013.

[113] 何存富，郑明方，吕炎.超声导波检测技术的发展、应用与挑战[J].仪器仪表学报，2016，37(08):1713-1723.

［114］ 邵彦超 . 城市地下重点设施安全状态监测技术现状及发展方向分析［ J ］. 科技与创新，2018(18):16-17，19.
［115］ 郑百超 . 光纤传感技术的发展趋势［ A ］. 第四届航天电子战略研究论坛论文集（新型惯性器件专刊）［ C ］. 中国航天电子技术研究院科学技术委员会：航天电子发展战略研究中心，2018:8.
［116］ 李娜 . 光纤光栅传感技术及其在油气管道腐蚀监测的应用研究［ D ］. 株洲：湖南工业大学，2012.
［117］ 姚尧，王志鹏，田郁郁，程鹏，巩莹 . 光纤干涉测量技术应用及发展趋势［ J ］. 质量技术监督研究，2018(03):19-22.
［118］ 张煦，等 . 光纤通信技术［ M ］. 上海：上海科学技术出版社，1985.
［119］ 楼彬，沈焱鑫 . 基于物联网技术的智能井盖远程监控平台的研发与实现［ J ］. 智能城市，2018，4(14):3-4.
［120］ 俞美，王砚军，程鸿机 . 设备状态监测与故障诊断技术的基本原理与方法：红外测温技术（连载三）［ J ］. 山东建材，2000(03):29-30.
［121］ 郭振华 . 输电线路运维中红外测温技术分析［ J/OL ］. 中国战略新兴产业，2018-10-24. https://doi.org/10.19474/j.cnki.10-1156/f.006630.
［122］ 翟振岗 . 不可忽视的燃气管网泄漏［ J ］. 现代职业安全，2013（增刊）：20-22.
［123］ 纪健，李玉星，纪杰，张建军，耿晓茹 . 基于光纤传感的管道泄漏检测技术对比［ J ］. 油气储运，2018，37(04):368-377.
［124］ 许燕青 . 物联网让城市腾飞：物联网解决城市地下管线问题的研讨［ J ］. 办公自动化，2014(S1):128-131.
［125］ 邵秋捷 . 管道修复技术研究综述［ J ］. 科技论坛，2013(6):15.
［126］ 郝建斌，武新娟，张水清，等 . 在役管道修复与抢修焊接工艺模拟试验方法［ J ］. 油气储运，2006，25（2）：37-40.
［127］ 王维婷 . 微孔开挖技术应用现状分析研究［ D ］. 北京：北京建筑大学，2009.
［128］ 王朝晖 . 微孔开挖修复系统在地下燃气管网的应用［ J ］. 市政建设，2013，12(8):134-135.
［129］ 侯路平，刘春熙，陈勇 . 管道更新软管翻衬技术初探［ J ］. 甘肃科技，2016，32(14):95-97.
［130］ 筑龙岩土 . 你应该了解的综合管廊支撑系统应用及管廊未来趋势［ OL ］.
［131］ 邵秋捷 . 管道修复技术研究综述［ J ］. 科技论坛，2013(6):15.
［132］ 冯运玲，田国伟，张力高 . 国内外供水排水管道非开挖修复技术介绍及相关建议［ J ］. 特种结构，2011，28(4):6-11.
［133］ 王刚，王卓 . 机械式螺旋缠绕管道非开挖带水修复技术应用案例［ J ］. 中国给水排水，2018，34(6):120-122.

［134］ 尤新军，聂丽曼 . 紫外光固化技术在排水管道非开挖修复中的应用［ J ］. 工艺管控，2018，9:188-189.

［135］ 付威，吕宇玲 . 油气管道在役焊接修复技术综述［ J ］. 热加工工艺，2017，46(19):15-23.

［136］ 徐晓，许俊城，李龙等 . 微孔开挖修复系统在地下燃气管网的应用［ J ］. 油气储运，2011，30（4）：291-292.

［137］ 郭定海 . 翻衬法修复技术在申家洼水库输水涵管加固中的应用［ J ］. 科技教育，2012，23(04):133-134.

［138］ 陈春茂 . 非开挖管道修复技术［ J ］. 市政技术，2004，22(4):208-213.

［139］ 金强，马彬，曹国权，等 . 翻转内衬修复技术在燃气管道上的适用性分析［ J ］. 城市燃气，2018，01:12-15.

［140］ 城镇燃气管道非开挖修复更新工程技术规程 CJJ/T147-2010［ S ］. 北京：中国建筑工业出版社，2010.

［141］ 城镇燃气管道翻转内衬法施工及验收规程 DB11/T1136［ S ］. 北京：北京市质量技术监督局，2014.

［142］ 冯海霞 .CIPP 紫外线固化修复技术在排水管道修复应用中的现状及前景［ A ］. 2016 第十七届中国辐射固化年会暨首届安庆市化工新材料产业高峰论坛论文报告集［ C ］. 2016，07

［143］ 国家质量监督检验检疫总局，国家标准化管理委员会 . 石油天然气工业管道输送系统基于可靠性的极限状态方法［ S ］. 全国石油天然气标准化技术委员会，2012.

［144］ 鲍月全，冯东阳，余凯华，等 . 受腐蚀大口径排水管道结构安全评估与保护研究综述［ J ］. 城市道桥与防洪 .2016(11):79-83.

［145］ 城镇排水管道检测与评估技术规程 CJJ 181-2012［ S ］. 2012.

［146］ W・肯特・米尔鲍尔 . 管道风险管理手册（第二版）［ M ］. 北京：中国石化出版社，2005.

［147］ 杨印臣，陈秋雄 . 城市燃气管道风险评估现状及改进［ J ］. 天然气与石油 .2006(04):32-35.

［148］ 陈长坤，李建，孙云凤，等 . 基于粗糙集的城市燃气管道破坏灾害演化诱发机制分析［ J ］. 灾害学 . 2011(03):92-96.

［149］ 陈建中 . 我国燃气管道风险评估及现状［ J ］. 安全，2013，34(06):6-7.

［150］ 翟振岗，王腾 . 城市地下管线综合风险治理模式研究［ J ］. 中国煤炭地质 . 2017，29:10-13.

［151］ 国务院办公厅关于推进城市地下综合管廊建设的指导意见（国办发〔2015〕61 号）［ Z ］.

［152］ 王军，陈欣盛，等 . 城市地下综合管廊建设及运营现状［ J ］. 土木工程与管理学报 . 2018，35（2）：101-109.

［153］ 彭芳乐，杨超，马晨晓 . 地下综合管廊规划与建设导论［ M ］. 上海：同济大学出版社，2018.

［154］ 宁勇，赵世强 . 国内外城市综合管廊发展现状、问题及对策研究［ J ］. 价值工程，2018，3

（42）：103-105.

［155］ 彭保华 . 台湾共同管道工程推动近况［ OL ］. http:www.twce.org.tw/info/ 技师报 /361-4-1.htm，2015.12.12.

［156］ 中投顾问产业与政策研究中心 . 2018—2022 年中国城市地下综合管廊建设深度调研及投资前景预测报告［ R ］. 深圳：中投顾问产业研究中心，2017.

［157］ 中华人民共和国住房城乡建设部 . 中国城乡建设统计年鉴（2016）［ R ］. 北京：中国统计出版社，2017.

［158］ 徐栋，王艳霞 . 地下管线安全管理的重要内容：隐患排查治理［ J ］. 科技智囊，2015.

［159］ 邓楠，王艳霞，刘克会 . 行业管理在保障地下管线运行安全中的作用［ A ］. 北京蓝皮书［ M ］. 2015.

［160］ 于笑飞 . 青岛高新区综合管廊维护运营管理模式研究［ D ］. 青岛：中国海洋大学，2013.

［161］ 沈荣，周小春 . 宁波城市地下综合管廊收费定价研究［ J ］. 建筑经济，2017，38（12）：38-41.

［162］ 刘应明，等 . 城市地下综合管廊工程规划与管理［ M ］. 北京：中国建筑工业出版社，2016.

［163］ 王恒栋 . 城市地下市政公用设施规划与设计［ M ］. 上海：同济大学出版社，2015.

［164］ 胥东，金兴平 . 城市综合管廊工程设计指南［ M ］. 北京：中国建筑工业出版社，2018.

［165］ 沈建生 . 市政综合管廊施工问题及其应对措施探析［ J ］. 中国住宅设施，2018（1）.

参编单位介绍

中国城市规划协会地下管线专业委员会

中国城市规划协会地下管线专业委员会是地下管线规划、设计、建设、维护、管理及相关单位自愿组成的公益性社团组织。本会的宗旨是：贯彻执行党和政府的方针政策，遵守宪法、法律、法规，维护行业及相关单位的合法权益，反映会员需求，促进行业的横向联系，发挥政府与行业之间的纽带作用，推动地下管线行业的发展和进步，为我国的城市规划、建设、管理服务。

地下管线专业委员会是一个跨系统、跨部门、多学科的全国性专业社团，会员的组成包括与地下管线行业相关的规划、建设、管理等政府主管（或业务）部门和从事地下管线探测、检测、评估、系统开发等生产、科研单位，以及给排水、燃气、热力、电力、电讯、石化、消防、工业等部门的相关的企事业单位和高等院校，涉及部门或单位较广，目前全国共有团体会员 500 余家。委员会的发展与进步，离不开业内各部门领导和有识之士的大力支持与帮助。

我专业委员会在中国城市规划协会的领导下，引领行业发展；宣贯政策法规，辅助政府决策；重视行业标准，促进技术进步；开展职业岗位培训，提升从业队伍素质；把握行业特点，扩大交流活动；瞄准科技前沿，促进科技创新。发展会员，扩大组织规模；聚焦热点，提高社会关注度；服务会员，建设信息交流平台；合作共赢，加强行业国际交流。我们坚信已选举出的新一届理事会，一定能够贯彻好上级协会的指示精神，团结好广大会员单位，解放思想，勇挑重担。

目前，我会工作还需要重视以下几点：第一，会员间的交流合作仍需加强，我会将致力于改进和加强相关工作。第二，拓展地下管线产业链，我们将强化地下空间承载力、地下管廊与海绵城市建设工作的推进。第三，要制定专委会的未来规划，并对工作进行细化，纲举目张。第四，将更多地吸纳行业中和高校的专家学者加入到专委会，壮大专委会的知识人才储备，通过专家建言献策以推进各项工作开展。

我们将始终以“公益服务、自律维权、合作共赢”的行业精神为引领，虚心学习、尽职履责，做好服务，不辱使命。发挥桥梁纽带作用，搭建平台，实现开放共赢的行业发展目标！

北京市新技术应用研究所

北京市新技术应用研究所（以下简称“研究所”）隶属于北京市科学技术研究院（以下简称“北科院”），为北京市市属科研院所。研究所成立于1977年，2000年转制为全民所有制企业，目前已发展成为一家集科研、开发、生产于一体的高新技术企业。建所40年来，已建成一支高素质的科研创新团队，拥有一批具有博士学位、硕士学位和高级职称的技术研发人员，先后获得省部级以上科学进步奖50余项，其中国家级奖项2项、市科技成果奖16项、市科技进步奖24项、其他省部级奖8项。研究所努力承担社会责任，成为“科技北京”建设中的一支重要力量。

北科院地下管线研究团队长期承担地下管线领域科研工作与技术服务工作，具有丰富的工作经验。2014年，北科院与北京市城市管理委员会成立北京地下管线综合管理研究中心（以下简称“中心”），依托北科院的科研及技术优势，集结国内外地下管线管理、城市管理、公共安全、应急管理等方面的研究力量，跟踪国内外管线管理及实践的前沿，力争建成国内一流的开放式的地下管线综合管理研究平台。

中心基于系统科学、安全科学、管理科学等基础理论及方法，综合利用系统安全分析、模拟仿真、统计分析等模型与工具，针对城市地下管线领域的热点难点问题开展科技攻关与应用服务研究，通过不断学习理论知识、深入地研究和实践、广泛地进行合作交流，打造一个结构合理、素质优良的创新机构，为首都北京乃至全国的城市生命线管理与安全保障，以及城市的平稳、高效运行提供技术和管理决策支持。

中心致力于科技服务机构、资源汇聚平台、管线领域智库等功能建设，主要工作方向为：地下管线相关的知识创新和公共政策研究；地下管线管理领域共性、关键性、前瞻性的支撑技术研究；地下管线领域相关各类咨询服务；地下管线事故机理及模拟分析与实验研究。

目前，研究团队承担地下管线相关项目共80多项，其中国家级项目8项，北京市自然基金和哲社基金各1项，北京市科技计划5项，委办局及研究院项目50项，发表论文50余篇，SCI/EI/ISTP收录20余篇，出版专著3篇，获得软件著作权18项，主持或参编各类技术标准10余部；获省部级奖2项。

淄博市城建档案和地下管线管理处

淄博市城建档案和地下管线管理处是隶属于淄博市住房城乡建设局的副县级财政拨款事业单位，主要承担全市城建档案和地下管线的管理、监督、检查工作。目前人员编制25人，实有在职人员24人，其中高级职称7人，中级职称8人，内设办公室、档案管理科、工程管理科、工程监督稽查科、信息技术科、声像编研科。

依据工作职责实行市、区县、基层三级管理模式，工作重点主要是地下管线建设管理的协调工作以及重点工程档案、地下管线工程档案、声像档案的归集管理和城建档案信息化管理工作。

近年来，市城建档案和地下管线管理处不断加强行业法制化、制度化、规范化建设，2016年，淄博市出台《淄博市地下管线管理条例》，2017年，淄博市地下管线综合管理项目获得“中国人居环境奖范例奖”。全国各省市的80余家兄弟单位到淄博学习地下管线综合管理、普查及信息系统建设等方面的工作经验，淄博经验已在全国范围得到推广。

武汉中仪物联技术股份有限公司

武汉中仪物联技术股份有限公司是一家以排水管网检测、评估、养护、修复相关技术、设备及材料研发制造为核心产业的高新技术企业，专注于为城市提供智慧排水管网运维信息化整体解决方案。公司集“产、学、研”于一体，经过多年的累积和沉淀，中仪股份已经成为国内管道检测与修复行业的标杆企业，在业内享有“管道检测与修复专家”的美誉。

公司已完成管道潜望镜系列（QV)、管道CCTV机器人系列、管道声纳检测系统系列、推杆式管道内窥镜系列、钻孔电视成像仪系列、管道电法测漏仪系列、管道养护系列、非开挖管道修复系列等具有自主知识产权的管网检测、养护及修复产品的研制，在物探、城建、市政、国防、水利水电等各个基础建设领域得到广泛应用。

上海市岩土工程检测中心

上海市岩土工程检测中心隶属于上海市地矿工程勘察院，是独立法人机构。

中心依托于上海市规土资源系统服务优势和地质工作经验，综合采用地球物理勘察、测绘监测、岩土工程检测、房屋质量检测、环境化学检测等技术手段，服务于工程建设、城市运维和城市管理等各类技术领域。

中心现有职工 188 人，本科以上学历占 50% 以上，中高级技术职称占比 40% 以上，各类仪器设备近 2000 万元，拥有地质勘察、工程物探、测绘、房屋质量检测、地质实验测试等十余项专业资质证书，是上海市“高新技术企业”。

近年来，中心在城市道路病害、地面塌陷地质灾害隐患调查与监测领域，先后完成了 5 项上海市规划和国土资源管理局、院科研项目，拥有瑞典 MALA 三维探地雷达、美国 GSSI 探地雷达及瞬态瑞雷波、横波等先进探测设备，承担了数十项道路病害及城市地面塌陷探测项目，多次应邀在全国学术会议做专题报告，在全国城市道路病害、地面塌陷地质灾害调查领域具有丰富研究和实践经验。

上海勘察设计研究院（集团）有限公司

上海勘察设计研究院（集团）有限公司，原名上海勘察院，成立于 1958 年。作为国内知名的综合性岩土工程咨询企业，拥有雄厚的技术力量、一流的专家队伍、精良的仪器设备和丰富的工程经验。公司拥有国家勘察大师 5 名，上海市领军人才 2 名，教授级高级工程师 20 余名，高级工程师近百名，各类注册专业工程师百余名。

公司业务范围涉及岩土工程勘察、设计、咨询、工程测量、监测、检测、物探，地质灾害危险性评估、地质灾害防治工程勘察、设计、施工，地震安全性评价、房屋质量检测、市政设计、地基与基础工程施工，场地水土环境调查、评估与修复工程设计和施工等。

公司出色完成了一系列重大工程建设任务，共获国家级金、银、铜奖及部、市级优秀工程奖 200 余项；完成科研成果 100 余项，获科技进步奖 10 余项。

负责主编、参编各类规范标准 60 余部，拥有各类专利近 200 余项，被誉为上海城市建设的“地下尖兵”，成为上海乃至全国勘察设计行业的排头兵。

青岛市勘察测绘研究院

青岛市勘察测绘研究院（青岛市基础地理信息与遥感中心）始建于1951年9月，是持有国家级工程勘察综合类甲级、测绘甲级、地基与基础工程施工壹级、涉密信息系统集成资质、地质灾害治理工程乙级资质、土地规划乙级资质、计算机信息系统集成三级资质的生产、科研单位。

该研究院主要承担工程测量、地籍测绘、摄影测量与遥感、海洋测绘、房产测绘、行政区域界线测绘、地理信息系统工程、互联网地图服务、地图编制；计算机信息系统集成；岩土工程勘察、设计、咨询、治理、检测、监测以及地质灾害工程勘察、设计、治理、评估等多专业的生产科研项目。现有在岗职工600余人，专业技术人才占70%以上，博士、硕士研究生200余名，工程技术应用研究员13名，高级工程师87名，国家注册土木（岩土）工程师42名，国家注册测绘师107名。

该研究院通过了质量管理、职业健康与安全管理、环境管理三体系认证及山东省计量认证，被认定为全国测绘地理信息科普教育基地、青岛市科普教育基地和青岛市中小学海洋教育社会实践基地；先后荣获全国测绘地理信息系统先进集体、中国地理信息产业百强企业、住房城乡建设部“城市勘测工作先进单位”、全国建设技术创新工作先进单位、全国测绘地理信息科学技术奖励评选工作突出贡献奖、中国测绘地理信息学会先进集体等称号；连续24年获“山东省文明单位”荣誉称号。

广州城市信息研究所有限公司

广州城市信息研究所有限公司（简称“诚信所”）致力于做最优秀的地理信息服务品牌，以“地理信息让服务无处不在”为使命，提供规划、国土、建设、管线、交通及环保等行业深度应用解决方案，足迹遍布全国200多个城市，并连续多年入选中国地理信息产业百强企业，是国内最优秀的GIS应用服务提供商之一。

作为中国城市规划协会地下管线专业委员会副主任单位以及最早的地下管线管理应用解决方案提供商之一，城信所一直致力于利用二三维地理信息、物联网及大数据技术构建智慧管网信息平台，为实现智慧水务、海绵城市及综合管廊建设提供有力支撑。

广东绘宇智能勘测科技有限公司

广东绘宇智能勘测科技有限公司成立于2006年，是一家具有测绘甲级资质、城乡规划编制乙级资质、市政公用工程施工总承包资质、CMA和双软认证的高新技术企业。2016年10月，公司与珠海欧比特宇航科技股份有限公司（股票代码300053）进行资产重组，成为其全资子公司。母公司欧比特作为"珠海一号"卫星星座的研制运营单位，是国内首家自主投资建设运营微纳卫星星座的民营企业。

绘宇公司主要提供大地测量、摄影测量与遥感、地理信息系统工程、工程测量、不动产测绘、海洋测绘、地图编制、规划设计、环保调查等服务，致力成为"智慧城市"专业地理信息数据一体化服务提供商。同时，公司具有丰富的软件研发经验，形成了多项自主知识产权的软件产品，同时专注打造规划信息化的顶层设计，为多省提供省级空间规划平台服务，获得了业界的一致好评。

绘宇公司成立以年来，注重人才储备，积极培养和引进高级技术人才和管理人才，专业技术人员占比达90%以上。公司规模逐步扩大，在华南、华东、华中地区均设有分支机构。绘宇公司始终谨记和坚守"把项目做成技术，把技术做成艺术"的文化理念，以打造专业地理信息平台为目标，向着百年老店的方向前进。

南京市测绘勘察研究院股份有限公司

南京市测绘勘察研究院股份有限公司是国家高新技术企业、江苏省软件企业，于2017年完成股份制改造，注册资本6000万元人民币。

公司三大主营业务：工程测勘技术服务、测绘服务、地理信息系统集成与服务；形成地下管线探测建库一体化服务、地下空间开发与利用、轨道交通多元传感集成服务、城市地图（集）编制；市场建立以江苏为根基，辐射全国一二线城市的业务布局。

公司拥有综合甲级（测绘、勘察）资质、甲级工程咨询、信息系统集成及服务、城乡规划编制、CMA计量认证资质；六大体系认证：质量管理、环境管理、职业健康安全管理、信息安全管理、企业研发管理以及知识产权管理；公司已获得计算机软件著作权共74项，获得发明专利31项。仅近三年，公司获得全国性奖项45项，参与或主编国家、省级各类标准编制31项。研究员及高级工程师99人，注册测绘师、注册土木工程师63人。2017年度，公司入选中国地理信息产业百强企业、位列第17位。

河北九华勘查测绘有限责任公司

河北九华勘查测绘有限责任公司（华北地质勘查局五一九大队）隶属于天津华勘集团。服务范围涵盖地理信息，地下空间信息化，智慧城市建设，水环境治理，信息系统集成，城市地质调查，地质找矿，地质环境勘察、设计、评估、施工等多个领域，具有测绘工程，地质勘察，地质灾害危险性评估、勘查、设计、施工甲级资质；安防一级、信息系统集成二级、市政公用工程施工总承包三级等多项资质。

公司通过了质量、职业健康、环境和信息安全管理体系认证、CMMI 认证，是高新技术企业、双软企业、军民融合企业、地理信息百强企业、十佳测绘单位、高分辨率对地观测系统河北保定数据应用中心、中规协地下管线委员会副主任委员单位。

九华公司拥有大量高精尖仪器设备，可满足地上、地下空间数据采集、处理工作。建立了由教授级、高级、中级工程师组成的高素质技术骨干团队。具有多项发明专利、软件著作权等自主知识产权，获得近百项省部级科技进步及优秀工程奖。九华公司愿与客户携手共赢，以高品质的科技服务投身到国家的建设和发展中。

南京市浦口区城市地下管线管理中心

南京市浦口管线中心设立源于 2010 年南京 7・28 大爆炸。这场灾难引起大家对地下管线管理的高度重视。为加强地下管线管理，2011 年初，浦口区规划局设立了管线办公室，其与当时交通市政科联手，初步对地下管线进行了数据普查，并肩页规划审批、竣工资料收集工作。经两年的持续运作和大家共同筹划努力，2014 年 5 月，南京市浦口区城市地下管理中心正式设立，定位是全额拨款的处级事业单位。

三定方案中明确，中心挂区测绘管理中心、区地理信息中心、区城建规划档案馆三块牌子，内设综合科、管线管理科、测绘管理与监督科、信息与档案管理科四个科室，另管理一个具有乙级测绘资质国有测绘单位——南京建信测绘技术有限公司。

中心充分融合了城市规划管理、档案管理、测绘管理等职能。

近年来，经不断的优化调整，中心已牢牢把握住管线规划审批、基础地理信息数据管理、档案管理、批后监督、巡查联动等工作，确保管线项目规划建设周期的全过程监管。

南京建信测绘技术有限公司

南京建信测绘技术有限公司是一家综合性专业测绘公司，乙级测绘资质，原名“江浦县规划测量队”，始建于1993年，原性质为全民事业单位，2001年经江浦县政府和建设局下文，江浦县规划测量队和江浦城乡建设档案室合署，测量队归属档案室管理。2003年区县合并后更名为“浦口区规划测量队”，因测量队为非独立法人单位，2005年资质年审时更名为“浦口区城镇建设档案室”。2006年建设局为深化改革，成立“南京市浦口区建信规划测绘咨询有限公司”，为独立法人国有企业，2014年6月公司名称变更为南京建信测绘技术有限公司。公司前后分别隶属于浦口区规划管理办公室、南京市规划局浦口分局、南京市浦口区城市地下管线管理中心管理。公司近年来处于不断优化和快速发展时期，主要为城市规划、市政建设、环境整治、房地产等行业提供城市规划咨询、测绘方面的服务。在南京市范围开展定位放样、坐标验线、竣工图测量、地下管线测量、地形图测量、无人机三维建模等工作。公司现有在职人员30余人，其中高级工程师5人，工程师10人，专业技术员13人，其他辅助人员若干。拥有无人机2台、GPS 10台、全站仪10台、水准仪6台、地下管线探测仪3台、手持测距仪14台、680宽幅无氨晒图机2台、惠普AO号工程绘图仪2台等。

广州市城市规划勘测设计研究院

广州市城市规划勘测设计研究院（GZPI）创建于1953年，是华南地区历史最悠久、规模最大、专业最齐全、综合实力全国领先的规划勘测设计高新技术单位，业务涵盖了城市规划、测绘地理信息、建筑设计、市政与景观、岩土工程、工程咨询、工程监理、工程总承包等领域，致力于向政府、社会和公众提供工程建设全过程的技术服务。

测绘地理信息专业是我院历史最为悠久的基础性专业，我院是广州市唯一具有国家测绘地理信息局测绘与地理信息甲级和住房城乡建设部综合勘察甲级的“双甲级”测绘资质单位，业务涵盖大地测量、测绘航空摄影、摄影测量与遥感、地理信息系统工程、工程测量、不动产测绘、地图编制、互联网地图服务等。几十年来，该院一直承担基本地形图更新及城市测绘基准维护工作，先后完成广州市连续运行卫星定位城市测量综合服务系统建设、广州市似大地水准面精化、广州市基本比例尺地形图动态更新、广州市公众地图网站建设、广州市地下管线普查等省市重点工程，获得国家级、省部级和市级的奖励200余项。

正元地理信息有限责任公司

正元地理信息有限责任公司是国有大型地理信息企业，是国内较早开展测绘地理信息、地下管线信息化技术研究、开发与应用的高新技术企业。

公司创立于1999年3月，长期致力于空间地理信息开发利用和数字城市、智慧城市的投资、建设、运营和服务，培育形成了基础地理信息应用、地下空间信息化、市政设施安全和智慧城市等核心业务，具有基础地理信息系统集成与应用服务、地上地下全空间智慧城市建设运营服务的核心竞争力，业务足迹遍布全国，服务领域覆盖城建、规划、国土、铁路、交通、水利、环保、农林、海洋等各行业，曾为国庆60周年阅兵、杭州G20峰会、天津达沃斯论坛等提供时空数据保障，先后荣膺全国测绘质量表彰单位、中国地理信息产业十佳单位和中国地理信息产业百强企业称号，正元已成为国内行业知名品牌。

多年来，公司不断创新，依托“陆海空地”四位一体地理空间时空数据建设技术优势，打造以数据驱动为基础的地理信息＋理念和智慧城市联合解决方案，助推地理信息产业和新型智慧城市发展。公司将继续坚持“开放、包容、合作、发展”，全力打造中国地理信息产业龙头企业和新型智慧城市建设综合运营服务商。

河北天元地理信息科技工程有限公司

河北天元地理信息科技工程有限公司（原中国冶金地质总局一局测绘大队）成立于2005年，隶属于中国冶金地质总局。是一家集测绘、航空遥感、土地规划、工程物探、地下管线探测、管道检测、管道修复、管网智能化、市政工程施工、地理信息系统研发及技术咨询与服务等多种业务于一体的高新技术企业。

公司具有测绘甲级、地球物理勘察甲级、土地规划乙级、市政公用工程总承包叁级、信息系统集成及服务三级等资质，通过质量、环境、职业健康体系认证，取得软件著作权31项，参与了多项国家、地方和行业标准的编制，现为中国测绘地理信息学会理事单位、中国地理信息产业协会理事单位、中国城市规划协会地下管线专业委员会副主任单位、河北省地理信息产业协会副会长单位、北京市市政设施管理协会副会长单位。先后获得中国地理信息产业百强企业、河北省高新技术企业、河北省诚信企业等荣誉称号。

海阔凭鱼跃，天高任鸟飞。公司将继续秉承“让客户感受价值，让客户享受价值”的服务理念，以建设“责任央企”为目标，努力打造中国地理信息龙头企业！

广州天驰测绘技术有限公司

广州市天驰测绘技术有限公司从 2004 年成立至今，历经十余年风雨，公司一步步成长、升级，扎根珠三角，从一家不知名的小公司，逐步发展，在广东省所有地级市、京津冀、长三角、成渝地区、福建、新疆等地均设有分公司。

天驰公司拥有高精专人才 300 多人，专业涵盖物探、测绘、岩土、给排水、通讯工程、电力工程、燃气工程、工民建等。

天驰公司拥有测绘甲级资质、市政公用工程施工总承包资质、工程勘察资质、CMA 计量认证、安全生产许可证、ISO9001:2015 质量管理体系认证、ISO140001:2015 环境管理体系认证、GB/T28001-2011 职业健康安全管理体系认证、守合同重信用企业、广州优秀企业、广州市创新标杆百家企业、企业 AAA 等级、中国中小企业诚信示范单位、中国诚信经营与服务示范单位等资信。

天驰公司是管线技术全方位解决方案的供应商。公司组建了专门的研发机构和科学技术协会，致力于攻克行业技术瓶颈和不断优化作业流程，现已成功研发出独具特色的“天驰作业模式”和“天驰作业流程”，为行业树立了标杆。

昆明市城市地下空间规划管理办公室

昆明市城市地下空间规划管理办公室成立于 2007 年 5 月，为昆明市规划局下属公益二类事业单位，主要职能为参与昆明城市地下空间控制性详细规划技术审查、承担城市地下空间及管线工程批后管理技术工作并核发信息入库意见、组织开展地下空间和管线的普查、负责地下空间和管线综合信息管理平台的建设维护以及数据的集中统一管理等。

昆明市城市地下空间规划管理办公室坚持人才发展与科技创新方针，长期致力于城市地下空间与管线的信息化研究工作。单位现有在编职工 13 名，拥有一批正高级职称、学科带头、产业创新方面的高端人才，主持起草了《昆明市城市地下管线管理条例》《昆明市城市地下空间开发利用管理规定》等文件，负责开展了昆明市城市地下空间专项规划、主城区地下管线普查探测、重点区域地下空间普查等多个重点项目，获得了住房城乡建设部人居环境范例奖 1 项，各类优秀测绘工程奖 8 项，科技进步奖 12 项，软件著作权 8 项，参编了行业和地方规范 5 部，取得了众多行业领先的科技成果。昆明市城市地下空间规划管理办公室具有乙级测绘资质，拥有大量性能优良、技术先进的测绘和探测设备，专业从事地下空间和管线探测。昆明市城市地下空间规划管理办公室始终坚守优质、诚信的服务理念，竭诚为同行服务。

苏州市地下管线管理所

苏州市地下管线管理所成立于2003年12月，隶属于市容市政管理局，是全额拨款的事业单位。

其主要职能：第一，参与地下管线综合规划与起草管理法规。参与城市道路新、改扩建工程的综合规划；起草地下管线管理的地方性法规，政府规章及地方性标准规范。第二，地下管线信息协同管理。负责实施地下管线普查；负责地下管线信息平台的运行、维护、开发和更新；开展地下管线相关科技研究，引进管线新技术、新工艺、新机制。第三，地下管线日常巡查、监管和协调。负责日常巡查，工单处理，督促建设，施工养护；地下管线开挖审批及全程监管（查勘，初审，发证、交底、现场监管、验收、评优）；进行地下管线综合协调，协助做好管线占用地下空间资源的开发利用。第四，推进管廊建设运行监管与考核，承办综合管廊试点城市推进工作（采集、核实、上报工程量），对管廊运维进行考核。第五，地下管线业务指导与协调。协调市区各管线单位，执行管理办法，指导各区县管线单位业务工作、养护管理、建立管线管理机构、确立联系人等。

中冶京诚工程技术有限公司

中冶京诚工程技术有限公司是我国最早从事冶金工程咨询、设计、工程承包业务的国家大型科技型企业，是由创建于1951年的冶金工业部北京钢铁设计研究总院改制成立的国际化工程技术公司，隶属于中国冶金科工集团有限公司。作为国家勘察设计行业的龙头企业，凭借近70年来在冶金工程领域积累的丰富经验，中冶京诚将业务范围从冶金行业延伸至市政、公路、公用基础设施、建筑、水务多个领域。

中冶京诚致力打造综合管廊全生命周期产业链，提供“PPP+EPCO”“一站式”优质服务。截至目前，中冶京诚承担管廊工程设计里程达650公里，承担规划、咨询、勘察设计、总承包、PPP类型70余项管廊项目，分布于19个省市自治区，其中含国家管廊试点城市3个，典型项目涉及地区有南京、正定、西安、贵安、北京大兴（机场）、衡水、长春、秦皇岛、马鞍山、杭州、昆明滇中新区、郑州、韶关等地。

中冶京诚主持或参与编制国家和地方技术标准、图集合计8项；完成住房城乡建设部综合管廊课题3项，正在进行的“十三五”国家重点研发子课题2项。同时，中冶京诚协助住房城乡建设部、财政部完成全国省自治区的综合管廊规划巡查和全国试点城市绩效考核，授课全国市长研修学院，并多次举办国内大型学术论坛，社会影响广泛。